高 等 学 校 教 材

大学计算机基础项目式实验教程

主 编 王莉莉 付东炜 蒋丽丽

副主编 周 雄 涂春梅 陈国彬 张梁平

科 学 出 版 社

北 京

内 容 简 介

本书是《大学计算机基础教程》（周雄、陈国彬主编）的配套教材。主要包括四个部分：基础篇主要围绕计算机基础知识、Windows 7、Word 2010、Excel 2010、PowerPoint 2010、网络、信息检索与利用等内容的基本应用进行基本操作技能训练；应用篇主要包括计算机基础知识、Windows 7、Word 2010、Excel 2010、PowerPoint 2010 和网络等内容的高级应用等；拓展篇主要包括系统的维护、信息检索的综合应用、网络综合服务、多媒体信息处理等；基础知识习题篇编排了相当数量的习题，以选择题、填空题、判断题为主，以便学生课后进行针对性的练习。在教学实践过程中，不同层次的学生可在各个部分中选择合理的实验内容进行自主实验，也可在教师的指导下完成必要的实验内容。

本书内容和结构新颖实用，言简意赅，既可作为普通本科院校非计算机专业学生的大学计算机基础实训教材，也可作为计算机等级考试和各类计算机培训教材。

图书在版编目（CIP）数据

大学计算机基础项目式实验教程 / 王莉莉，付东炜，蒋丽丽主编. —北京：科学出版社，2015.8

高等学校教材

ISBN 978-7-03-045426-3

Ⅰ. ①大… Ⅱ. ①王… ②付… ③蒋… Ⅲ. ①电子计算机－高等学校－教材 Ⅳ. ①TP3

中国版本图书馆 CIP 数据核字（2015）第 190437 号

责任编辑：李 清 匡 敏 / 责任校对：张凤琴

责任印制：霍 兵 / 封面设计：迷底书装

科学出版社 出版

北京东黄城根北街 16 号

邮政编码：100717

http://www.sciencep.com

新科印刷有限公司 印刷

科学出版社发行 各地新华书店经销

*

2015 年 8 月第 一 版 开本：787×1092 1/16

2017 年 8 月第三次印刷 印张：15 3/4

字数：367 000

定价：38.00 元

（如有印装质量问题，我社负责调换）

前　言

人类社会已经进入21世纪信息时代，计算机和网络对社会的影响越来越大，它彻底改变了人们的工作、学习和生活方式，成为人们认识世界和改变世界的必不可少的工具。为了提高高等院校学生计算机的应用水平，并尽快适应社会发展的需要，按照教育部高等学校计算机基础课程教学指导委员会编写的《高等院校计算机教学基本要求（2010版）》，结合近几年的实际教学，编者以项目和任务组织教学的思路编写了这本书，目的是通过实践操作，帮助学生加深理解理论教材的内容，着重培养学生的动手实践能力。

本书以Windows 7和Office 2010作为操作平台，安排计算机基本操作和计算机组装、操作系统（Windows 7）的使用和设置、常用工具办公软件（Word 2010、Excel 2010、PowerPoint 2010）的基础和高级应用、计算机网络与安全（网络环境配置、防火墙、局域网内资源共享、IIS服务器配置、网络服务的构建）、多媒体信息处理（Image Optimizer压缩图像、Adobe Audition编辑音频、会声会影剪辑视频、Nero 11刻录系统盘）、系统维护（系统安装、克隆软件Ghost）和信息检索与利用（搜索引擎、数字文献检索）等实验内容，并针对每一部分内容都编排相当数量的习题，以选择题、填空题、判断题为主，以便学生课后进行针对性的练习。

本书的编者均是计算机基础教育的一线教师，编者结合多年的教学经验，改变传统的教材编写思路，从项目的概念出发，形成这套面向应用技能实践的教材。本书编写分工如下：项目一、八、十八、二十四由王莉莉编写，项目二、九、十四、十九、二十五由涂春梅编写，项目三、十、二十、二十六由付东炜编写，项目四、十一、二十一、二十七由张梁平编写，项目五、十二、二十二、二十八由蒋丽丽编写，项目六、十三、十六、二十三、二十九由陈国彬编写，项目七、十五、十七由周雄编写。

在编写过程中，尽管经过多次修改和交叉审阅，并组织集体定稿、审稿，但由于时间仓促，水平有限，书中难免存在一些不足之处，恳请广大读者在阅读过程中及时提出宝贵的意见和建议，使本书在信息技术高速发展的过程中不断改进与完善。

编　者

2015年7月

目　　录

第一部分　基　础　篇

第二部分　应　用　篇

第三部分　拓　展　篇

第四部分　基础知识习题篇

第五部分　参 考 答 案

第一部分　基　础　篇

项目一　计算机基础知识

实验 1.1　计算机操作入门

【实验目的与要求】

（1）熟悉微型计算机的开机、关机方法。

（2）熟练掌握鼠标的基本操作。

【实验内容与步骤】

任务 1：开机与关机。

（1）开、关计算机的基本原则：开机时先开外设，后开主机；关机时先关主机，后关外设。

（2）打开显示器电源按钮，进行亮度、对比度、上下左右和其他有关显示器的基本使用，如图 1.1.1 所示。

（3）按住主机电源（power）按钮，即可冷启动计算机。待计算机启动成功后，进入如图 1.1.2 所示的 Windows 桌面。一般情况下，Windows 桌面通常由左下角的“开始”按钮、底部的任务栏和桌面图标组成。之后进行 RESET 键（复位启动）和 Ctrl+Alt+Delete 快捷键（热启动）练习。

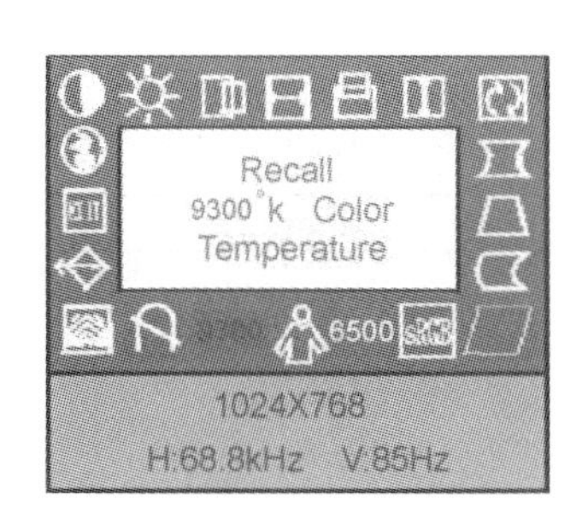

图 1.1.1　显示器显示效果手动调整

图 1.1.2　Windows 桌面

提示：在计算机开机的情况下，按住电源开关按钮 4s 以上，可以强行关闭计算机，但一般情况下应尽量避免使用这种方法直接关机，以免破坏当前正在运行的应用程序和 Windows 系统。

（4）使用“开始”菜单重新启动、注销、关闭计算机，“开始”菜单“关机”按钮选项组如图 1.1.3 所示。

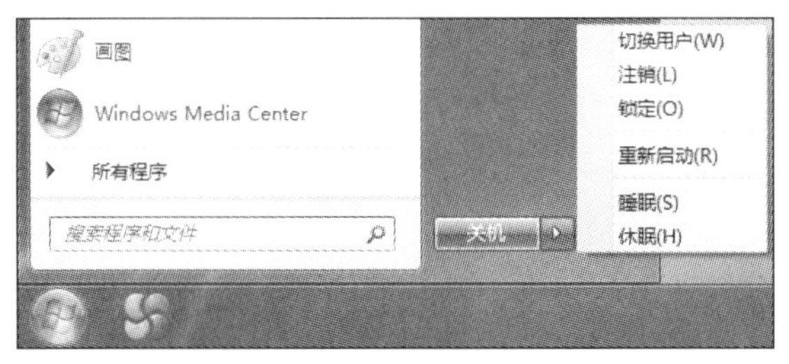

图 1.1.3　“开始”菜单“关机”按钮选项组

（5）观察计算机各个外设工作指示灯的变化情况。

任务 2：鼠标的基本操作。

（1）无论是两键、三键还是多键鼠标的操作方法都基本相同，主要包括移动、单击、双击、右击和拖动 5 个基本操作。

① 移动：通过移动鼠标使屏幕上的光标进行同步移动。

② 单击：移动鼠标指针指向对象，然后快速按下鼠标左键并弹起的过程。

③ 双击：移动鼠标指针指向对象，连续两次单击鼠标左键并弹起的过程。

④ 右击：也称为右键单击，移动鼠标指针指向对象，快速按下鼠标右键并弹起的过程。

⑤ 拖动：移动鼠标指针指向对象，按住鼠标左键的同时移动鼠标指针到其他位置，然后释放鼠标左键的过程。

提示：在使用三键鼠标时，正确把握鼠标的姿势是手掌掌心压住鼠标，大拇指和小指自然放在鼠标的两侧，食指和无名指分别控制鼠标的左键和右键，中指用来控制鼠标中间的滚轮键。

（2）在不同的工作状态下，鼠标指针将呈现不同的形状，且具有不同的作用。鼠标指针常见形状及作用意义如表 1.1.1 所示。

表 1.1.1　鼠标指针常见形状及作用意义

形状	作用意义	形状	作用意义
	标准形状，用来选择操作对象		游标，可单击文本定位和选定文本内容
	获取帮助时的形状		手写输入形状
	系统后台运行，需等待		可沿垂直、水平方向调整窗口大小
	系统处理忙，需等待		可沿对角线方向调整窗口大小
	该对象不可用		候选形状
	可移动对象		链接选择

实验 1.2　指法及输入法练习

【实验目的与要求】

（1）了解键盘各部分的组成和各键的功能。

（2）掌握键盘指法。

（3）掌握汉字输入法的添加与删除。

（4）掌握输入法的设置和切换。

【实验内容与步骤】

任务1：键盘布局及各键的功能。

键盘是计算机最常见的输入设备，它广泛应用于微型计算机和各种终端设备上。键盘上键的数量最初标准是101个，现在常用的Windows键盘是104个键。整个键盘分为4个区域——功能键区、主键区、编辑键区和数字键区，如图1.2.1所示。

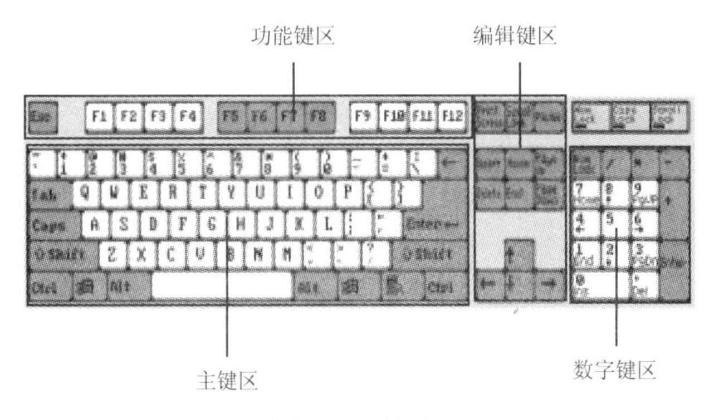

图1.2.1　键盘

其中，功能键区在键盘上方第一排，包括Esc键、F1～F12等13个键。主键区在中间区域，包括数字键0～9、字母键A～Z和部分符号键及一些特殊功能键，共61个键。编辑键区位于主键盘右侧，共13个键。数字键区在键盘的最右侧，共17个键。以下重点介绍几个常用键的功能。

（1）Esc键：位于键盘的左上角，一般起退出或取消作用，在不同的环境下有不同的用途。

（2）制表键（Tab键）：在文字处理程序中，Tab键通常用以将游标推进到下一个定位点上；在其他图形用户界面（GUI）中，Tab键会将输入焦点移到下一个控件。

（3）大小写字母转换键（Caps Lock键）：Caps是Capital（大写字母）单词的简写，Lock是锁定的意思；每按1次转换一下，键盘右上方有对应的大小写指示灯（绿灯亮为大写字母输入模式，反之为小写字母输入模式）。

（4）上档键（Shift键）：主要功能有两个，一是按住此键后再按双字符键即可输入双字符键的上档字符；二是按住此键后再按字母键即可取与当前所处状态相反的大写或小写形式。

（5）控制键（Ctrl键）和转换键（Alt键）：这两个键均要与其他键配合才能完成某种功能。

（6）退格键（Backspace或←）：退格键位于主键区的右上角，该键的主要功能是删除当前光标左侧的一个字符或删除被选择的项目。

（7）删除键（Delete或Del键）：位于编辑键区，主要功能是删除光标右侧的一个字符或删除被选择的项目。

（8）数字输入锁定键（Num Lock键）：该键是一个开关键，位于数字键区的左上角，它是用数字键区输入时，数字输入和编辑控制状态之间的切换键；当Num Lock键指示灯亮时，数字键区处于数字输入状态，反之则处于编辑控制状态。

任务2：键盘指法。

操作计算机要保持正确的姿势，正确的姿势有利于提高打字的准确性和速度。对于初学者，养成良好的打字姿势很重要。如果没有养成正确键盘指法的习惯，导致后期习惯了错误的键盘指法，要想更正相当困难。

要想熟练地操作计算机，必须牢记键盘上各键的位置，并且要正确掌握键入的指法。键入指法要求两手同时操作，并对 10 个手指有明确的分工。指法规定：在键盘主键区的第三行中，“A”“S”“D”“F”“J”“K”“L”“;”8 个键是基准键。基准键位是左右手指的固定位置，输入时左手的小指、无名指、中指和食指分别置于基准键 A、S、D、F 键上，右手的小指、无名指、中指和食指分别置于基准键;、L、K、J 键上（其中 F、J 两个键上都有一个凸起的小横杠，以便于盲打时手指能通过触觉定位），左右拇指置于空格键上，如图 1.2.2 所示。

图 1.2.2　键盘的手指分工

任务 3：汉字输入法的添加与删除。

将文字输入计算机中的方法有很多，如使用键盘、手写板输入或语音输入，但最常用的还是键盘输入。按照不同的设计思想，可把数量众多的汉字输入法归纳为四大类：数字编码、字形码、音形码和拼音码。

（1）添加输入法。

设置自己熟悉的输入法，可以提高文字输入的速度和精准度，同时可以提高工作效率，操作步骤如下。

① 在任务栏右下角的输入法图标上右击，在弹出的快捷菜单中执行“设置”命令，如图 1.2.3 所示。

② 在弹出的“文本服务和输入语言”对话框中，选择“常规”选项卡，然后单击“添加”按钮，如图 1.2.4 所示。

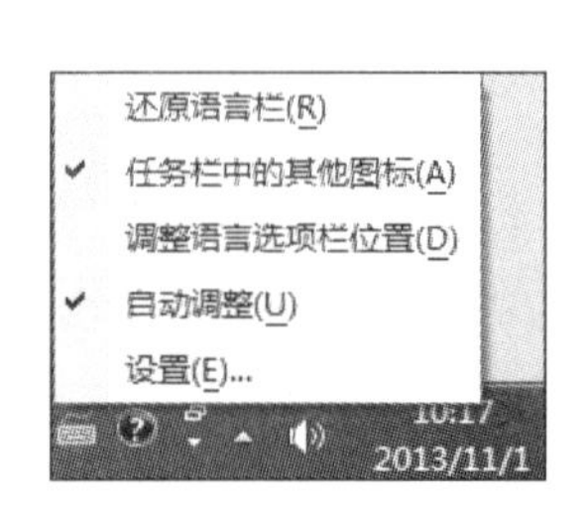

图 1.2.3　设置输入法

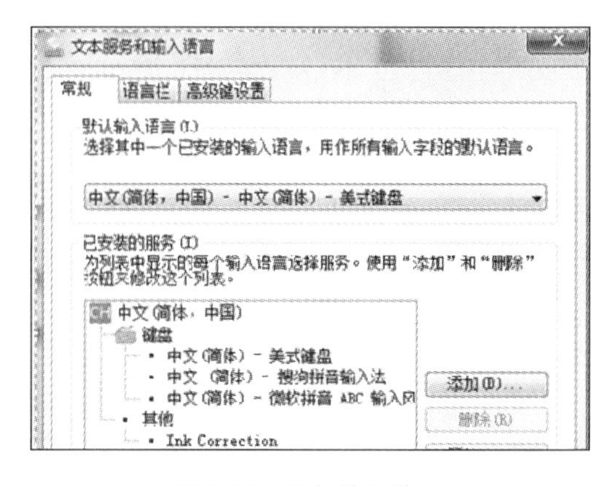

图 1.2.4　添加输入法

③ 在弹出的“添加输入语言”对话框中，选择“使用下面的复选框选择要添加的语言”列表框区域，将垂直滚动条拖至最底部，选择要添加的输入法，然后单击“确定”按钮。如图 1.2.5 所示。

④ 在返回的“文本服务和输入语言”对话框中的“默认输入语言”下拉列表中选择需要的输入法，单击“确定”按钮，将默认的输入方法改为设定的输入法，如图 1.2.6 所示。

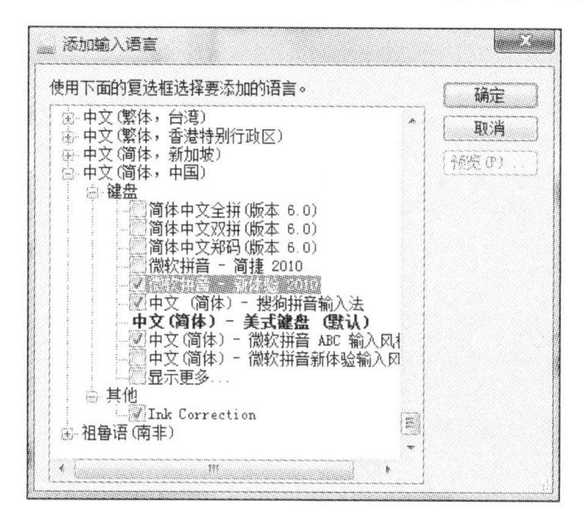

图 1.2.5　添加输入法

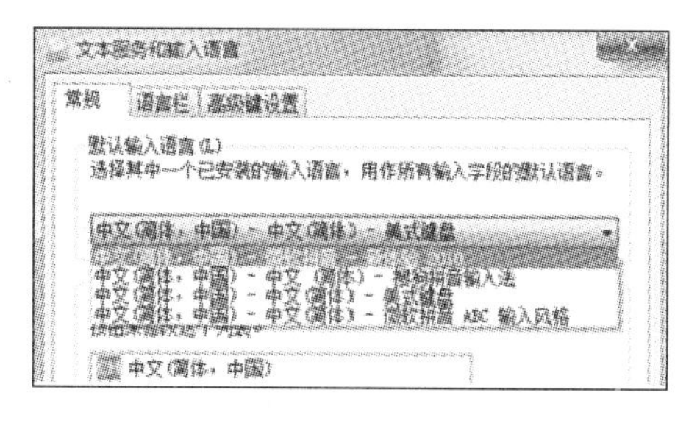

图 1.2.6　修改输入语言

（2）删除输入法。

通常计算机的使用者都习惯使用固定的输入法，为了方便使用，可以把不同的输入法删除，只保留习惯使用的输入法。操作步骤如下。

① 在任务栏右下角的输入法图标上右击，在弹出的快捷菜单中执行“设置”命令，如图 1.2.3 所示。

② 选中要删除的输入法，如“微软拼音-新体验 2010”，再单击“删除”按钮，可以将不用的输入法删除。

任务 4：“汉字输入”练习。

执行“开始”→“所有程序”→“附件”→“写字板”命令，打开“写字板”程序，输入如图 1.2.7 所示的内容，字体为宋体，字号为 11，并以“汉字输入练习.rtf”为文件名保存在 D 盘根目录下。

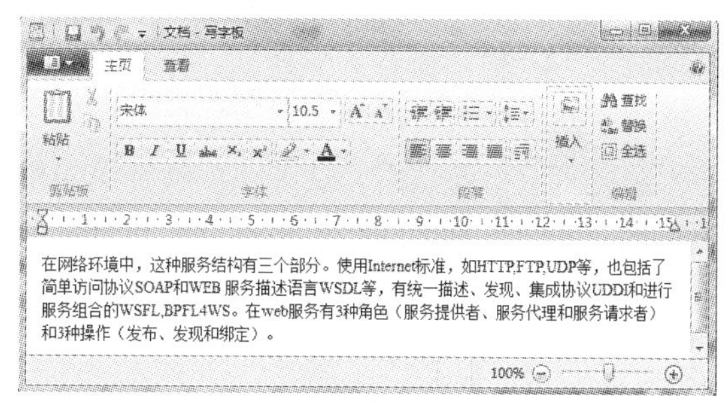

图 1.2.7　写字板录入内容

提示：① 输入文本时，所输入的文字符号总是位于光标所在位置，即插入点处，随着字符的输入，光标不断向右移动；当光标到达右边界时，继续输入字符，光标将自动移动到下一行的左边界位置，输入过程除了段落结束，不用按键盘的 Enter 键。

② 按 Ctrl+Shift 组合键切换文字输入法。

③ 当输入法需要中英文切换时，按 Ctrl+空格组合键可以打开或关闭中文输入法。

④ 按 Backspace 键可删除光标前面的一个字符，按 Delete 键可删除光标后面的一个字符。

项目二　操作系统 Windows 7

实验 2.1　Windows 的基本操作

【实验目的与要求】

（1）掌握 Windows 7 桌面常用对象的操作。

（2）学会使用联机帮助系统。

【实验内容与步骤】

任务 1：Windows 7 桌面。

（1）显示器的分辨率设置。

将鼠标指向 Windows 7 桌面并右击，在弹出的快捷菜单中选择“屏幕分辨率”选项，此时弹出“屏幕分辨率”对话框，观察当前所设置的分辨率值，图 2.1.1 所示的屏幕分辨率为 1680×1050 像素。将屏幕分辨率修改为 800×600 像素，单击“应用”按钮，观察屏幕的变化。再按照同样的方法将屏幕分辨率设置为初始值，如 1680×1050 像素，单击“确定”按钮。

（2）建立常用应用程序的快捷方式。

在桌面上建立常用应用程序的快捷方式。以添加“腾讯 QQ”应用程序的快捷方式为例，具体操作如下。

执行“开始”→“所有程序”→“腾讯软件”→“QQ2013”→“腾讯 QQ”命令，右击“腾讯 QQ”按钮，在打开的快捷菜单中，执行“发送到”→“桌面快捷方式”命令即可。

（3）设置桌面图标以中等图标显示。

在桌面空白处右击，从弹出的快捷菜单的“查看”选项中选择“中等图标”选项。用鼠标左键拖动桌面图标，将其摆放成一个自己喜欢的形状。

右击桌面空白处，从快捷菜单的“查看”选项中选中“自动排列图标”选项，使前面打上“√”，观察桌面图标的变化。

任务 2：任务栏的操作。

（1）分别双击“计算机”和“回收站”图标，打开对应的两个窗口。

（2）在任务栏空白处右击，弹出任务栏的快捷菜单，分别执行其中的“层叠窗口”“堆叠显示窗口”“并排显示窗口”命令，观察已打开的两个窗口的不同排列方式。

（3）在任务栏右击弹出的快捷菜单中执行“属性”命令，出现“任务栏和「开始」菜单属性”对话框，选择“任务栏”选项卡，如图 2.1.2 所示。从“任务栏外观”栏中选择“自动隐藏任务栏”等复选框，观察任务栏的存在方式又有哪些变化。

（4）在图 2.1.2 所示的对话框中，单击“屏幕上的任务栏位置”右侧的下拉列表，分别选择任务栏在屏幕上的不同位置，单击“确定”按钮观察任务栏位置的变化。

图 2.1.1　系统分辨率设置

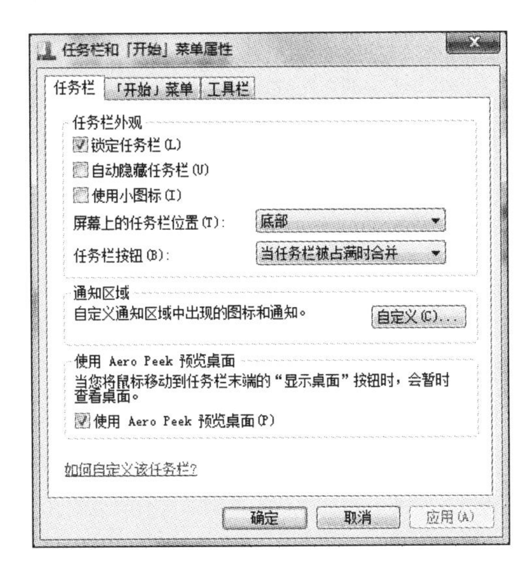

图 2.1.2　任务栏和「开始」菜单属性

任务 3：从系统中获得帮助信息。

（1）单击“开始”按钮，在弹出的“开始”菜单中执行“帮助和支持”命令。

（2）此时弹出“Windows 帮助和支持”窗口，如图 2.1.3 所示。在顶部的“搜索帮助”栏中输入需要系统提供帮助的关键词，如“账户”“开始菜单”“鼠标操作”等，然后单击“搜索”按钮，即可得到相应的帮助信息。

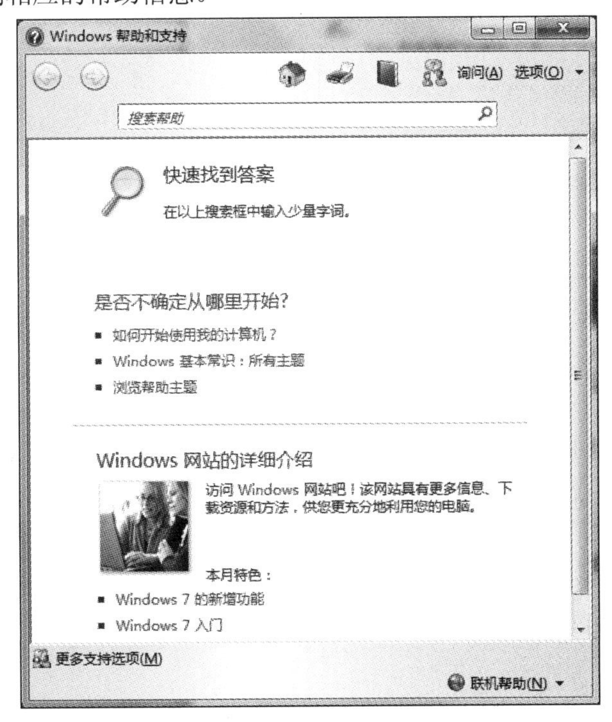

图 2.1.3　Windows 帮助和支持

任务 4：窗口和对话框的操作。

（1）复制窗口或整个桌面图像。

① 复制整个屏幕的图像到剪贴板时按键盘编辑键区左上角的 Print Screen 键。

② 复制当前活动窗口的图像到剪贴板时按 Alt+Print Screen 组合键。

（2）窗口的最小化、最大化和关闭。

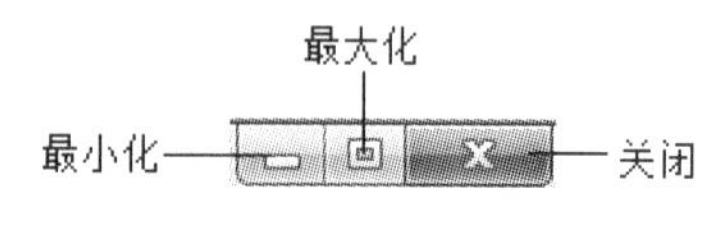

图 2.1.4 窗口控制按钮组

窗口的最小化、最大化和关闭按钮如图 2.1.4 所示。

（3）移动窗口。

① 将鼠标指向“标题栏”并按住鼠标左键拖动窗口。

② 将鼠标指向“标题栏”的左上角并单击，此时在系统弹出的菜单中选择“移动”选项。

任务 5： 应用程序。

（1）程序的运行。

① 利用“开始”菜单启动程序，如执行“开始”→“所有程序”→“附件”→“画图”命令。

② 利用“搜索程序和文件”栏启动应用程序，如在“搜索程序和文件”栏中输入 winword，开始菜单区域将显示搜索结果，单击链接 winword，即可启动 Word 应用程序。

③ 利用桌面快捷方式启动应用程序，如双击桌面上的 Internet Explorer 浏览器图标，即可启动 IE 浏览器。

④ 双击应用程序关联的文档，如双击 Ex1.docx 文档，即可启动 Word 应用程序。

（2）程序的退出。

① 单击应用程序窗口右上角的“关闭”按钮。

② 双击应用程序窗口左上角的控制菜单按钮或单击后执行“关闭”命令。

③ 右击任务栏上打开的应用程序图标按钮，执行“关闭”命令。

④ 执行“文件”→“退出”命令。

⑤ 按 Alt+F4 组合键。

实验 2.2 Windows 的文件管理

【实验目的与要求】

（1）掌握磁盘格式化的方法。

（2）掌握资源管理器的使用方法。

（3）掌握文件的复制、移动和删除。

（4）掌握文件夹的建立和删除的方法。

（5）掌握文件或文件夹属性的设置方法。

（6）掌握文件或文件夹的查找方法。

【实验内容与步骤】

任务 1： 格式化磁盘。

将 U 盘插入主机的 USB 接口，打开“资源管理器”窗口，右击“可移动磁盘”图标，执行快捷菜单中的“格式化”命令，打开“格式化”对话框，在“卷标”下方的文本框内输入“行政班+姓名”后，单击“开始”按钮，即可进行格式化。

提示： 如果磁盘中的文件已经被打开，则不能进行格式化操作。

任务 2：选择文件或文件夹。

（1）若要选择多个不连续的文件或文件夹，按住 Ctrl 键不放，再单击每一个项目。

（2）若要选择多个连续的文件或文件夹，先单击选中第一个项目，按住 Shift 键不放，然后单击最后一个项目。

（3）若要选择当前文件夹中的所有项目，单击窗口顶部的“编辑”菜单，然后执行“全选”命令或单击文件夹中的任一个项目，再按 Ctrl+A 组合键。

任务 3：复制、移动或删除文件或文件夹。

（1）在资源管理器左侧窗格中单击 C:\Windows\debug 文件夹，按住 Ctrl 键不放，用鼠标将其直接拖放到 C 盘驱动器图标上。当对象被拖放到目标位置时，目标对象图标说明文字变成蓝底白字，然后释放 Ctrl 键和鼠标。

（2）在资源管理器中打开 C:\Windows\help 文件夹，同时选择 CMCTL298.CHI 和 CMCTL398.CHI 文件，将所选文件直接拖放到 C 盘驱动器图标上。

（3）选择 C:\Windows\cursors 文件夹中的 aero_arrow.cur 和 aero_busy.ani 文件，执行“编辑”→“复制”命令，将鼠标指向要复制到的目标上，执行“编辑”→“粘贴”命令。

（4）打开 D 盘，单击要复制的文件或文件夹，执行“文件”→“发送到”→“可移动磁盘”命令。

（5）若要删除某一文件或文件夹，则单击后按编辑键区的 Delete 键或右击执行“删除”命令，此时删除的文件或文件夹保存在回收站里。若不需要保存在回收站里，则在执行上述删除过程的同时，还应按住 Shift 键。

任务 4：在磁盘上创建新文件夹或文件。

（1）在某硬盘（如 D 盘）根目录上创建文件夹，文件夹结构如图 2.2.1 所示。在资源管理器中打开 D 盘，执行“文件”→“新建”→“文件夹”命令或在打开的文件夹空白处右击，在弹出的快捷菜单中执行“新建”→“文件夹”命令，输入文件夹名称“计算机实验”。打开“计算机实验”文件夹，按照同样的方法，新建两个文件夹，分别命名为“计算机素材”和“计算机作业”。打开“计算机素材”文件夹，新建两个文件夹，分别命名为“图片”和“文字”。

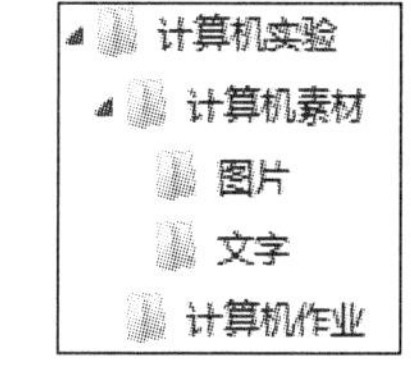

图 2.2.1　文件夹结构图

（2）打开“计算机作业”文件夹，在该文件夹空白处右击，在弹出的快捷菜单中执行“新建”→“文本文档”命令，新建一个文本文档，命名为 file1.txt。按照同样的方法再新建一个文本文档，命名为 file2.txt。

任务 5：查看、设置文件或文件夹的属性。

执行“文件”→“属性”命令，或右击文件或文件夹，打开“属性”对话框，即可进行属性的查看或设置。右击“计算机作业”文件夹，在打开的“属性”对话框中，勾选“隐藏”前的复选框，单击“确定”按钮，观察文件夹的变化。

任务 6：设置文件或文件夹的显示方式。

用户可以设置文件夹的显示方式，包括排列方式和显示大小等。

（1）在资源管理器中打开 C:\Windows 文件夹，在该文件夹的空白处右击，在弹出的快捷菜单中执行“查看”→“中等图标”命令。

（2）在 C:\Windows 文件夹窗口中的空白处右击，在弹出的快捷菜单中执行“排序方式”→“修改日期”命令。

（3）打开“资源管理器”窗口，执行“工具”→“文件夹选项”命令，打开“文件夹选项”对话框，选择“查看”选项卡，在“高级设置”列表框内进行选择设置。

（4）在“高级设置”列表框内选中“显示隐藏的文件、文件夹或驱动器”单选按钮，单击“确定”按钮。观察“D:\计算机实验”文件夹中内容的变化。

（5）在“高级设置”列表框内勾选或取消“隐藏已知文件类型的扩展名”复选框，观察“D:\计算机实验\计算机作业”文件夹中内容的变化。

任务 7：搜索文件或文件夹。

（1）双击桌面上的“计算机”图标，打开资源管理器。单击左侧列表的“计算机”选项，在展开的下一级列表中选择盘符 C，在窗口右上角带有“搜索程序和文件”字样的搜索栏中输入*.txt（此处只给出了扩展名，通配符*可代表一个或若干个字符或中文名）。搜索结果会以黄色高亮形式显示出来，同时会标明其所在位置。

（2）在窗口右上角带有“搜索程序和文件”字样的搜索栏中输入 windows，所有包含“windows”这七个字母的搜索结果都会以黄色高亮形式显示出来，并会标明其所在位置。

（3）在窗口右上角带有“搜索程序和文件”字样的搜索栏中输入??W*.txt（表示搜索第三个字符为 W 的 txt 文本文件，其中“?”代表一个字符），完成搜索后，执行“文件”→“保存搜索”命令，此时打开“另存为”对话框，设置保存路径和文件名，即可保存搜索条件，便于下次使用。

项目三　文字处理 Word 2010

实验 3.1　文档的创建和排版

【实验目的与要求】

（1）掌握文档的创建、打开、保存、复制。

（2）掌握文档字符格式、段落格式以及面的设置。

（3）掌握插入与编辑图片等操作。

（4）掌握格式刷的应用。

【实验内容与步骤】

任务 1： 新建与保存 Word 文档。

（1）启动 Office Word 2010 后，进入 Word 的工作环境。

（2）在空白文档上输入文字，如图 3.1.1 所示。

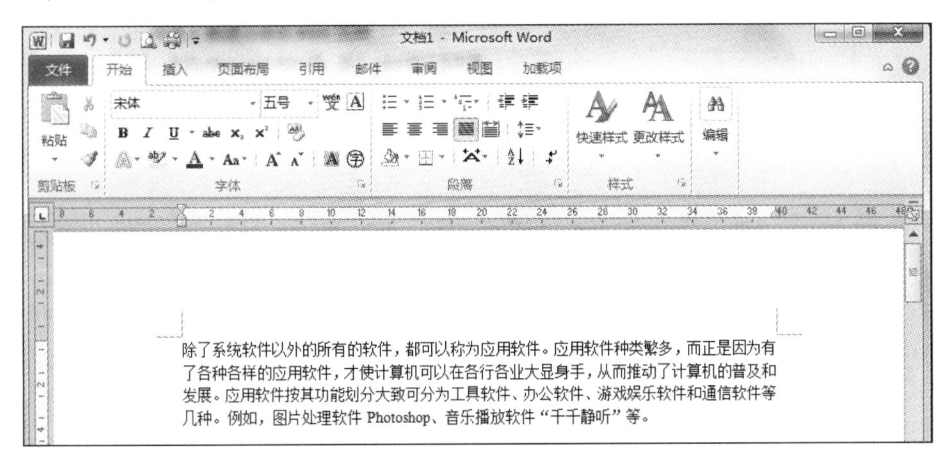

图 3.1.1　Word 2010 文字录入界面

（3）保存文档。单击快速访问工具栏上的“保存”按钮，或单击“文件”菜单，选择“保存”命令，弹出“另存为”对话框。输入文件名“计算机软件系统 1”选择保存位置为 D 盘根目录下，单击“保存”按钮即可。

任务 2： 复制与粘贴。

在素材文档“计算机软件系统 2.doc”中进行以下操作。

（1）按 Ctrl+A 组合键选定素材文档“计算机软件系统 1.doc”的全部内容，按 Ctrl+C 组合键复制该文档的全部内容。此时，文字呈反显状态。

（2）将光标定位于素材文档“计算机软件系统 2.doc”中的末尾处，按 Enter 键另起一段，再按 Ctrl+V 组合键粘贴文本。

（3）单击“粘贴”按钮，执行“粘贴选项”→“保留源格式”命令粘贴文本，结果如图 3.1.2 所示。按 Ctrl+S 组合键保存文档“计算机软件系统 2.doc”。

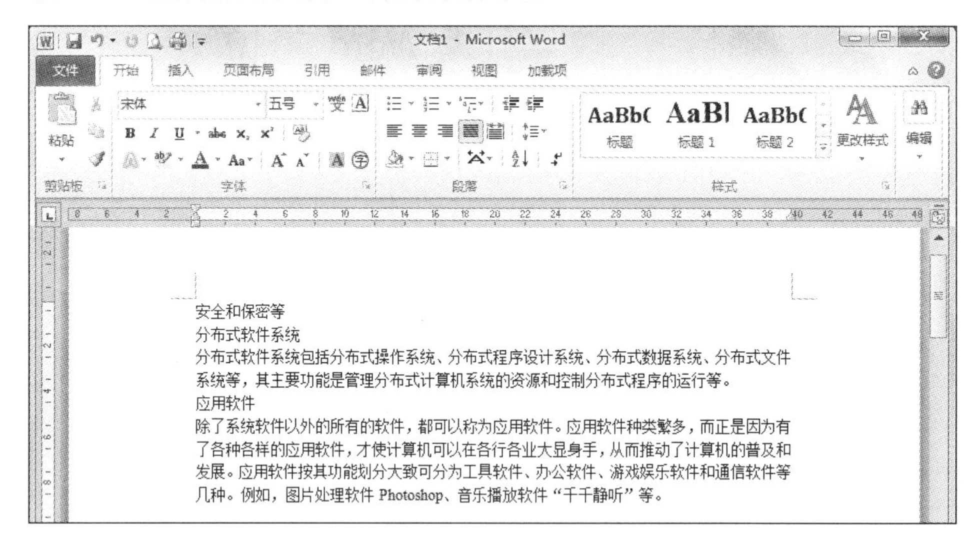

图 3.1.2　文本的复制与粘贴

任务 3：查找和替换。

打开素材文档“计算机软件系统 2.doc”，将所有文字“它”替换成“软件”，操作步骤如下。

（1）将光标定位在文档开始处，执行“开始”→“编辑”→“查找”命令，弹出“查找和替换”对话框。

（2）在“查找内容”文本框中输入“它”，在“替换为”文本框中输入“软件”，如图 3.1.3 所示。

（3）单击“全部替换”按钮，即完成替换功能，并弹出提示框显示替换的几处内容，如图 3.1.4 所示。

图 3.1.3　查找和替换

图 3.1.4　替换结果

（4）再次执行“开始”→“编辑”→“查找”命令，查找该文档中的“软件”，观察是否全部替换成功。

任务 4：设置字符格式。

打开素材文档“计算机软件系统 2.doc”，然后执行以下操作步骤。

（1）选中文档第 1 段“安全和保密等”，在功能区单击“开始”→“字体”→“对话框启动器”按钮，或按 Ctrl+D 组合键，弹出“字体”对话框。

（2）在“字体”对话框中设置字体为“隶书”，颜色为“蓝色”，字号为“小一”，字形为“加粗”，效果为“空心”，如图 3.1.5 所示，单击“确定”按钮。

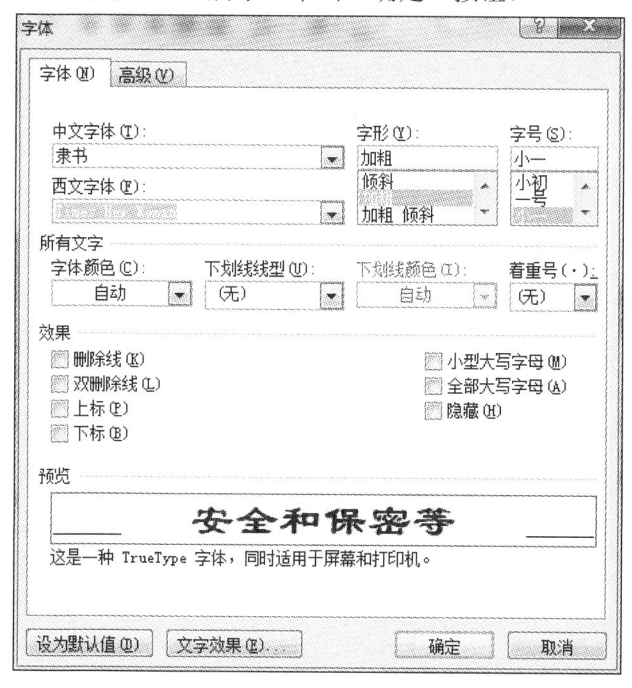

图 3.1.5　字体设置

（3）选中文档第 6 段文字“操作系统”，在浮动工具栏中的“字体”下拉列表框中选择“隶书”，在“字号”下拉列表框中选择“四号”，单击“加粗”按钮将字体加粗，再单击“倾斜”按钮，如图 3.1.6 所示。

（4）将光标定位于文档的第 3 段处，单击“开始”→“段落”→“项目符号”按钮，在下拉列表中选择项目符号库的最后一个，如图 3.1.7 所示。

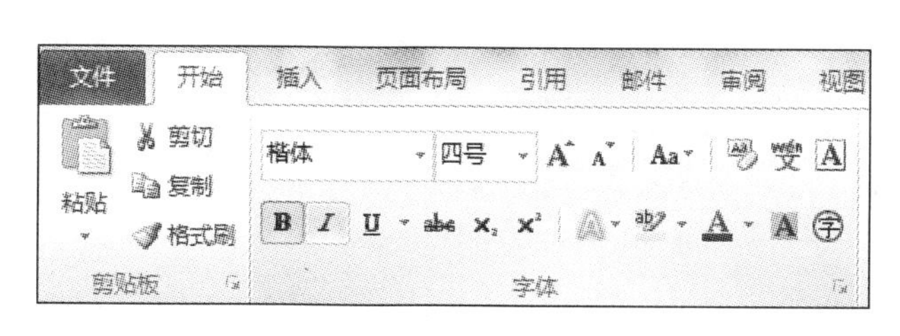

图 3.1.6　字体工具栏

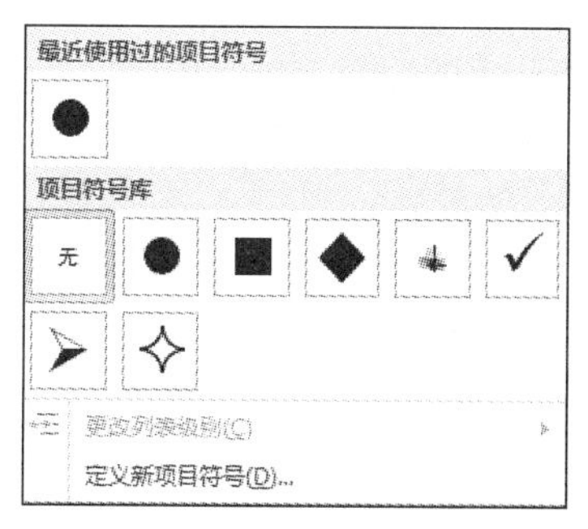

图 3.1.7　项目符号

或者右击，在弹出的快捷菜单中执行“项目符号”命令，在“项目符号和编号”级联菜单中选择项目符号库的最后一个，文字样式如图 3.1.8 所示。

（5）再次将光标定位于第 3 段处，双击“开始”→“剪贴板”→“格式刷”按钮，此时光标变成小刷子形状。

（6）选取需要修饰的文字，Word 将自动添加子标题的项目符号并复制文字格式。例如，“分布式软件系统”和“数据库系统”的格式如图 3.1.9 所示。

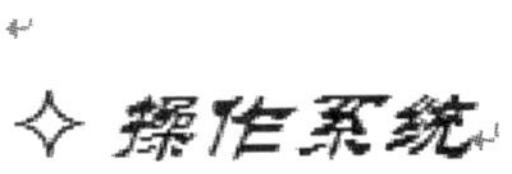

✧ 操作系统

图 3.1.8　使用项目符号后的效果

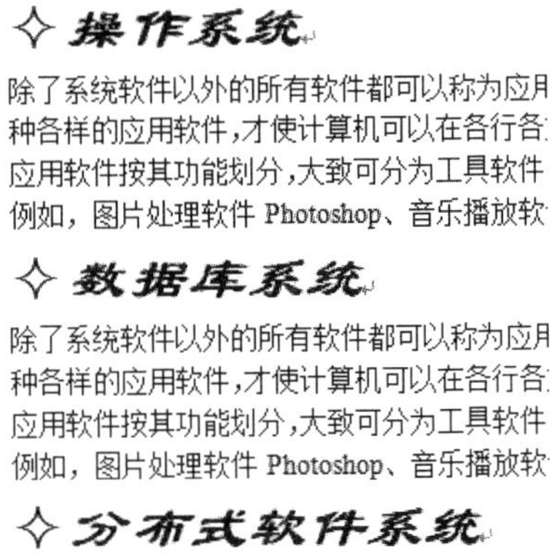

✧ 操作系统
除了系统软件以外的所有软件都可以称为应用
种各样的应用软件，才使计算机可以在各行各
应用软件按其功能划分，大致可分为工具软件
例如，图片处理软件 Photoshop、音乐播放软
✧ 数据库系统
除了系统软件以外的所有软件都可以称为应用
种各样的应用软件，才使计算机可以在各行各
应用软件按其功能划分，大致可分为工具软件
例如，图片处理软件 Photoshop、音乐播放软
✧ 分布式软件系统

图 3.1.9　复制文字格式后的效果

（7）完成子标题修饰后，单击“开始”→“剪贴板”→“格式刷”按钮或按 ESC 键即可。

任务 5：文档分栏。

（1）在文档中“应用软件”之前的文字删除，然后“保存”。选中文档第 2 段文字“除了系统软件以外的所有软件都可以称为应用软件……”直到文档最后，注意选中文本时不要选择段落后面的段落标记，否则会造成一长一短的两栏。

（2）单击“页面布局”→“页面设置”→“分栏”按钮，在弹出的“分栏”列表中选择“更多分栏”选项，弹出“分栏”对话框。

（3）在“预设”区域选择“两栏”选项，选中“分隔线”复选框，如图 3.1.10 所示。

（4）单击“确定”按钮，完成文档分栏，效果如图 3.1.11 所示。

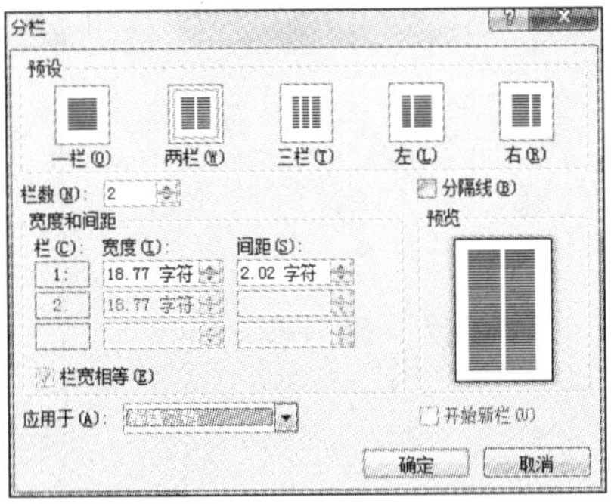

图 3.1.10　分栏的设置

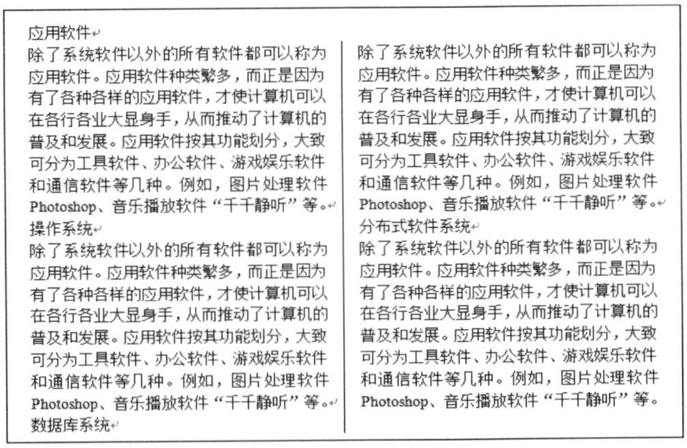

应用软件
除了系统软件以外的所有软件都可以称为应用软件。应用软件种类繁多，而正是因为有了各种各样的应用软件，才使计算机可以在各行各业大显身手，从而推动了计算机的普及和发展。应用软件按其功能划分，大致可分为工具软件、办公软件、游戏娱乐软件和通信软件等几种。例如，图片处理软件 Photoshop、音乐播放软件“千千静听”等。
操作系统
除了系统软件以外的所有软件都可以称为应用软件。应用软件种类繁多，而正是因为有了各种各样的应用软件，才使计算机可以在各行各业大显身手，从而推动了计算机的普及和发展。应用软件按其功能划分，大致可分为工具软件、办公软件、游戏娱乐软件和通信软件等几种。例如，图片处理软件 Photoshop、音乐播放软件“千千静听”等。
数据库系统
除了系统软件以外的所有软件都可以称为应用软件。应用软件种类繁多，而正是因为有了各种各样的应用软件，才使计算机可以在各行各业大显身手，从而推动了计算机的普及和发展。应用软件按其功能划分，大致可分为工具软件、办公软件、游戏娱乐软件和通信软件等几种。例如，图片处理软件 Photoshop、音乐播放软件“千千静听”等。
分布式软件系统
除了系统软件以外的所有软件都可以称为应用软件。应用软件种类繁多，而正是因为有了各种各样的应用软件，才使计算机可以在各行各业大显身手，从而推动了计算机的普及和发展。应用软件按其功能划分，大致可分为工具软件、办公软件、游戏娱乐软件和通信软件等几种。例如，图片处理软件 Photoshop、音乐播放软件“千千静听”等。

图 3.1.11　分栏后的效果

任务 6：设置段落格式。

（1）将光标定位于文档的第 1 段，单击“开始”→“段落”→“居中”按钮，使第 1 段文字居中。单击“开始”→“段落”→“段落对话框启动器”按钮，弹出“段落”对话框，设置段前为“0 行”，段后为“1 行”，如图 3.1.12 所示。

（2）将光标定位于文档的第 2 段，单击“段落对话框启动器”按钮，弹出“段落”对话框，设置对齐方式为“两端对齐”，行距为“1.25 倍行距”，段前、段后都为“0 行”。

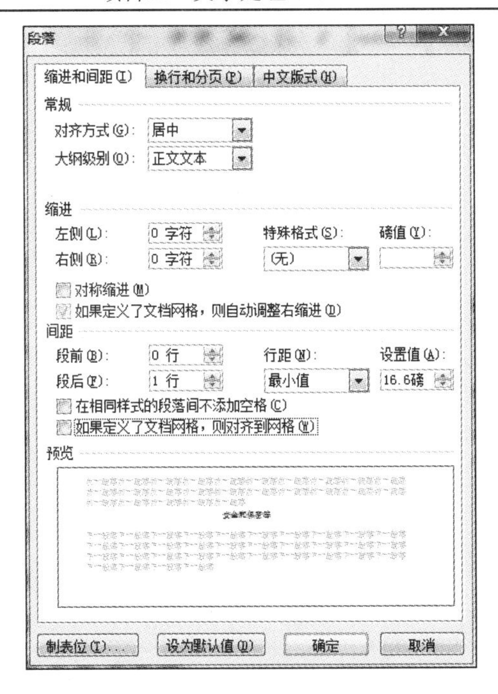

图 3.1.12　段落格式的设置

（3）选中第 3 段至最后，单击“段落对话框启动器”按钮，弹出“段落”对话框，设置对齐方式为“两端对齐”，特殊格式为“首行缩进 2 个字符”，行距为“1.25 倍行距”，段前、段后都为“0 行”。

（4）单击“确定”按钮，完成段落格式设置，效果如图 3.1.13 所示。

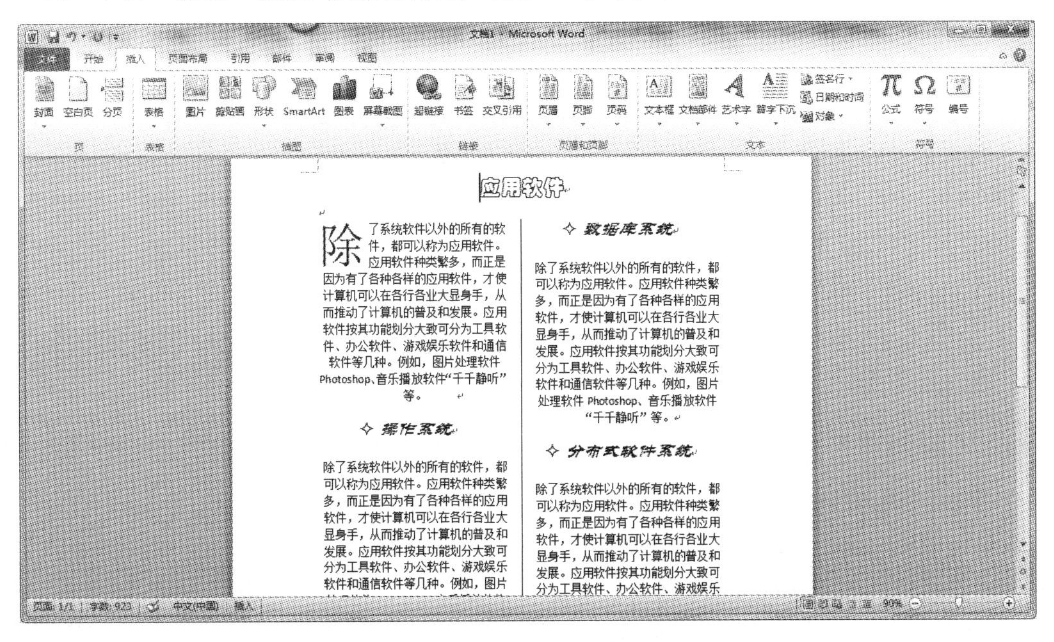

图 3.1.13　段落格式的设置效果

（5）将光标定位在第 2 段，单击“插入”→“文本”→“首字下沉”按钮，选择首字下沉，最终效果如图 3.1.13 所示。

实验 3.2　图 文 混 排

【实验目的与要求】

（1）掌握插入艺术字操作。

（2）掌握插入剪贴板、图片、SmartArt 图形的方法。

（3）掌握插入文本框操作。

（4）掌握边框和底纹的设置。

【实验内容与步骤】

任务 1：插入艺术字。

打开素材文档“2011 五大电影排行.docx”，然后执行以下操作步骤。

（1）选中文字“2011 年”，单击“插入”→“文字”→“艺术字”按钮，弹出“艺术字库”列表，如图 3.2.1 所示。

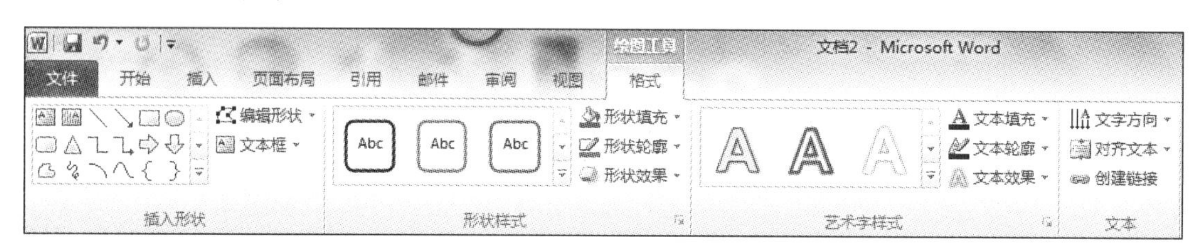

图 3.2.1　艺术字设置

（2）在“艺术字库”列表中，单击第 2 行第 3 列的艺术样式 9，弹出“编辑艺术字文字”对话框，如图 3.2.2 所示。

（3）单击“确定”按钮，即在文档中插入艺术字。用同样的方法，将文字“十大电影排行榜”设置为艺术字样式 25。单击“开始”→“段落”“居中”按钮，使其居中显示，如图 3.2.3 所示。

图 3.2.2　编辑艺术字文字

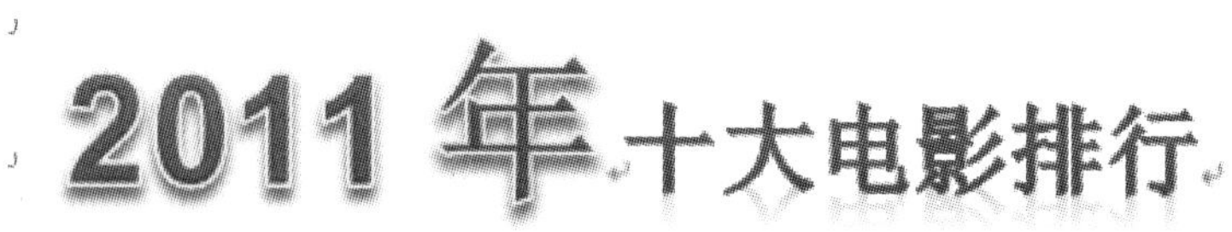

图 3.2.3　设置艺术字文字格式

任务 2：插入剪贴画。

（1）将光标定位于文档最后一段，单击“插入”→“插图”→“剪贴画”按钮，打开“剪贴画”任务窗格。在“搜索文字”文本框中输入“电影”，在“结果类型”下拉列表中框选择“所有媒体文件类型”选项，单击“搜索”按钮，查找出如图 3.2.4 所示的剪贴画。

（2）单击“开拓型”第 2 行第 2 列的剪贴画，单击“图片工具/格式”→“排列”→“文字环绕”按钮，从显示的列表中选择“衬于文字下方”环绕方式。

（3）拖动剪贴画到文档右上角，效果如图 3.2.5 所示。

图 3.2.4　插入剪贴画

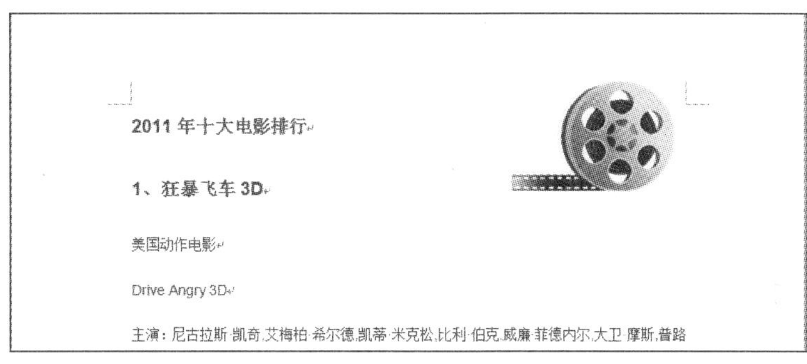

图 3.2.5　插入剪贴画到文档右上角

任务 3：插入文本框。

（1）将光标定位于文档的最后，单击“插入”→“文本”→“文本框”按钮，打开下拉菜单，选择“简单文本框”选项，文档出现一个矩形区域。

（2）将第 2～5 段移动到文本框中。

（3）设置文本框中文字的格式。设置第 1 段影片名的格式为“宋体，加粗”，字号为“小五”，文字居中对齐，并在“文本框工具/格式”“大小”组中调整文本框的大小为“高度 10 厘米，宽度 5 厘米”。

（4）双击文本框边框，选中文本框，在“文本框工具/格式”的“文本框样式”中单击橙色按钮，为文本框填充颜色。

（5）选中文本框，单击“三维效果”按钮，在下拉菜单中的“透视”项目下执行“三维样式 5”命令。

（6）在“排列”组单击“文字环绕”按钮，在下拉列表中选择“四周型环绕”。

（7）按第（1）步～第（5）步，建立 5 个文本框，再依次填充“红色”“紫色”“蓝色”“橄榄色”“橙色”，并将文本框设置为“三维样式 5”透视效果。将文本框调整到适当的位置，效果如图 3.2.6 所示。

任务 4：插入图片。

（1）将光标定位于第一个文本框中的“1”字左边，按 Enter 键，再将光标定位于第 1 段，单击“插入”→“插图”→“图片”按钮，在“插入图片”对话框中，找到“实验二”文件夹中的“金陵十三钗”，单击“插入”按钮即可将图片插入文本框中，观察图片自动调节适应文本框。

（2）将“实验二”文件夹中的图片一一插入文本框，注意图片名与文字对应。如果图片插入得过大，将文字挤出文本框，则适当调节图片大小。

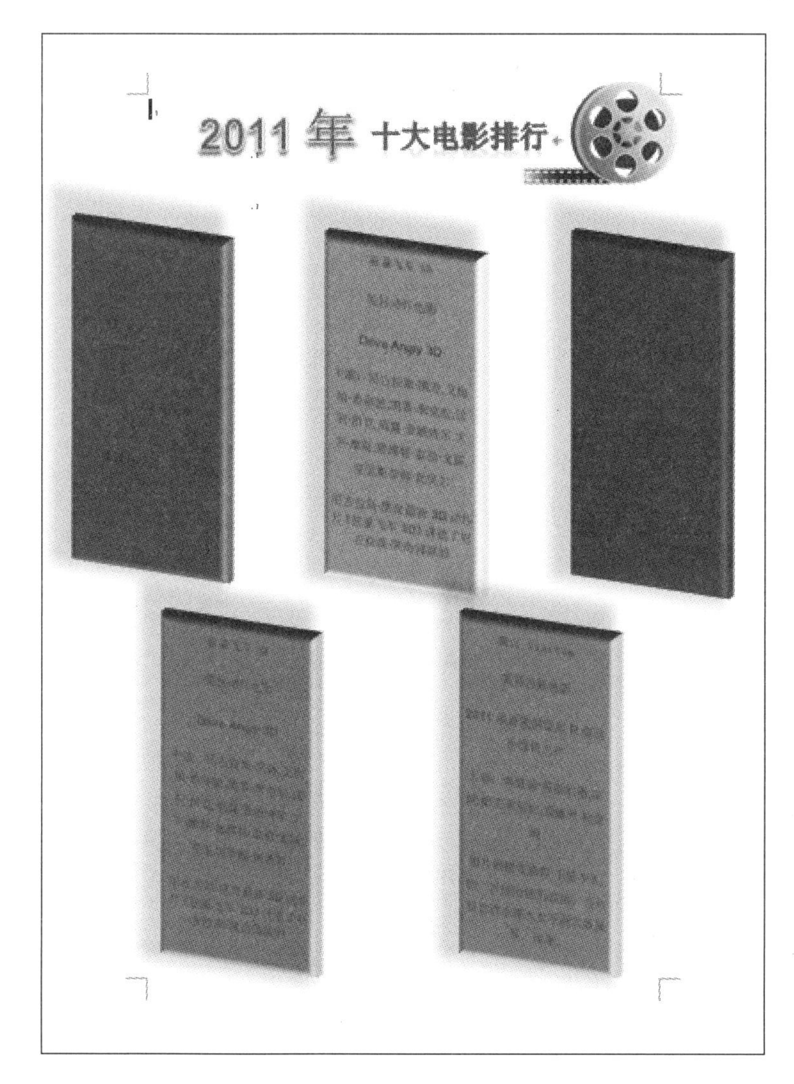

图 3.2.6　插入文本框

任务 5：设置页面颜色。

单击“页面设置”→“页面背景”→“页面颜色”按钮，在列表中选择“黑色”选项。文档最终效果如图 3.2.7 所示，按 Ctrl+S 组合键保存文档。

任务 6：插入 SmarArt 图形。

打开素材文档“游戏.docx”，然后执行以下操作步骤。

（1）单击“插入”→“插图”→“SmarArt”按钮，弹出“选择 SmarArt 图形”对话框，选择“层次结构”中的“组织结构图”形状，如图 3.2.8 所示，单击“确定”按钮。

（2）单击“SmarArt 工具/设计”→“创建图形”→“文本窗格”按钮，打开“在此处输入文字”窗格。

（3）按照文件所给的“公司结构组织图”创建文本结构。将光标定位于“文本窗格”中第 2 层次的第 4 个“文本”，单击“SmarArt 工具/设计”→“创建文本”→“降级”按钮，按 Enter 键，观察 SmarArt 图形结构发生的变化，继续添加形状，直到完成如图 3.2.9 所示的结构。

图 3.2.7　设置页面颜色

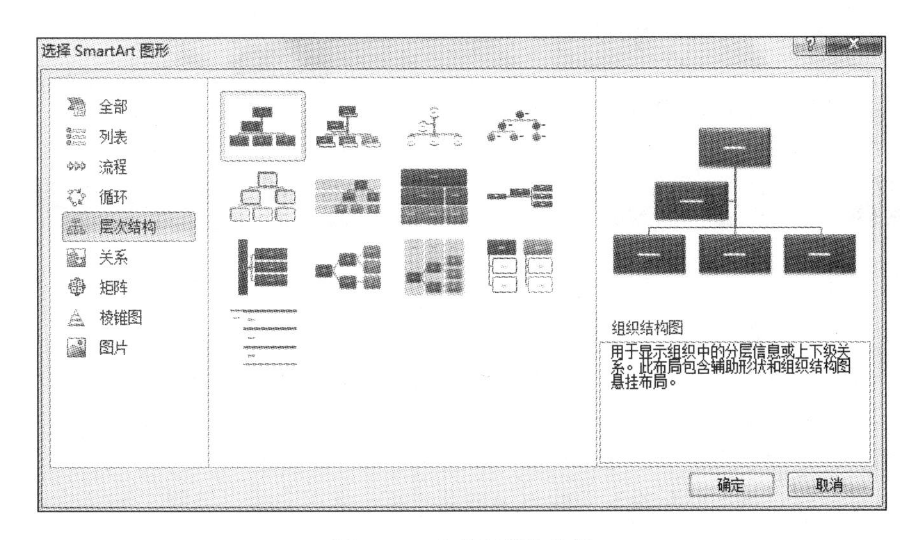

图 3.2.8　选择组织结构图

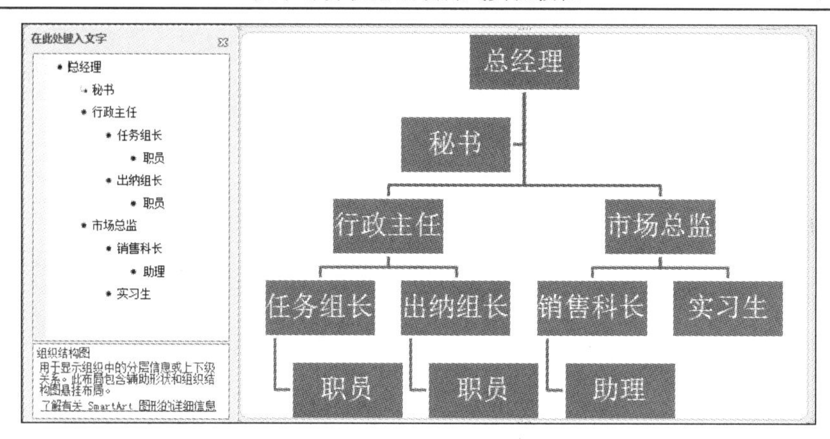

图 3.2.9　组织结构图效果

（4）在文本窗格中将光标定位于第 1 项目，输入“总经理”，选择文本，将鼠标指针移至浮动工具条，设置文字格式为“楷体”，字号为 18，字形为“加粗”，输入“行政主任”“市场总监”等内容，设置文字格式为“楷体”，字号为 16，字形为“加粗”，如图 3.2.10 所示，单击“文本”窗格的“关闭”按钮。

（5）删除文件中的原图。

（6）单击“SmarArt 工具/设计”→“SmarArt 样式”→“更改颜色”按钮，在下拉菜单中选择“彩色，强调颜色”选项，单击“SmarArt 样式”→“其他”按钮，在样式库中选择“三维”组中的“嵌入”样式。

（7）选择文字“总经理”，单击“SmarArt 工具/格式”→“艺术字样式”→“其他”按钮，在出现的菜单中选择“填充－强调文字颜色 2，暖色粗糙棱台”样式，最终效果如图 3.2.11 所示。

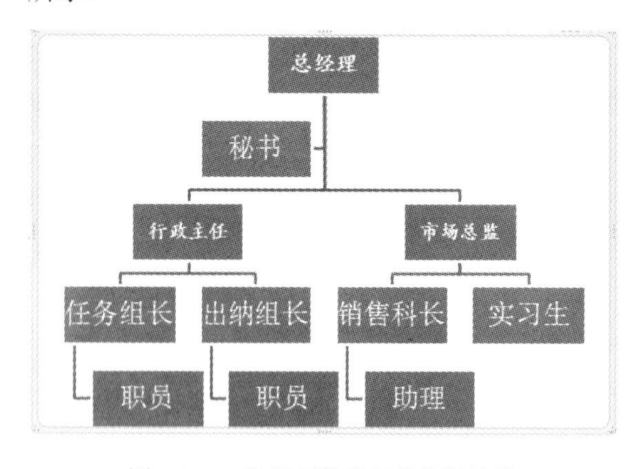

图 3.2.10　设置后的组织结构图效果

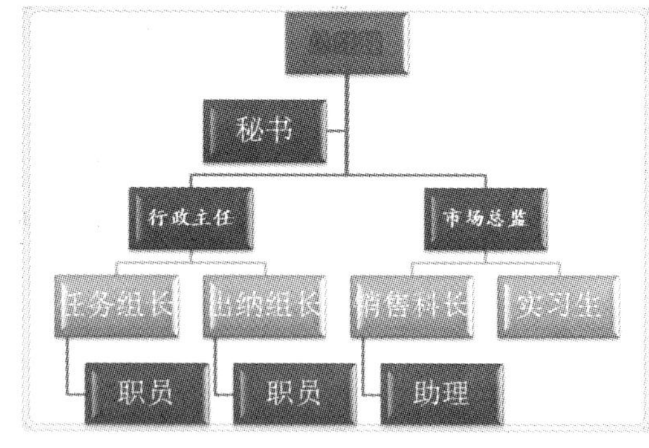

图 3.2.11　组织结构图最终效果

任务 7： 插入图形。

（1）单击“插入”→“插图”→“形状”按钮，弹出下拉菜单，如图 3.2.12 所示，选择“基本形状”中的“笑脸”形状。

（2）将光标定位于文档空白处，确定要绘制图形的起始位置。

（3）按住鼠标左键，然后沿对角线方向拖动鼠标，即可完成“笑脸”图形插入，并且图形处于选中状态。

（4）单击“绘图工具/格式”→“形状样式”→“形状填充”按钮，在列表中选择“标准色”中的“黄色”。

（5）单击“绘图工具/格式”→“形状样式”→“形状轮廓”按钮，在列表中选择“粗细”中的“4.5 磅”。

（6）单击“阴影效果”按钮，在出现的阴影选项列表中的“透视阴影”中选择“阴影样式 8”选项。

（7）选择“绘图工具/格式”→“阴影效果”→“阴影颜色”选项，在出现的级联菜单中选择“标准色”中的“蓝色”，强调文字颜色 1，深色 50%，图形效果如图 3.2.13 所示。

图 3.2.12　图形下拉菜单

图 3.2.13　最终图形效果

任务 8：插入水印。

（1）单击“页面布局”→“页面背景”“水印”按钮，在弹出的列表中选择“自定义水印”选项，弹出“水印”对话框，如图 3.2.14 所示。

（2）选中“图片水印”单选项，返回“水印”对话框，选择缩放为“150%”，选中“冲蚀”复选框，单击“确定”按钮，效果如图 3.2.15 所示。

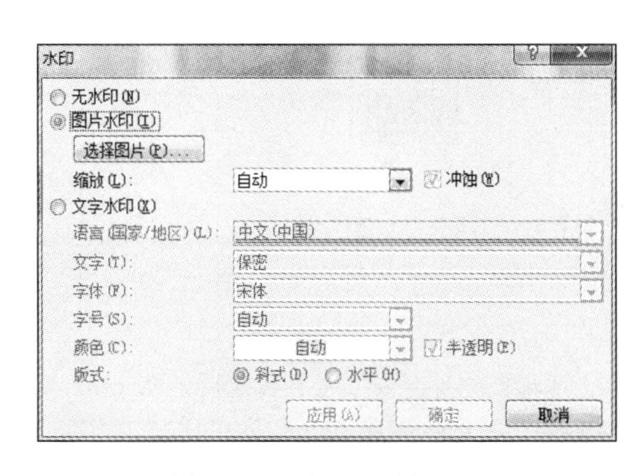

图 3.2.14　水印对话框

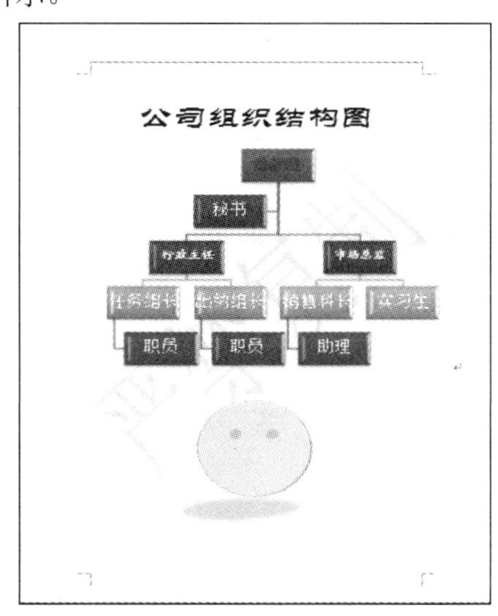

图 3.2.15　水印效果图

任务 9：添加段落底纹。

（1）选中文档的第一段，单击“开始”→“段落”→“底纹”按钮，在弹出的列表中选择“其他颜色”，弹出“颜色”对话框。

（2）在“颜色”对话框中选择“自定义”选项卡，选择颜色模式为 RGB，红色、绿色、蓝色分别设置为 65、55、240，如图 3.2.16 所示。

（3）单击“确定”按钮，就为该段落加上了底纹效果，效果如图 3.2.17 所示。

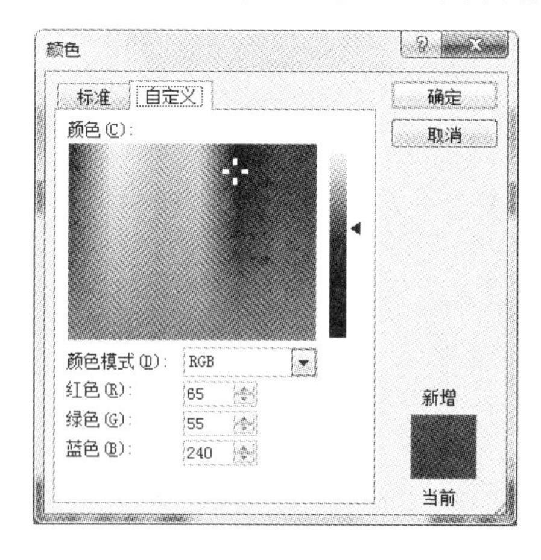

图 3.2.16　颜色自定义选项卡

图 3.2.17　水印效果

任务 10：设置边框。

（1）设置段落边框。

操作步骤如下。

① 选中文档的第一段，单击“开始”→“段落”→“边框”按钮，在弹出的列表中选择“边框和底纹”选项，弹出“边框和底纹”对话框，选择“边框”选项卡。

② 在“设置”区域选择边框式样为“阴影”，再从“样式”列表框中选择二线型边框线的样式，选择颜色为“蓝色”，宽度为“3.0 磅”，注意对话框右下角的“应用于”范围为“文字”，如图 3.2.18 所示。

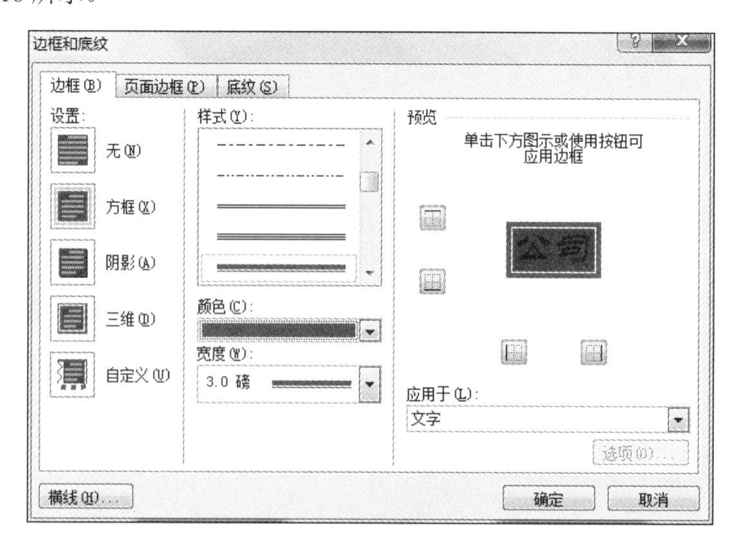

图 3.2.18　边框和底纹选项卡

③ 单击“确定”按钮，就为段落加上了边框效果。

（2）设置页面边框。

操作步骤如下。

① 单击“页面布局”→“页面背景”→“页面边框”按钮，弹出“边框和底纹”对话框。

② 在“设置”区域中选择“方框，在“样式”列表框中的“艺术型”单击下拉按钮，选择第 4 种样式，如图 3.2.19 所示。单击“确定”按钮，全文最终效果如图 3.2.20 所示。

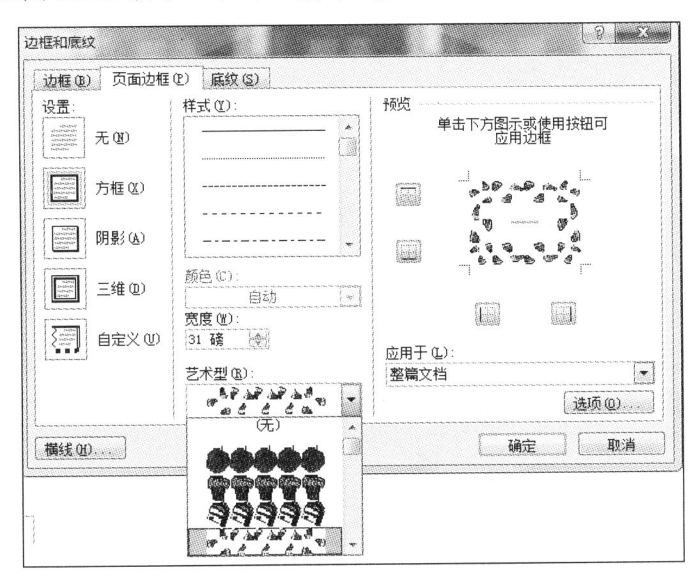

图 3.2.19　样式列表框中的艺术型

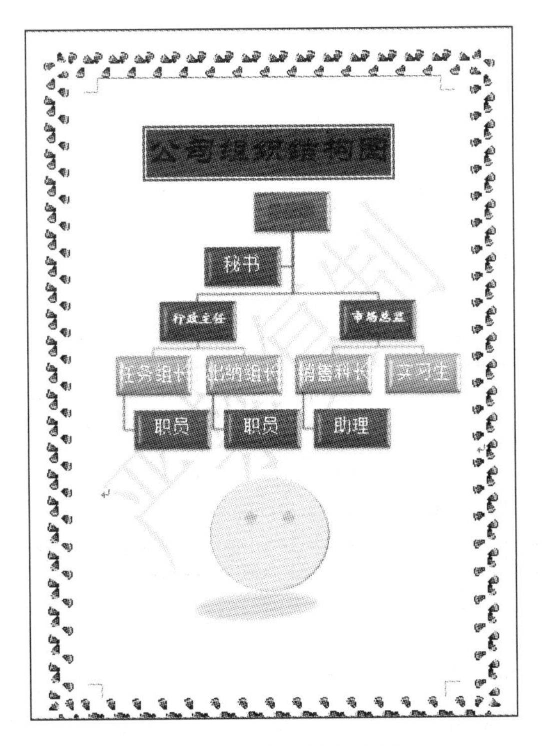

图 3.2.20　全文最终效果

实验 3.3 表 格 制 作

【实验目的与要求】

（1）掌握建立表格操作。
（2）掌握编辑表格操作。
（3）掌握格式化表格操作。

【实验内容与步骤】

任务 1： 创建表格。

打开“个人简历.docx”，新建一个空白文档，然后执行以下操作步骤。

在空白文档中，单击“插入”→“表格”按钮，弹出“插入表格”下拉列表，如图 3.3.1 所示。在网格上拖动鼠标，如图 3.3.2 所示。

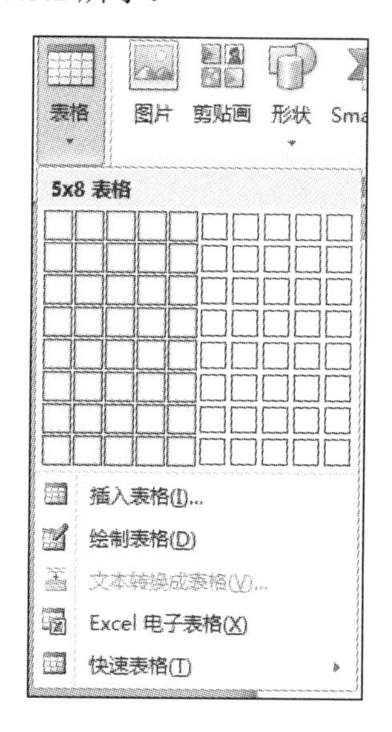

图 3.3.1 拖动鼠标建表格

图 3.3.2 建成的表格

任务 2： 合并单元格。

（1）选中表格第 1 行，单击“表格工具/布局”→“合并”→“合并单元格”按钮，将第 1 行的 5 个单元格合并成一个单元格，如图 3.3.3 所示。

图 3.3.3　合并单元格

（2）继续按照第（1）步的方式合并其他单元格，最终效果如图 3.3.4 所示。

图 3.3.4　合并单元格最终效果

（3）按照如图 3.3.5 所示的要求输入表格内容。

个人简历				
姓名		性别		照片
籍贯		学历		
联系方式		政治面貌		
毕业院校				
通讯地址		邮编		
个人履历				
担任职务				

图 3.3.5　输入内容后的合并单元格效果

任务 3：调整表格高度和宽度。

（1）选中表格第 2～6 行，单击“表格工具/布局”→“单元格大小”→“高度”按钮，在文本框中输入 1，在文档中任意处单击，即可使表格第 2～6 行具有相同的高度，效果如图 3.3.6 所示。

个人简历				
姓名		性别		照片
籍贯		学历		
联系方式		政治面貌		
毕业院校				
通讯地址		邮编		
个人履历				
担任职务				

图 3.3.6　表格高度调整

（2）将鼠标指针放在表格的连线上，鼠标指针变为双横形，按下鼠标左键，并上下或左右拖动鼠标，可以调整其他行的高度或宽度，调整效果如图 3.3.7 所示。

<table>
<tr><td colspan="5">个人简历</td></tr>
<tr><td>姓名</td><td></td><td>性别</td><td></td><td rowspan="4">照片</td></tr>
<tr><td>籍贯</td><td></td><td>学历</td><td></td></tr>
<tr><td>联系方式</td><td></td><td>政治面貌</td><td></td></tr>
<tr><td>毕业院校</td><td colspan="3"></td></tr>
<tr><td>通讯地址</td><td colspan="2"></td><td>邮编</td><td></td></tr>
<tr><td>个人履历</td><td colspan="4"></td></tr>
<tr><td>担任职务</td><td colspan="4"></td></tr>
</table>

图 3.3.7　调整行高和列宽

任务 4： 调整表格内内容样式。

（1）将光标定位于“照片”单元格中，单击“表格工具/布局”→“对齐方式”→“文字方向”按钮，改变文字方向为垂直，如图 3.3.8 所示。

（2）再次将光标定位于“照片”单元格中，单击“表格工具/布局”→“对齐方式”→“中部居中”按钮，“照片”单元格最终效果如图 3.3.9 所示。

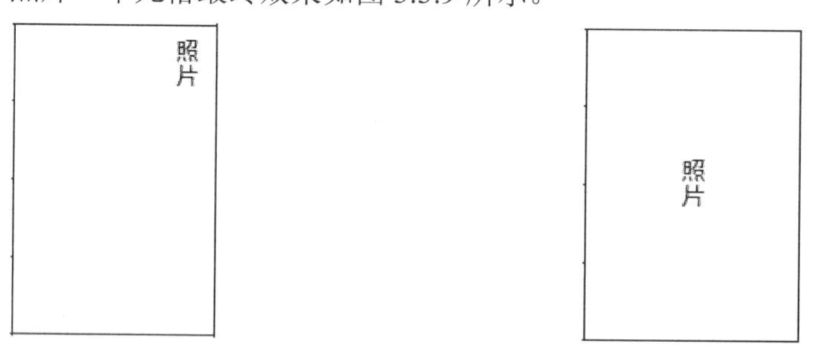

图 3.3.8　改变文字方向为垂直　　　图 3.3.9　文字对齐方式为中部居中

（3）按照上述步骤继续设置其他单元格的文字格式，并适当调整字号和间距，调整后的效果如图 3.3.10 所示。

任务 5： 设置表格边框。

（1）将光标定位于表格的第 1 行，右击，在弹出的快捷菜单中执行“边框和底纹”命令，弹出“边框和底纹”对话框。

个人简历				
姓名		性别		照片
籍贯		学历		
联系方式		政治面貌		
毕业院校				
通讯地址			邮编	
个人履历				
担任职务				

图 3.3.10　个人简历

（2）在“边框”选项卡中，分别单击“预览”区域的上边框线、左边框线和右边框线，取消第 1 行单元格的上、左、右边框线。同时，注意在对话框右下角的“应用于”下拉列表框中选择“单元格”，观察“预览”区域中表格边框样式的变化，如图 3.3.11 所示。

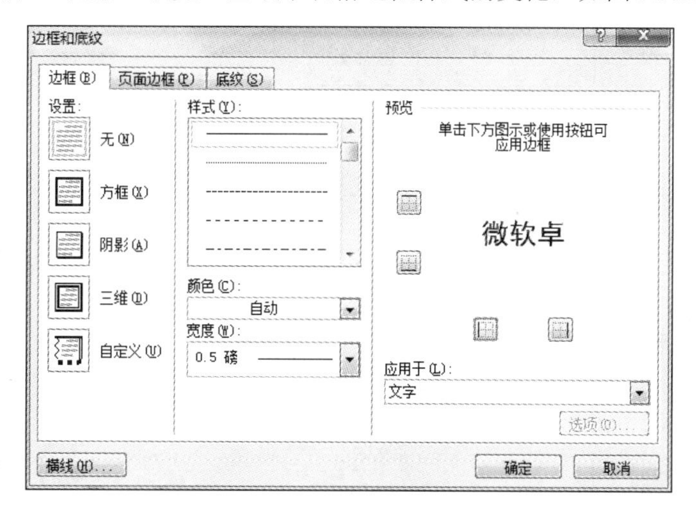

图 3.3.11　“边框和底纹”对话框

（3）单击“确定”按钮，取消表格第 1 行的上边框线、左边框线、右边框线，如图 3.3.12 所示。

任务 6： 设置表格底纹。

（1）选中表格第 1 列，单击“表格工具/设计”→“表样式”→“底纹”按钮，在弹出的下拉菜单中选择填充颜色为“白色，背景 1，深度 15%”，为表格的第 1 列添加底纹效果，如图 3.3.13 所示。

个人简历

姓名		性别		照片
籍贯		学历		
联系方式		政治面貌		
毕业院校				

图 3.3.12　取消上、左、右边框线

姓名
籍贯
联系方式
毕业院校
通讯地址
个人履历
担任职务

图 3.3.13　设置底纹

（2）按照上述步骤设置其他单元格的底纹，最终效果如图 3.3.14 所示。

个人简历

姓名		性别		照片
籍贯		学历		
联系方式		政治面貌		
毕业院校				
通讯地址			邮编	
个人履历				
担任职务				

图 3.3.14　个人简历效果图

（3）保存该文档，文档命名为“个人简历.docx”。

项目四　数据统计分析软件 Excel 2010

Excel 是微软公司办公软件 Office 的组件之一，是由 Microsoft 公司为 Windows 和 Apple Macintosh 操作系统开发的一款表格软件。Excel 具有强大的数据运算与分析能力，广泛地应用于管理、统计财经、金融等众多领域的统计分析和辅助决策等。对于 Excel 2010 版本，其数据处理功能更强大，人机界面更友好。

实验 4.1　工作表的基本操作

【实验目的与要求】

（1）掌握创建工作表数据区域的基本技能。

（2）掌握单元格的格式化操作。

（3）掌握 SUM、AVERAGE 函数的使用。

【实验内容与步骤】

任务 1：现有某服装店 4 名员工 1～3 月的销售额，如图 4.1.1 所示，根据其设计表格、录入数据，将 A2：H6 区域设置为“筛选”模式，并把 A1：H6 区域边框设置为双实线，对 A2：H2 单元格以“浅橄榄色”填充，C7 单元格以“浅水绿色”填充，G3：H6、D7：H7 单元格以“浅橙色”填充。

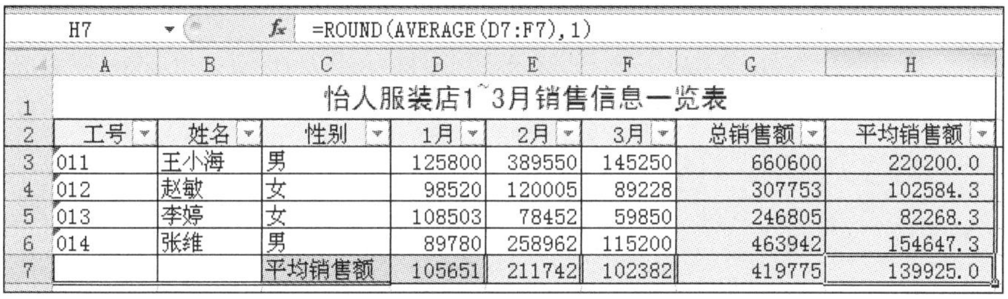

H7　fx　=ROUND(AVERAGE(D7:F7),1)

	A	B	C	D	E	F	G	H
1	怡人服装店1~3月销售信息一览表							
2	工号	姓名	性别	1月	2月	3月	总销售额	平均销售额
3	011	王小海	男	125800	389550	145250	660600	220200.0
4	012	赵敏	女	98520	120005	89228	307753	102584.3
5	013	李婷	女	108503	78452	59850	246805	82268.3
6	014	张维	男	89780	258962	115200	463942	154647.3
7			平均销售额	105651	211742	102382	419775	139925.0

图 4.1.1　怡人服装店 1～3 月销售信息

本项任务是构建一个包含文本型、数值型数据的带筛选模式的表格。首先要输入数据，尤其需要注意的是对文本型数字数据的处理，如工号 011～014 数据，作为文本型数字，11 前的 0 要求保留，因此在数据录入中，先定义单元格属性为文本型，再录入 011，或者先录入英文的单引号“‘”，再录入 011，才能让系统将该数据判定为文本型而显示为 011。

单元格数据录入后，如果数据宽度小于单元格宽度，系统会根据数据类型自动匹配对齐方式——数值、日期为右对齐，文本为左对齐，逻辑值居中对齐；因此，用户也可以根据数据默认对齐方式来大致判定数据的类型；如无其他特别的要求，用户最好不要对普通数据进行居中对齐、靠左对齐或靠右对齐等人为的设置。如果数据宽度大于单元格宽度，则调整列间距以适应显示，或者在单元格设置的“对齐”选项卡中定义数据显示格式。

（1）先在 A1 单元格中录入文本“怡人服装店 1～3 月销售信息一览表”，并定义字体为“黑体”，字号为 18；再选中 A1：H1 单元格，进入“开始”选项卡的“对齐方式”功能区，执行“合并后居中”操作。

注意：单元格的合并操作，在 Excel 2010 中，功能更为强大，有如图 4.1.2 所示的诸多选项，用户可以根据所需灵活选择。

（2）A3：A6 单元格内容为文本型数字，先选中 A3：A6 区域，如图 4.1.3 所示，在“设置单元格格式”对话框中将其定义为“文本”，再依次输入 011～014 数字即可。

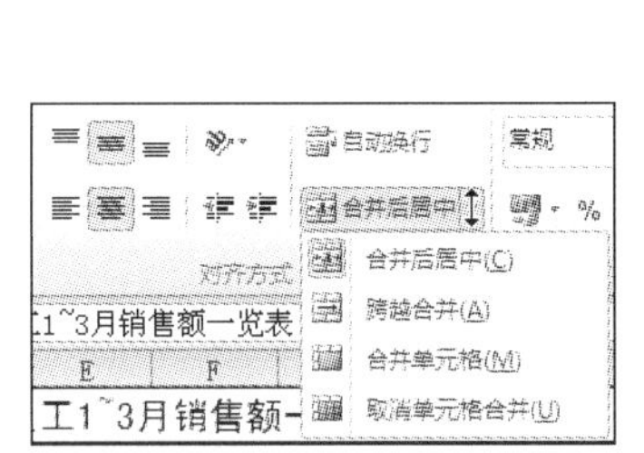

图 4.1.2　合并后居中

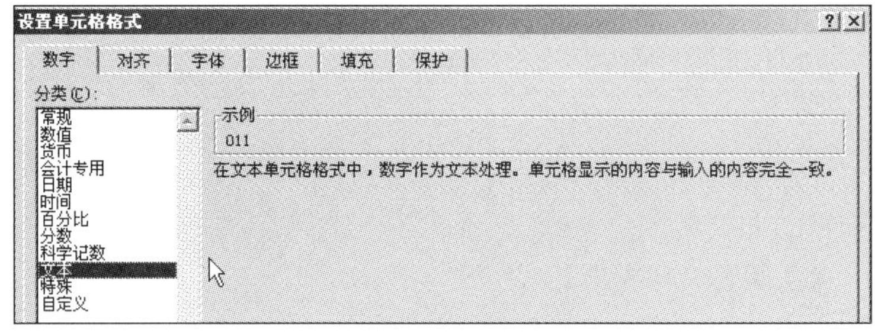

图 4.1.3　“设置单元格格式”对话框

提示：观察 A3：A6 区域的值具有规律性，即呈“等差”分布状态，还有其他简便的方法可以采用。例如，先录入 A3：A4 单元格的值，并选定该区域，然后进入“开始”选项卡对应的“编辑”功能区，单击左侧的“填充”按钮，向下填充 A5：A6 的值；也可以选定 A3：A4 后，将光标移到 A3 单元格的右下角，当光标变为细黑十字时，再往下拖动，系统会自动将数据 013、014 填充进入 A5：A6 单元格区域。

（3）A1:H1 为数据表头，录入相应数据后，单击“开始”→“对齐方式”的“居中对齐”按钮，如图 4.1.4 所示；选中 A2：H2，右击打开单元格格式设置对话框，设置单元格背景颜色，以浅橄榄色填充。

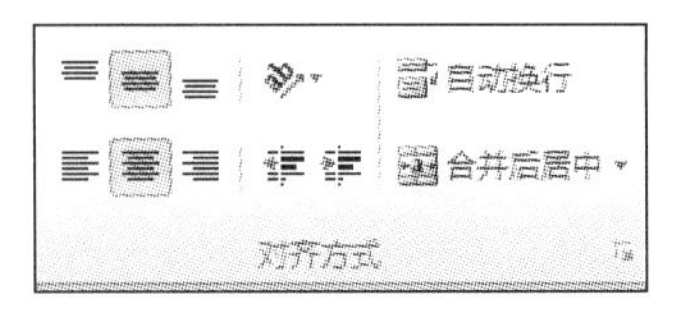

图 4.1.4　对齐方式设置

提示：给标题单元格加上背景色有助于直观查看数据。如果数据区域是表格，则其单元格往往可以分为三个区域：表头区域、普通单元格、特殊单元格等。对于不同单元格的区分，可以考虑采用不同背景来实现。在配色方案中，普通单元格一般可保持为默认的无色背景，表头或首列则可以考虑设置为浅色（蓝、绿、黄、红等）背景。

（4）执行“开始”→“字体”→“绘图边框网格”命令，选择“线型”→“双实线”，如图 4.1.5 所示，光标变为小钢笔带方框的图示后，再在边框线上绘制双实线。完成后，按 Esc 键取消绘线笔。

（5）光标选中 A2：H2 数据，进入“开始”菜单，在“编辑”功能区，打开“排序和筛选”下拉选项，执行“筛选”命令，得到结果如图 4.1.1 所示，任务完成。

提示：Excel 的表格处理中，除了要求高效率、准确地录入数据，表格和单元格底色的设置、表格框线的宽度等格式化操作，也对数据的易用性有一定的影响。最常见的框线组合有“细内线+粗边框”“外实线+内虚线”等。要对框线进行处理，除用框线笔外，也可使用格式工具栏中的框线按钮，选择不同的区域与不同的线型，多次操作来实现任务的要求。

任务 2：利用公式计算总销售额与平均销售额，保留小数点 1 位。

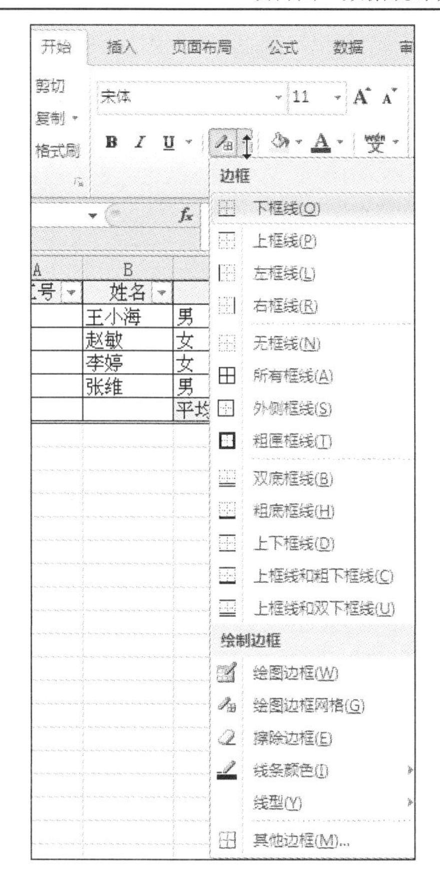

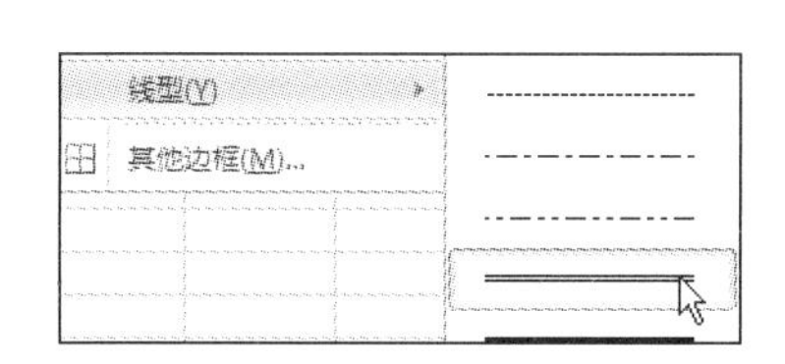

图 4.1.5　绘制表格边框

利用公式求和与平均值，可直接输入公式，也可以通过编辑栏的插入函数 f_x 按钮来实现，此处通过“编辑”功能区的按钮来操作，如图 4.1.6 所示。

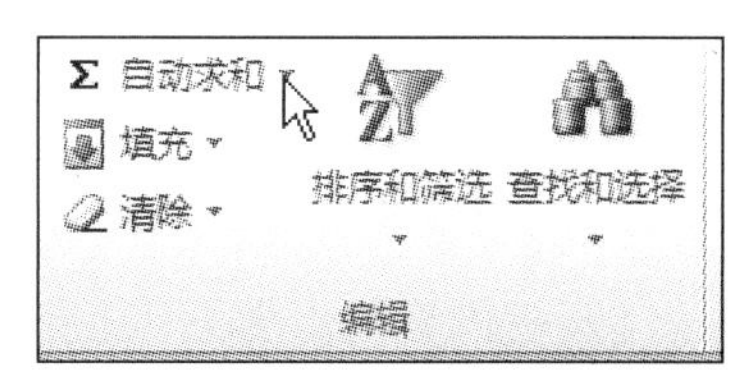

图 4.1.6　插入函数

（1）求总销售额。

光标先选定 G3 单元格，执行“开始”→“自动求和”命令，在下拉菜单中选择“求和”选项，G3 单元格自动被赋予公式“=SUM（D3：F3）”，如图 4.1.7 所示；确定，得到汇总结果；选定 G3 单元格，执行“复制”操作，再选定 G4：G5，执行“粘贴”操作应用 G3 的公式；任务完成。

注意：如果对左边或上方的数值数据为连续的单元格求和，也可以在单元格中按下组合键“Alt 键+等号键=”，系统会自动对左边或上方数值数据进行求和运算。

G3　　=SUM(D3:F3)

	A	B	C	D	E	F	G	H
1	怡人服装店1~3月销售信息一览表							
2	工号	姓名	性别	1月	2月	3月	总销售额	平均销售额
3	011	王小海	男	125800	389550	145250	660600	220200.0

图 4.1.7　求总销售额

（2）求平均销售额。

参照“求和”公式应用的步骤，在 H3 单元格插入平均值函数。因为要保留小数点 1 位，将光标选中带平均值函数的公式，嵌套 ROUND 四舍五入函数，并修改公式为“=ROUND

(AVERAGE(D3:F3),1)”，如图 4.1.8 所示，按 Enter 键确定；再将该公式应用到 H4：H6 单元格区域。

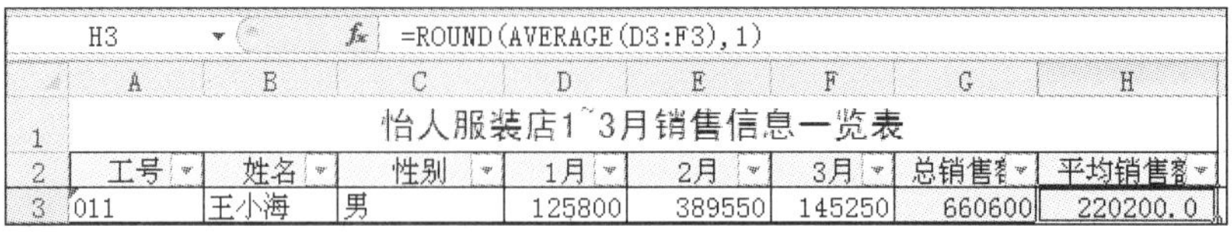

H3　=ROUND(AVERAGE(D3:F3),1)

	A	B	C	D	E	F	G	H
1	怡人服装店1~3月销售信息一览表							
2	工号	姓名	性别	1月	2月	3月	总销售额	平均销售额
3	011	王小海	男	125800	389550	145250	660600	220200.0

图 4.1.8　求平均销售额

再在 D7 单元格先输入“=ROUND(AVERAGE(D3:D6),1)”，然后将该公式复制到 D7：H7 单元格区域，即得到各列对应的平均值数据。至此，任务完成。

提示：单元格小数点的保留，如无其他明确要求，也可通过单元格设置，在“数值”类型中，定义显示的小数位数，用公式来定义小数位数与用单元格设置来定义是有差别的；以图 4.1.9 为例，A2:A3 区域有两个带有 3 位小数的数值，将这两个数值复制到 B2：B3，在单元格属性设置中，定义小数位数保留 2 位，再利用 ROUND 函数，在 C2：C3 单元格中引用处理 A2：A3 的数值，从显示效果来看，B2=C2，B3=C3；如果在 B4、C4 中均用平均值函数分别处理 B2：B3、C23：C3，如图 4.1.9 所示，就会发现结果有细微的差别。所以，在保留小数位数的数据处理中，何时用公式、何时用单元格设置来定义应根据要求灵活处理。

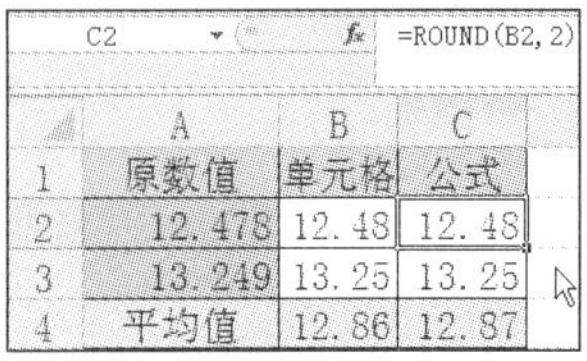

C2　=ROUND(B2,2)

	A	B	C
1	原数值	单元格	公式
2	12.478	12.48	12.48
3	13.249	13.25	13.25
4	平均值	12.86	12.87

图 4.1.9　单元格小数位数的处理

实验 4.2　学生成绩表构建

【实验目的与要求】

（1）创建规范表格。

（2）格式化表格。

（3）函数 RANK、COUNTIF 应用。

【实验内容与步骤】

任务 1：创建如表 4.2.1 所示的工作表，将表头第 1 行数据设置为列标题，原有文本移到 Excel 工作表页眉，在页脚中框添加页码，右框添加“制表人：李小明”和当前日期。

表 4.2.1　学生成绩表

实验一学生成绩表构建										
序号	学号	姓名	性别	高等数学	大学计算机	大学英语	总分	平均分	班级排名	不及格科数
1	2012125101	朱明	男	89.5	85	56	230.5	115.25		
2	2012125103	李翔	男	85.6	86	54	225.6	112.8		
3	2012125104	宋淑芝	女	54	87.5	86	227.5	113.25		
4	2012125105	余灵	女	84.6	79	80	243.6	121.8		

新建或打开一个 Excel 工作表时，经常会有创建或修改表格表头的需要。Excel 表格的第 1 行数据，有时会以合并单元格的形式来呈现数据表的主题内容，有时也会将该说明性文字放在页眉中，将表格的第 1 行设置为各列数据为对应的标题标签。

（1）页眉设置。

双击 A1 单元格，单元格文本呈编辑状态，选中“实验一学生成绩表构建”内容，执行 Ctrl+X（剪贴）操作，然后单击“页面布局”菜单，打开“页面设置”对话框的“页眉”选项卡，如图 4.2.1 所示，单击页眉的“中框”，执行 Ctrl+V（粘贴）操作，将剪贴板的文本粘贴进去。再选中当前工作表的第 1 行，执行“删除”操作，将原表其他数据区域移动至从 A1 开始的区域。

如需进一步格式标题文字，可选中后，再单击页眉边框左上侧的文本格式化按钮“A”，进行字体、字号等设定。设置好后，单击“确定”按钮保存。

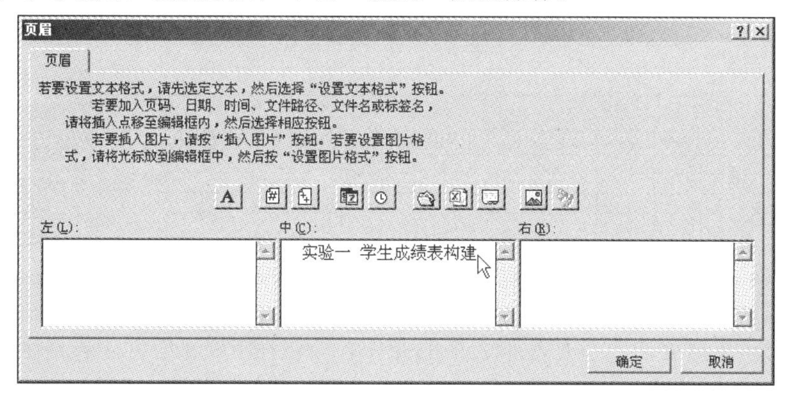

图 4.2.1　页眉设置

（2）页脚设置。

选择“自定义页脚”选项，在“页脚”对话框的中、右位置分别添加“页码”“日期”域，可以得到当前页码、当前系统日期信息；在日期“&”符号前输入“制表人：李小明”，按 Enter 键确定后，可得到图 4.2.2 的效果。

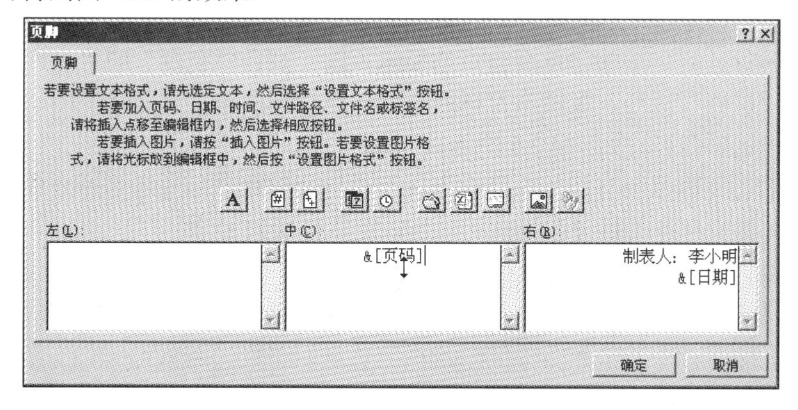

图 4.2.2　页脚设置

和 Word 一样，Excel 的页眉（页脚）设置对所有数据输出的页面均有效；对于大数据、多页输出的要求，基于页眉、页脚的页面设置操作，就显得很有用。因此，在 Excel 中页眉/页脚的规范、正确设置，也是值得重视的操作。

（3）创建表格。

光标选中 A1：K5 任意单元格区域，如图 4.2.3 所示，单击“插入”→“表格”按钮，该区域即创建为表格区域，完成任务如图 4.2.4 所示。

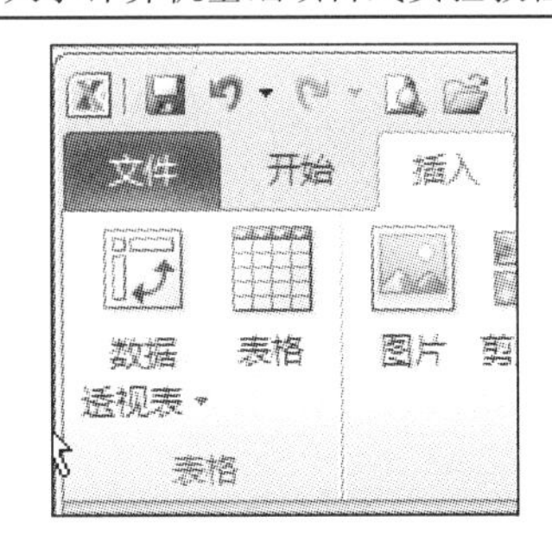

图 4.2.3　创建表格

A1　=SUM(E3:G3)

序号	学号	姓名	性别	高等数学	大学计算机	大学英语	总分	平均分	班级排名	不及格科数
1	2012125101	朱明	男	89.5	85	56	230.5	115.25		
2	2012125103	李翔	男	85.6	86	54	225.6	112.8		
3	2012125104	宋淑芝	女	54	87.5	86	227.5	113.75		
4	2012125105	余灵	女	84.6	79	80	243.6	121.8		

创建表
表数据的来源(W):
=$A$1:$K$5
☑ 表包含标题(M)
确定　取消

图 4.2.4　创建的学生成绩表

提示：Excel 数据处理，多是基于表格的操作；所以在 Excel 中创建表格区域，有利于后续的数据统计、分析。

任务 2：实现表头显示锁定与打印锁定效果。

当编辑过长或过宽的 Excel 工作表时，需要向下或向右滚动屏幕，而表头列（或左侧关键列）数据就会因为滚动而从屏幕中消失，这样就容易出现视觉混淆的情况：后续数据对应的表头标签（左边关键列）不够直观，甚至对应错误。按下面的方法操作，可将表头（或左边关键列）锁定，使其始终置于屏幕可视区域。

（1）表头显示锁定。

表格数据的行、列如果超过单页窗口的显示范围，则在“视图”的“窗口”功能区，执行“拆分”→“冻结”命令。如锁定首行或首列，可以直接单击“冻结”图示，在下拉菜单中选择对应操作选项即可，如图 4.2.5 所示。

如果锁定的行、列范围有调整，则应先执行“拆分”命令，通过“拆分条”的上下（列为左右）移动来改变相应的拆分区域；如果只锁定行（或列），则可先选定拟取消的拆分条，然后双击，则该拆分条被取消，再执行“冻结拆分窗格”命令。

如果要取消表头（或左边关键列）的锁定，则执行“窗口”菜单中的“取消窗口冻结”命令即可。

（2）表头打印锁定。

对于数据超过多行的表格，打印后续页时，应打印表头，以增加数据的可读性。具体实现方法是单击“页面布局”菜单，打开“页面设置”对话框，进入“工作表”选项卡，在“打印标题”内输入拟锁定的顶端标题行或左端标题列，如图 4.2.6 所示。

提示：表头的显示或打印锁定，对于内容超过一页的长文档表格数据，是很重要的操作，可很好地增加数据的可读性。

任务 3：应用 RANK、COUNTIF 函数完成“班级排名”与“不及格科数”的数据分析与统计。

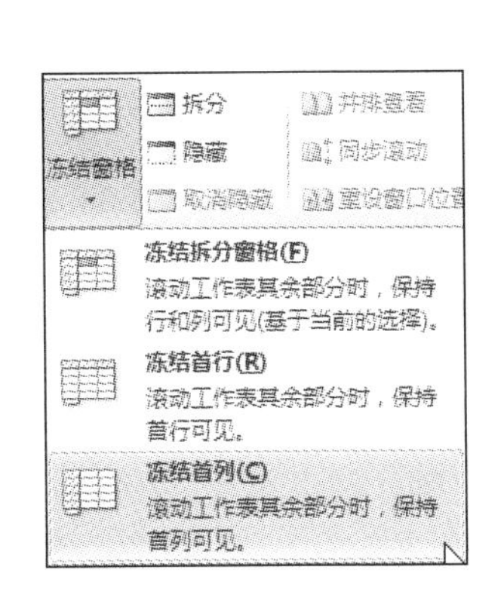

图 4.2.5　窗口冻结

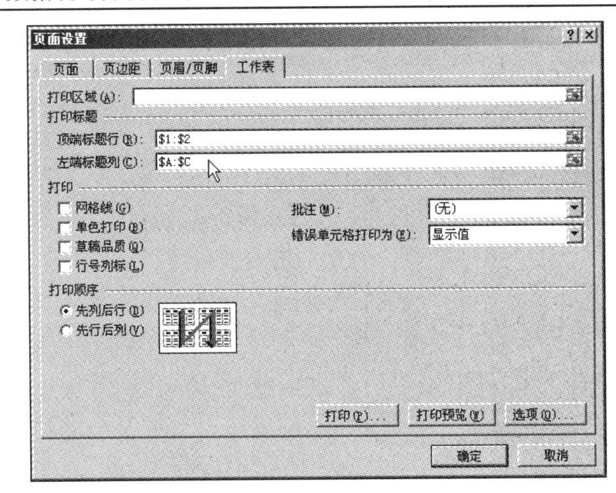

图 4.2.6　表头打印锁定

（1）班级排名。

选定 J1 单元格，单击编辑栏的“插入函数”按钮，在函数对话框中，如果能知道该函数的类别（在 Excel 2010 中，RANK 是兼容性类函数），可先选类别，再小范围查找；如果知道函数名，而不知类别，也可在“全部”中以浏览的方式查找；如果不知道准确信息，可以在函数查找中输入相关信息，如“排位”，再逐步筛选查找。找到该函数后，设置相关的参数。RANK 三个参数说明如下。

① Number，必需，需要找到排位的数字。

② Ref，必需，数字列表数组或对数字列表的引用，Ref 中的非数值型值将被忽略。

③ Order，可选，指明数字排位的方式。如果 Order 为 0（零）或省略，排位是基于 Ref 为按照降序排列的列表；如果 Order 不为零，排位是基于 Ref 按照升序排列的列表。

本例中，选定 I2 单元格，数据区域确定为 I2：I5，Order 参数设置为 0。单击“确定”按钮后，在表格的 J2：J5 中自动填入各条记录平均分的排名次序，如图 4.2.7 所示。

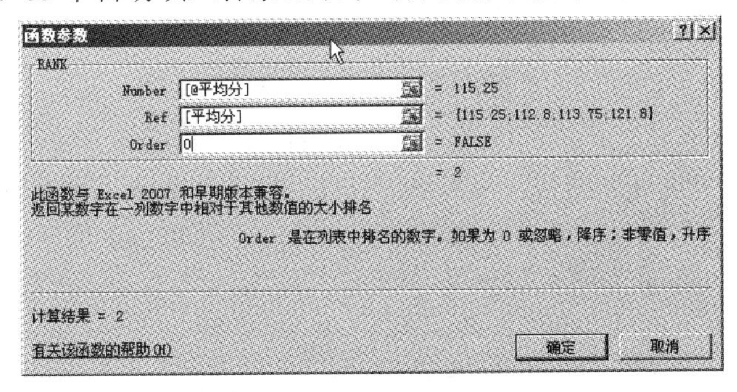

图 4.2.7　函数参数的设置

注意：因本例单元格区域已经设置为表格，所以，当选中 I2 单元格时，RANK 的 Number 参数值显示为“[@平均分]”，意为平均分列在当前行的数据；而选中 I2：I5，Ref 数据区域显示为[平均分]，意为表格的平均分数据列的所有数据。

（2）统计不及格科数。

要实现这一任务，使用 COUNTIF 函数，该函数主要有两个参数，即 Range、Criteria，其意义如下。

① Range，必需，要对其进行计数的一个或多个单元格，其中包括数字或名称、数组或包含数字的引用，空值和文本值将被忽略。

② Criteria，必需，用于定义将对哪些单元格进行计数的数字、表达式、单元格引用或文本字符串。例如，条件可以表示为 54、>=54、A4、“计算机”等。

提示：在条件中可以使用通配符，即问号（?）和星号（*）。问号匹配任意单个字符，星号匹配任意一系列字符。若要查找实际的问号或星号，请在该字符前键入波形符（～）；条件一般不区分大小写；例如，字符串 computer 和字符串 COMPUTER 将匹配相同的单元格。

本例中，选定 K2 单元格，插入 COUNTIF 函数，在参数设置对话框中，先确定范围(Range)，可直接输入 E2：G2，也可通过折叠对话框，用鼠标直接选取范围。在条件（Criteria）中录入 <60，如图 4.2.8 所示；按 Enter 键确定，系统会自动将不及格科数统计结果填入 K2：K5 各单元格中。

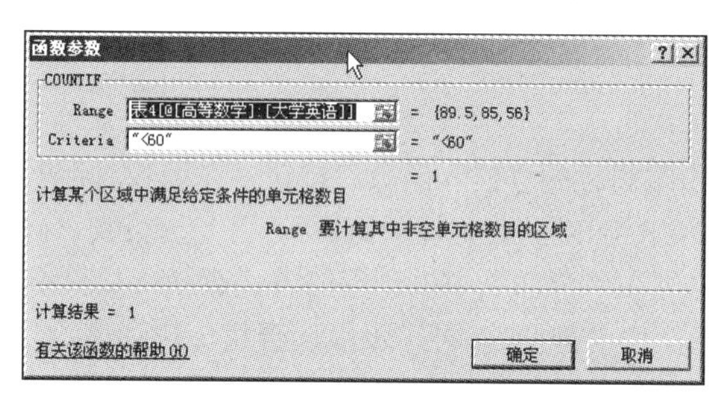

图 4.2.8　COUNTIF( )函数

操作结果如图 4.2.9 所示。

A	B	C	D	E	F	G	H	I	J	K
序号	学号	姓名	性别	高等数学	大学计算机	大学英语	总分	平均分	班级排名	不及格科数
4	2012125105	余灵	女	84.6	79.0	80.0	243.6	121.8		0
1	2012125101	朱明	男	89.5	85.0	56.0	230.5	115.25		1
3	2012125104	宋淑芝	女	54.0	87.5	86.0	227.5	113.25		1
2	2012125103	李翔	男	85.6	86.0	54.0	225.6	112.8		1

图 4.2.9　统计不及格科数

任务 4：对成绩表按从低到高的要求排序，在表格中只显示总分大于 113 的学生信息。

（1）将鼠标放在 A1：F5 的任一单元格，打开“插入”菜单，在“表格”功能区中，选择“表格”选项，所选数据区域就会被全部激活，显示如图 4.2.10 所示。Excel 创建一个 11 列、4 条记录的表格区域，该表格自动套用内置格式，并显示为自动筛选状态，显示如图 4.2.11 所示。

	A	B	C	D	E	F	G	H	I	J	K
1	序号	学号	姓名	性别	高等数学	大学计算机	大学英语	总分	平均分	班级排名	不及格科数
2	1	2012125101	朱明	男	89.5	85	56	230.5	115.25		
3	2	2012125103	李翔	男	85.6	86	54	225.6	112.8		
4	3	2012125104	宋淑芝	女	54	87.5	86	227.5	113.75		
5	4	2012125105	余灵	女	84.6	79	80	243.6	121.8		

创建表
表数据的来源(W)：
=$A$1:$K$5
表包含标题(M)
确定　取消

图 4.2.10　激活数据区域

序号	学号	姓名	性别	高等数学	大学计算机	大学英语	总分	平均分	班级排名	不及格科数
4	2012125105	余灵	女	84.6	79.0	80.0	243.6	121.8		0
1	2012125101	朱明	男	89.5	85.0	56.0	230.5	115.25		1
3	2012125104	宋淑芝	女	54.0	87.5	86.0	227.5	113.25		1
2	2012125103	李翔	男	85.6	86.0	54.0	225.6	112.8		1

图 4.2.11　自动筛选

（2）单击“平均分”表头，在弹出的下拉菜单中先选择“降序”选项，再选择“大于”选项，如图 4.2.12 所示；在弹出的文本框中输入 113，单击“确定”按钮，完成效果如图 4.2.13 所示。

图 4.2.12　筛选选项设置

序号	学号	姓名	性别	高等数学	大学计算机	大学英语	总分	平均分	班级排名	不及格科数
4	2012125105	余灵	女	84.6	79.0	80.0	243.6	121.8		0
1	2012125101	朱明	男	89.5	85.0	56.0	230.5	115.25		1
3	2012125104	宋淑芝	女	54.0	87.5	86.0	227.5	113.25		1

图 4.2.13　筛选后的效果

实验 4.3　商品采购数据的图表处理

【实验目的与要求】

（1）熟悉图表类型。

（2）了解插入图表的基本步骤。

（3）图表格式化初步常识。

【实验内容与步骤】

任务 1：创建如图 4.3.1 所示的数据区域，插入离散型饼图，显示各商品进价总额占总进价的份额。

	A	B	C	D	E	F	G	H	I
1	商品采购数据分析								
2	序号	商品号	商品	单价	数量	总金额	采购人	采购日期	备注
3	1	10121	男上衣	580	8	588	赵勇	2014-1-26	
4	2	10122	男T恤	158	9	167	赵勇	2014-1-26	
5	3	10131	男牛仔裤	210	20	230	赵勇	2014-1-26	
6	4	10231	女牛仔裤	200	30	230	赵勇	2014-1-26	
7	5	10254	女式长裙	180	10	190	文博	2014-2-25	
8	6	10256	女鞋	320	8	328	文博	2014-2-25	
9	7	10156	男鞋	350	8	358	文博	2014-2-25	

图 4.3.1　商品采购数据分析

在 Excel 中，图与表是有区别的，一般情况下，表是图的基础，图是表的转换。因此要想插入图，往往先要创建表格，创建表格的具体步骤参见“实验 4.2 的任务 1”。Excel 2010 版的图表相对旧版而言，功能更为强大，操作更为简便，集易用性、实用性、美观性为一体。

饼图是用分割并填充颜色或图案的饼形来表示数据关系，通常用来表示一组分项数据（例如，一个家庭每月的开支中，生活费、通信费、交通费、水电费等分开支）与总数据（总开支）的比例关系。如果有需要，可以创建多个饼图来显示多组数据。

（1）先创建一个 A2：I9 的表格。

（2）在表格数据中，部分数据不是饼图所需的，可先选择 C2：C9；然后在按住 Ctrl 键的同时，选择 F2：F9 数据范围。

（3）单击表格工具，在“表格”功能区中，单击“饼图”按钮，在下拉菜单中选择二维饼图的“分离型饼图”子项，如图 4.3.2 所示，完成任务如图 4.3.3 所示。

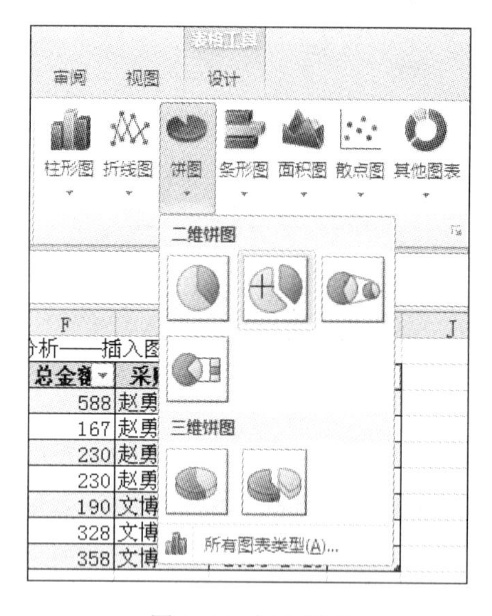

图 4.3.2　插入饼图

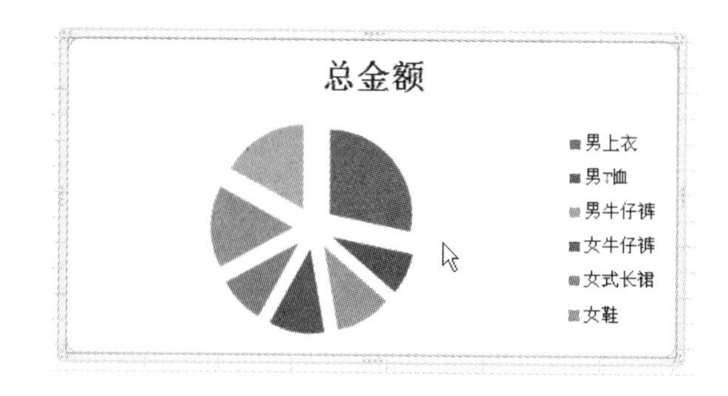

图 4.3.3　各商品进价构成

任务 2：给饼图添加百分比，系列名称“总金额”更改为 A1 单元格文字——“商品采购数据分析”。

（1）选中饼图区域，右击，在弹出的对话框（见图 4.3.4）中，执行“添加数据标签”命令，如图 4.3.4 所示；效果如图 4.3.5 所示。

（2）选中标签值，右击，在弹出的菜单中选择“设置数据标签格式”选项，如图 4.3.6 所示，勾选“百分比”“数据标签外”复选框；完成任务，如图 4.3.7 所示。

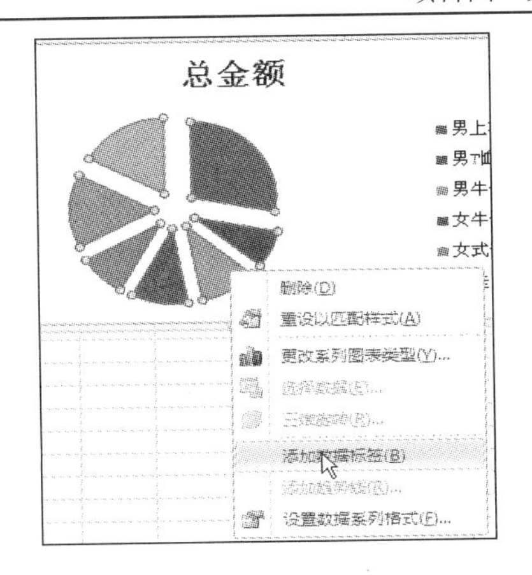

图 4.3.4　添加数据标签

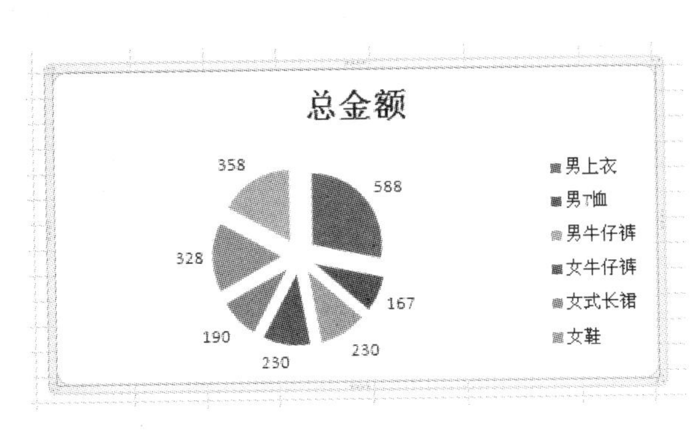

图 4.3.5　添加数据标签后的效果

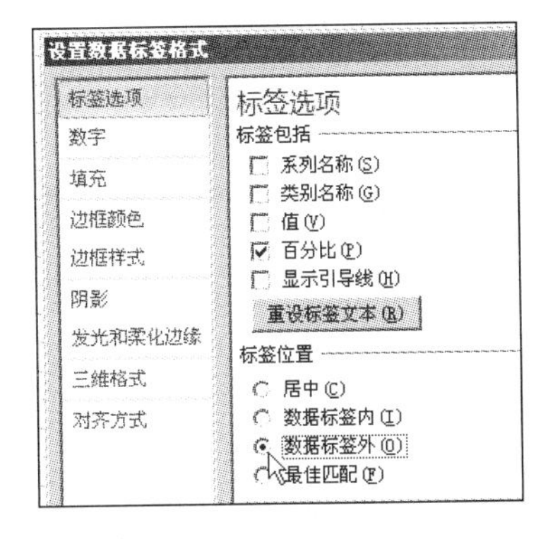

图 4.3.6　设置数据标签格式

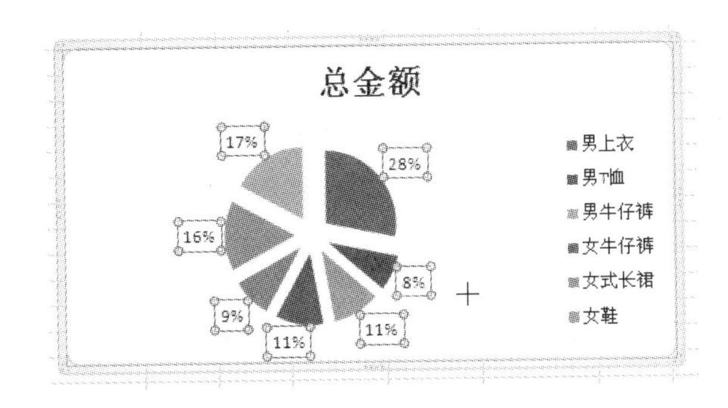

图 4.3.7　设置标签选项

（3）选中饼图区域，执行“设计”→“选择数据”命令，如图 4.3.8 所示；编辑图例项，在编辑框中将系列名称由图 4.3.9 所示改为图 4.3.10 所示。

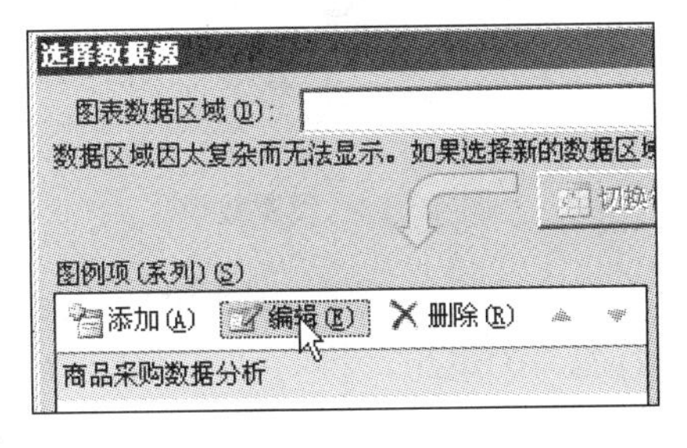

图 4.3.8　选择数据源

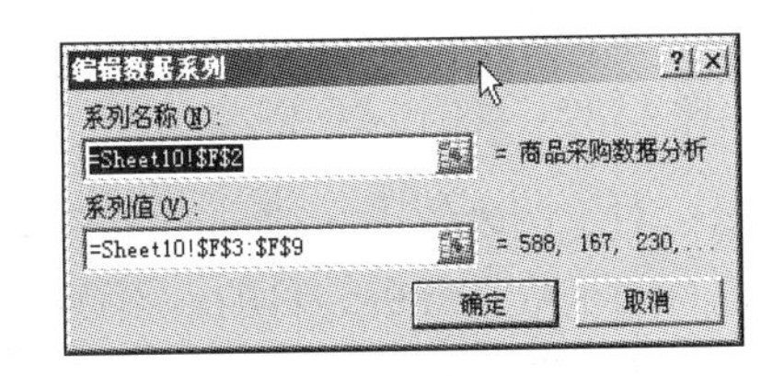

图 4.3.9　编辑数据系列

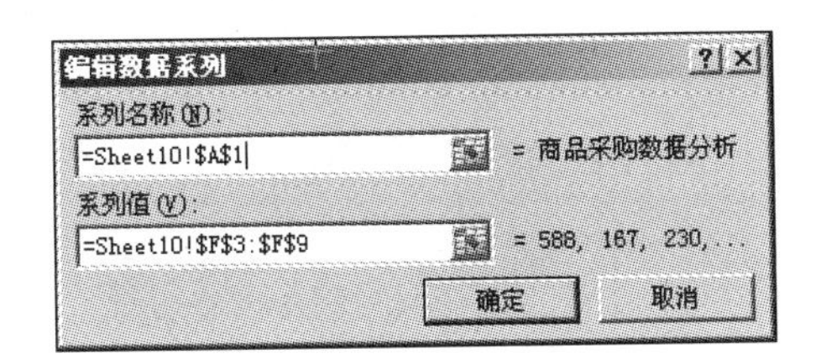

图 4.3.10　编辑数据系列（修改后）

（4）完成效果如图 4.3.11 所示。

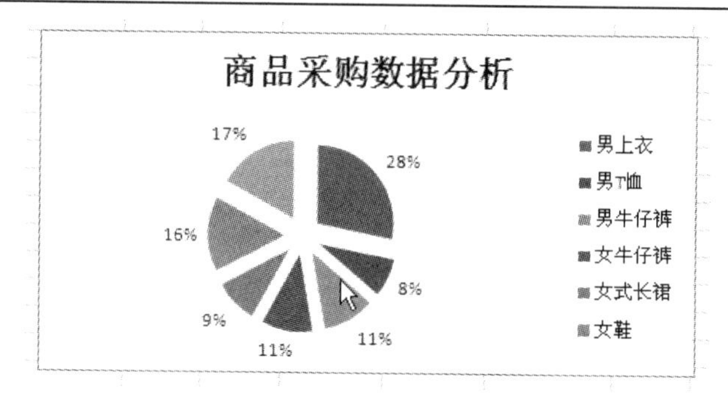

图 4.3.11　商品采购数据分析

任务 3：用“水滴”纹理作为饼图图表区域背景图。

要想使 Excel 图表更加美观、对比效果更加明显，往往需要对图表进行格式化操作，如设置图表区和绘图区背景颜色或插入图片等。

（1）右击商品采购数据分析图，在弹出的菜单中，选择“设置图表区域格式”选项。

（2）如图 4.3.12 所示，在“设置图表区格式”对话框中，选中“填充”选项卡的“图片或纹理填充”单选按钮，再选择“纹理”选项；在“纹理”对话框中，选择位于第 1 行第 5 列的“水滴”图形；得到如图 4.3.13 的效果。

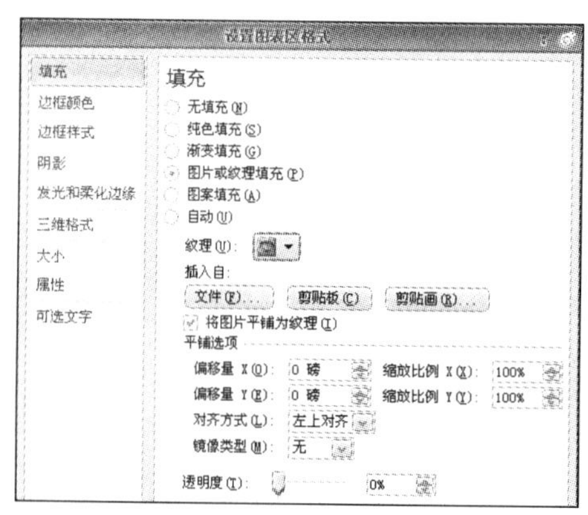

图 4.3.12　设置图表区格式

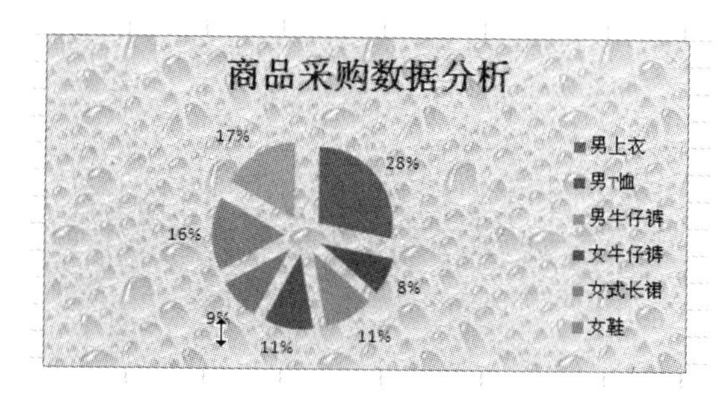

图 4.3.13　设置效果

提示：对于图表绘图区的进一步格式化处理，注意不要过于繁琐，应用的效果应本着突出主题、有助于数据分析的目的，不应抱有“为图而图”的思想，将图表设置得过分花哨，甚至掩盖了关键的信息。

项目五　演示文稿制作 PowerPoint 基础

实验 5.1　演示文稿的创建与编辑

【实验目的与要求】

（1）熟练掌握创建演示文稿的方法。

（2）熟练掌握演示文稿的编辑，包括插入、修改、删除幻灯片的方法和调整幻灯片的顺序。

（3）熟练掌握在幻灯片中插入各种对象的方法。

【实验内容与步骤】

任务 1：通过新建空白演示文稿的方法，创建一个演示文稿，演示文稿的文件名为“硕果累累”，该演示文稿包含的内容如下。

第一页：标题幻灯片。标题为“硕果累累”，副标题为“热烈祝贺 XX 大学在全国大学生运动会获团体总分第一名”。

第二页：“标题和内容”版式，标题为“硕果累累”，内容如下。

- 热烈祝贺 XX 大学在全国大学生运动会获团体总分第一名
- 英雄榜
- 幕后英雄

第三页：“内容与标题”版式，标题为“热烈祝贺 XX 大学在全国大学生运动会获团体总分第一名”，文本内容为“特大喜讯：在全国大学生运动会中，我校的运动员奋力拼搏，取得了团体总分第一名的好成绩。”，同时，插入一副关于运动会的剪贴画。

第四页：“标题和内容”版式，标题为“英雄榜”，插入表格，表格内容如表 5.1.1 所示。

表 5.1.1　英雄榜内容

项目	名次	总分
男子 3000 米	2	87
男子 4×100	1	84
男子铅球	1	88
男子跳远	1	87
男子跳高	2	86
女子排球	1	90
女子自由泳	2	86
女子体操	1	89

第五页：标题为“英雄榜图表示例”，内容根据表 5.1.1，建立一个饼图，反映各个项目的得分情况。

第六页：标题为“幕后英雄”，内容为“感谢所有为本次运动会付出努力的幕后英雄！”，同时，利用自选图形，添加一个“前凸带形”的形状，其内容为“热烈祝贺，普校同庆”。六页幻灯片内容如图 5.1.1 所示。

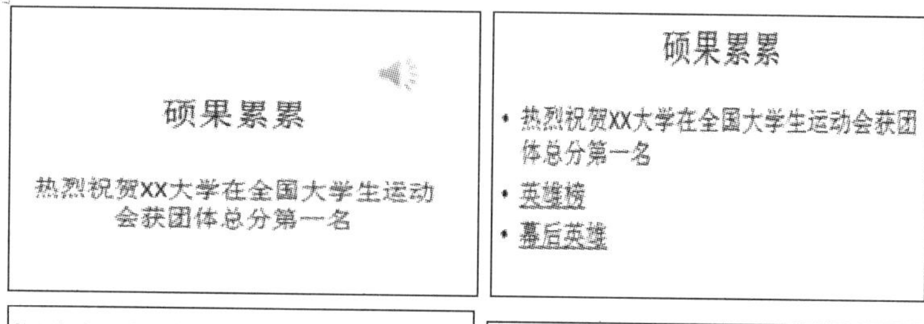

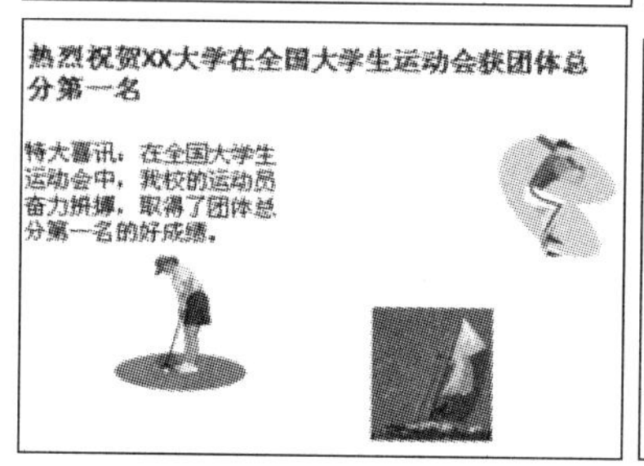

英雄榜

项目	名次	得分
男子3000米	2	87
男子4*100	1	84
男子铅球	1	88
男子跳远	1	87
男子跳高	2	86
女子排球	1	90
女子自由泳	2	86
女子体操	1	89

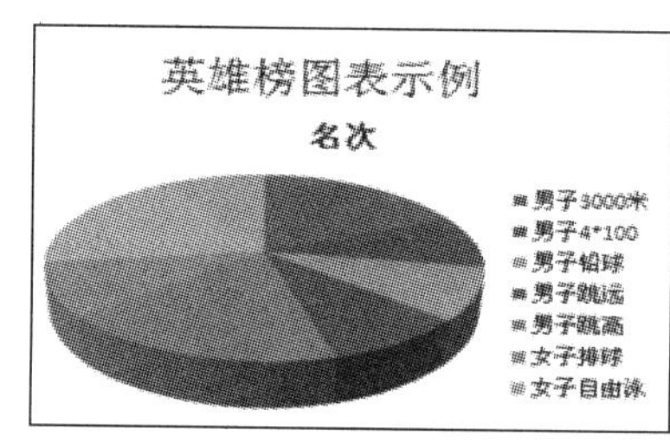

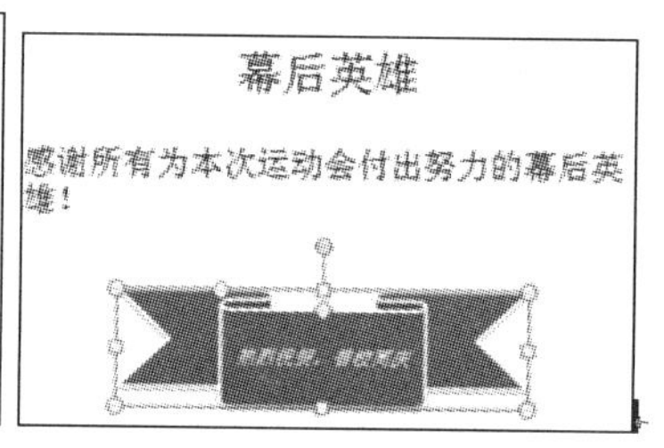

图 5.1.1　幻灯片内容

操作步骤如下。

（1）单击“文件”→“新建”→“空白演示文稿”→“创建”按钮，新建一个空白演示文稿。

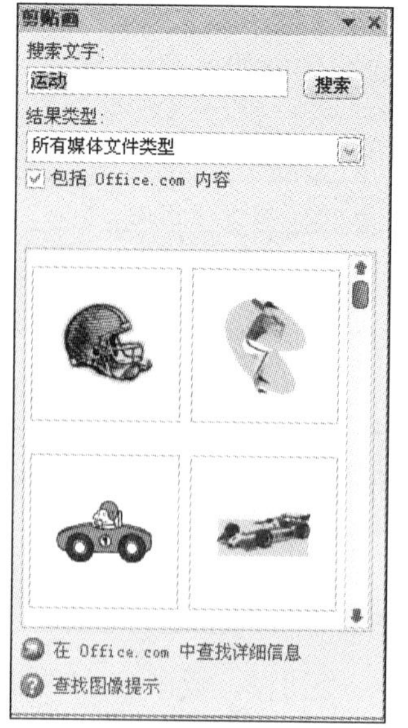

图 5.1.2　“剪贴画”对话框

（2）在标题幻灯片中的标题占位符中输入幻灯片的标题“硕果累累”，在“单击此处添加副标题”处单击并输入副标题“热烈祝贺 XX 大学在全国大学生运动会获团体总分第一名”。

（3）单击“开始”→“新建幻灯片”按钮，在弹出的下拉菜单中选择“标题和内容”版式，新建第二张幻灯片。然后在第二张幻灯片中输入标题和内容。

（4）单击“开始”→“新建幻灯片”按钮，在弹出的下拉菜单中选择“内容与标题”版式，新建第三张幻灯片。在标题处输入第三张幻灯片的标题“热烈祝贺 XX 大学在全国大学生运动会获团体总分第一名”。在内容处输入文本“特大喜讯：在全国大学生运动会中，我校的运动员奋力拼搏，取得了团体总分第一名的好成绩”。然后，单击内容处的“剪贴画”按钮，弹出如图 5.1.2 所示的对话框，在弹出的“剪贴画”对话框中，输入搜索文字“运动”，插入几幅与运动相关的剪贴画。

（5）单击“开始”→“新建幻灯片”按钮，在弹出的下拉菜单中选择“标题与内容”版式，新建第四张幻灯片。输入标题文本“英雄榜”，然后在内容占位符中，单击“插入表格”按钮，如图 5.1.3 所示，弹出“插入表格”对话框，输入表格的行数 9 行和列数 3 列，单击“确定”按钮，即可在该页幻灯片中生成一个 9 行 3 列的表格，如图 5.1.4 所示，输入表格内容即可。

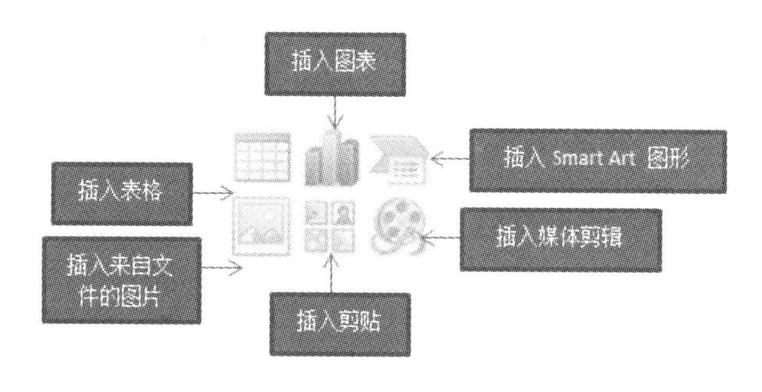

图 5.1.3　插入内容选项

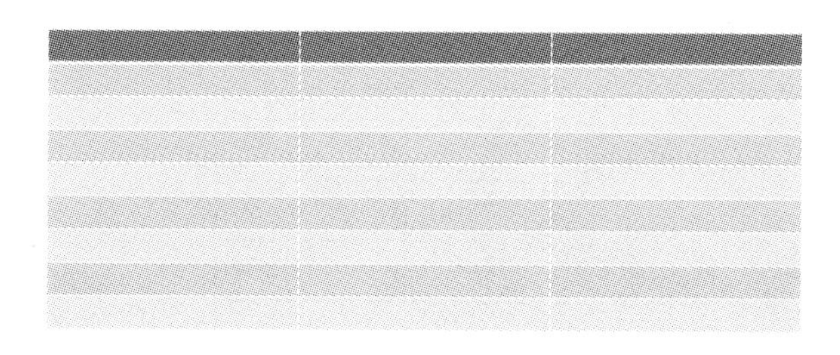

图 5.1.4　插入 9 行 3 列表格

（6）单击“开始”→“新建幻灯片”按钮，在弹出的下拉菜单中选择“标题与内容”版式，新建第五张幻灯片。输入标题文本“英雄榜图表示例”，然后在内容占位符中，单击“插入图表”按钮，如图 5.1.3 所示。弹出如图 5.1.5 所示的对话框，选择“饼图”→“三维饼图”选项，单击“确定”按钮，弹出如图 5.1.6 所示的窗口。

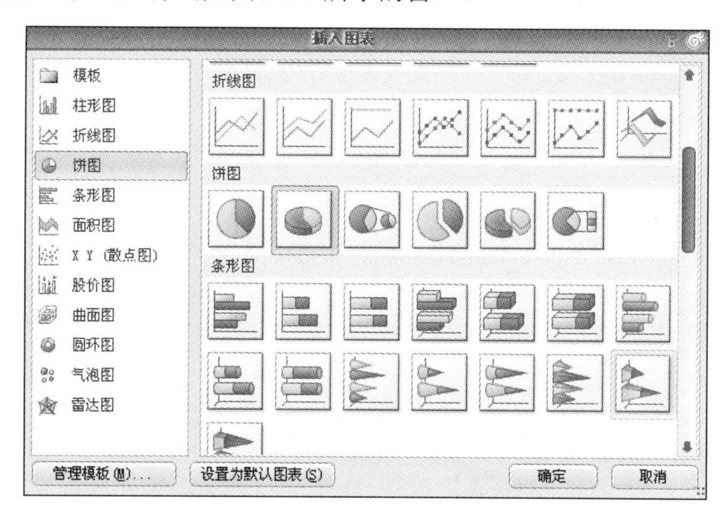

图 5.1.5　“插入图表”对话框

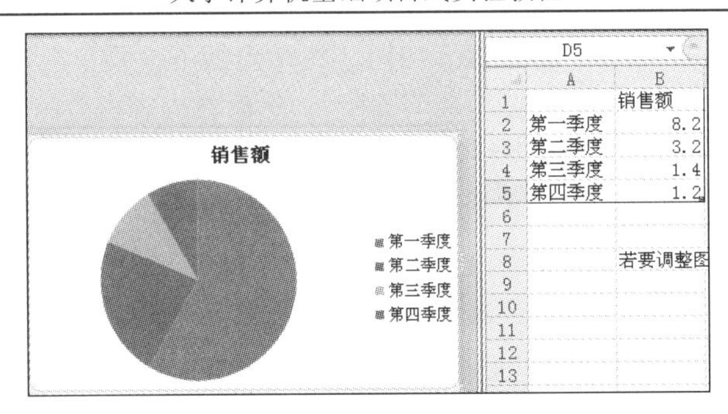

图 5.1.6　“编辑图表内容”窗口

（7）编辑图 5.1.6 窗口右侧的 Excel 表格，让其中的数据与“英雄榜”表格相同，此时，左侧的图表就会自动调整为右侧数据表示的图表，如图 5.1.7 所示。

（8）单击“开始”→“新建幻灯片”按钮，在弹出的下拉菜单中选择“标题与内容”版式，新建第六张幻灯片。输入标题文本“幕后英雄”，然后在内容占位符中，输入文本内容“感谢所有为本次运动会付出努力的幕后英雄!”，然后，单击“插入”→“形状”按钮，选择“星与旗帜”类型中的“前凸带形”，此时，鼠标会变成十字形状，在幻灯片空白的位置按住左键不放，然后拖拽出大小合适的图形即可得到如图 5.1.8 所示的“前凸带形”。

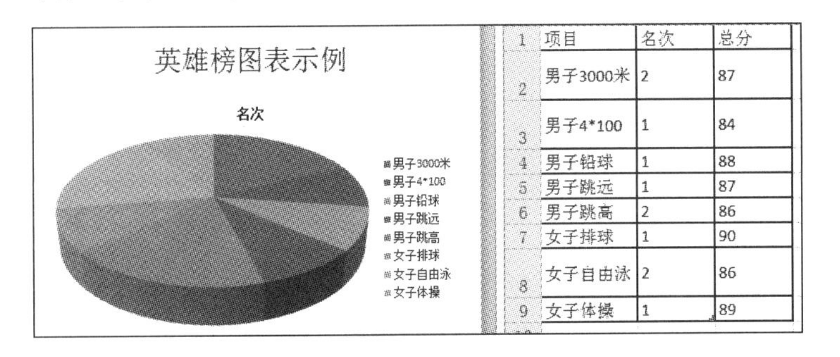

图 5.1.7　英雄榜图表示例

图 5.1.8　插入形状

（9）选中图形，右击，在弹出的快捷菜单中选择“编辑文字”选项，并在图形中输入文本“热烈祝贺，普校同庆”。然后选中图形，选择“格式”→“形状样式”选项组中的一种合适样式，修饰图形。

任务 2：打开演示文稿“硕果累累”，完成如下操作。

（1）在该演示文稿的第五张幻灯片后插入一张新幻灯片，幻灯片的版式为“两栏内容”，内容如图 5.1.9 所示。

（2）把第七张幻灯片与第六张幻灯片的顺序进行调换。

（3）任选一首音乐，为演示文稿设置背景音乐，从演示文稿开始播放时自动播放该音乐，演示文稿播放完毕后，该音乐自动停止播放。

操作步骤如下。

（1）插入幻灯片。

① 打开“硕果累累”演示文稿，在普通视图中，单击“大纲/幻灯片窗格”中的幻灯片缩略图，选中第五张幻灯片。

② 单击“开始”→“新建幻灯片”的下拉按钮，在下拉菜单中选择“两栏内容”版式，如图 5.1.10 所示。这时，在第五张幻灯片后就插入了一张“两栏内容”版式的幻灯片。

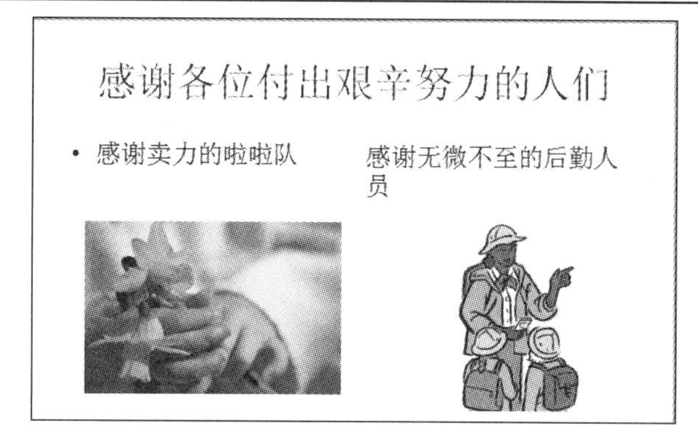

图 5.1.9　插入幻灯片的内容

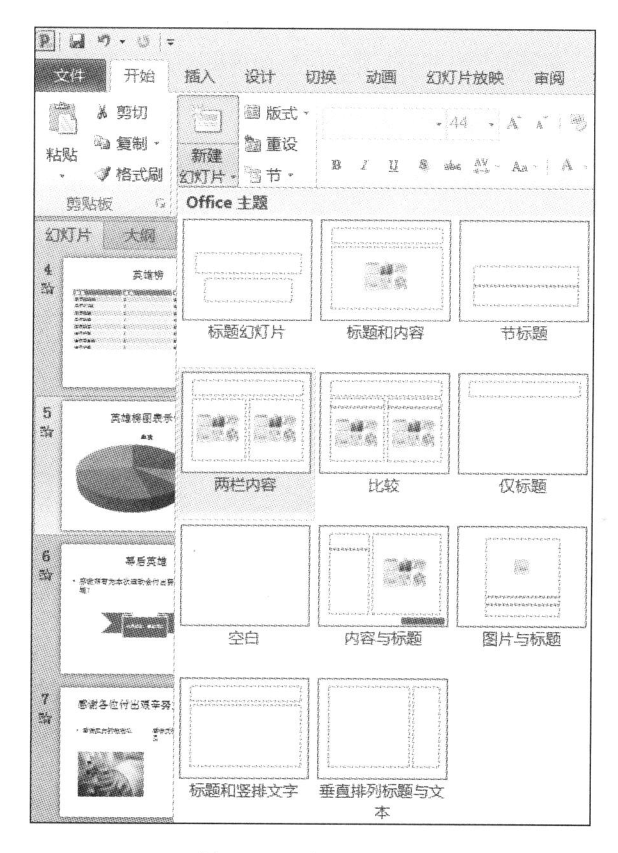

图 5.1.10　插入幻灯片

③ 在标题占位符中输入要插入幻灯片的标题“感谢各位付出艰辛努力的人们”，然后分别在两栏内容里输入如图 5.1.9 所示的内容并插入剪贴画。

（2）幻灯片重新排序。

单击“视图”→“幻灯片浏览”按钮，切换到幻灯片浏览视图，在该视图下，选中第七张幻灯片，按住鼠标左键不放，然后把第七张幻灯片拖放到第六张幻灯片之前即可。

（3）插入背景音乐。

① 在普通视图下，单击“插入”→“音频”下拉按钮，在弹出的下拉菜单中选择“文件中的音频”选项，如图 5.1.11 所示。

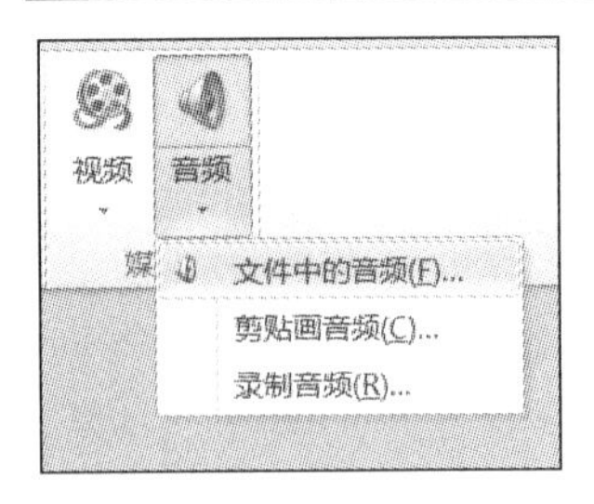

图 5.1.11　插入音频文件

② 弹出“插入音频”对话框。在该对话框中选择自己的音频文件，单击“插入”按钮，第一张幻灯片上则插入一个喇叭图标，在图标的下方出现一个播放控制条。

③ 选中喇叭图标，选择“播放”选项卡，在“音频选项”选项组中，打开“开始”下拉菜单，选择“跨幻灯片播放”选项，然后选中“循环播放，直到停止”和“播完返回开头”以及“放映时隐藏”三个复选框。同时，还可打开“音量”下拉菜单，选择播放时的音量高低，如图 5.1.12 所示。设置完毕后，选择“幻灯片放映”选项卡，单击“从头开始”按钮，即可播放幻灯片，观看播放效果。

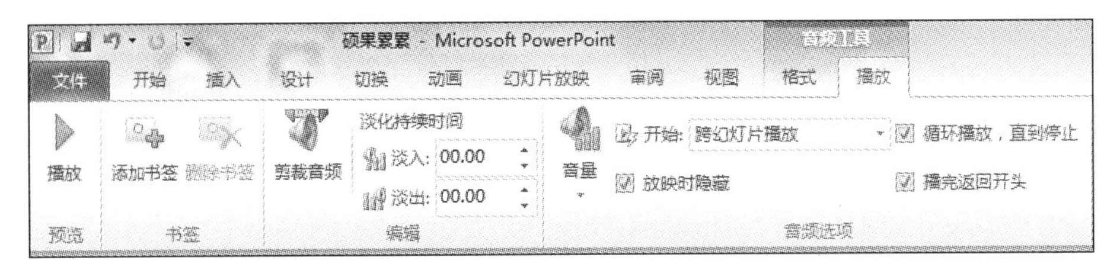

图 5.1.12　“音频选项”设置

任务 3：利用模板新建一个“营销计划”演示文稿，在制作过程中应满足以下要求。

（1）下载模板。

（2）利用模板新建演示文稿。

（3）修改演示文稿的内容。

（4）为演示文稿添加密码。

操作步骤如下。

（1）启动 PowerPoint 2010，执行“文件”→“新建”命令，在“Office.com 模板”区域中选择“演示文稿”选项，如图 5.1.13 所示。然后在下一个窗口中单击中间列表框中的“商务”选项，在下一个窗口中选择“营销计划演示文稿”选项，单击“下载”按钮，如图 5.1.14 所示。

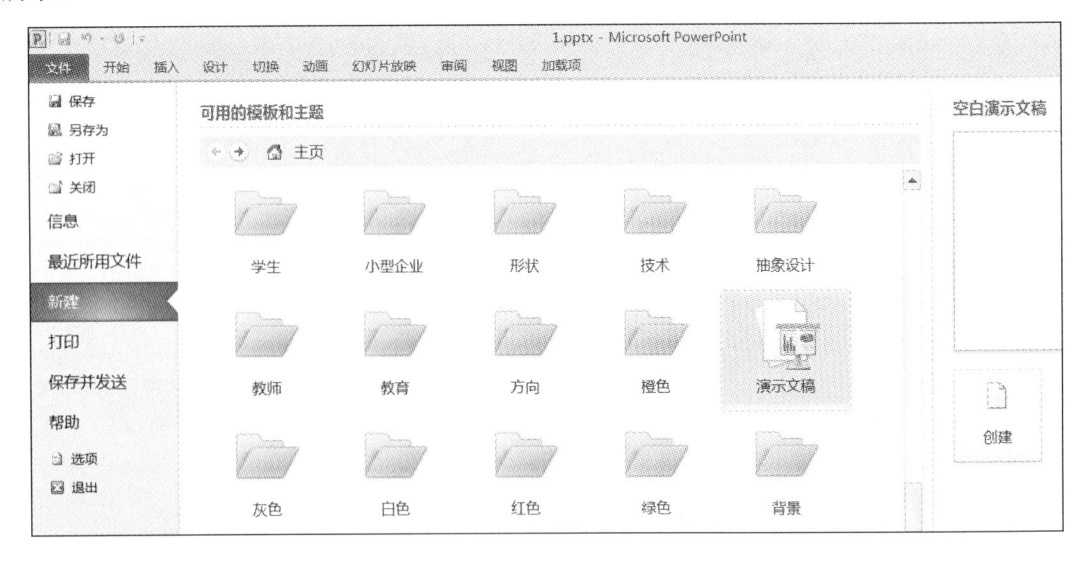

图 5.1.13　Office.com 模板选项

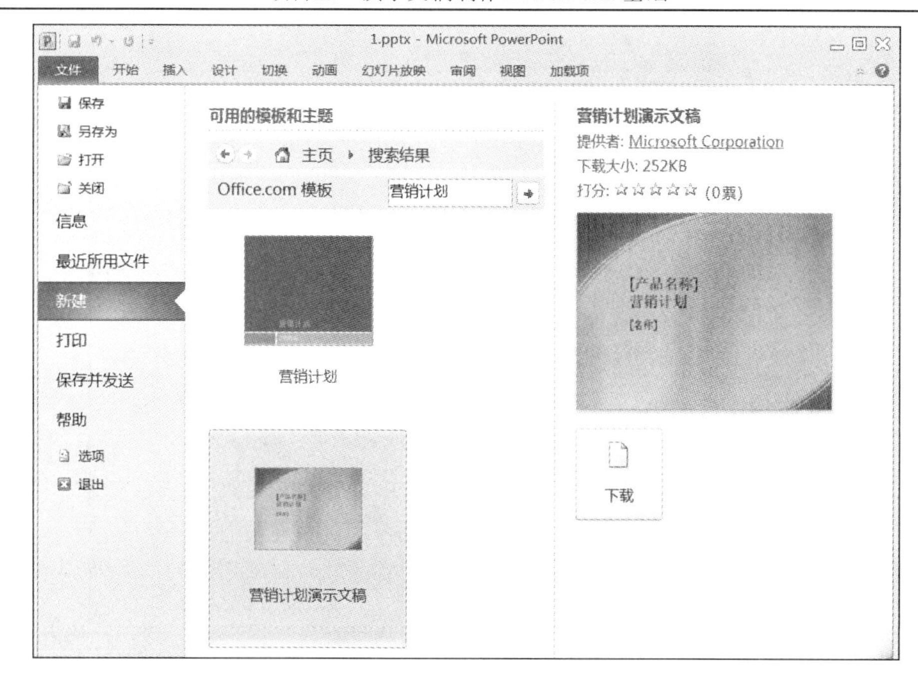

图 5.1.14　营销计划演示文稿模板下载

（2）开始下载演示文稿模板。下载完毕后，根据模板新建演示文稿，如图 5.1.15 所示。

图 5.1.15　根据模板新建演示文稿

（3）用户只需修改演示文稿幻灯片中相应的内容，即可快速新建图文并茂的演示文稿。

（4）单击快速启动工具栏中的“保存”按钮，打开如图 5.1.16 所示的“另存为”对话框，指定保存位置并输入文件名，单击“保存”按钮。

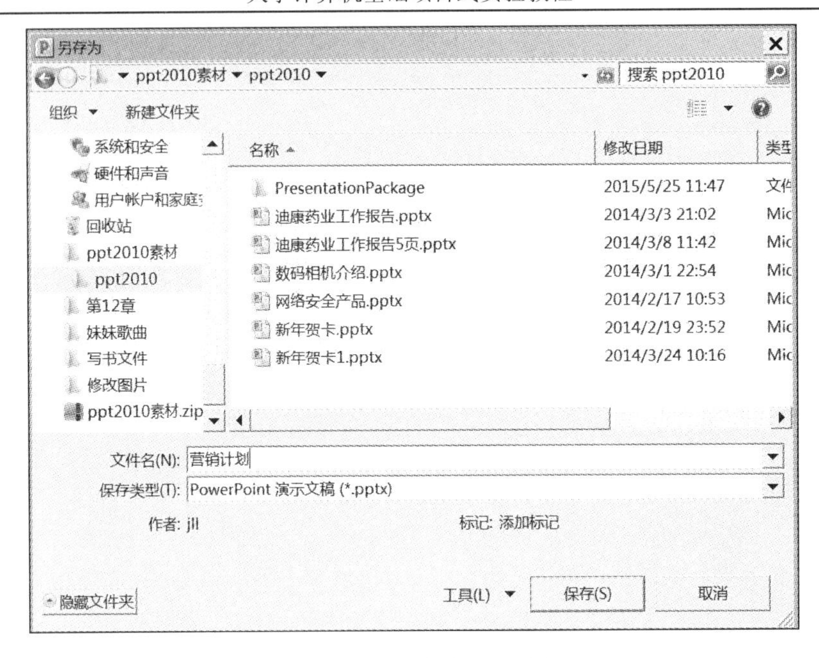

图 5.1.16　“另存为”对话框

（5）单击“文件”选项卡，在弹出的菜单中执行“信息”命令，单击“保护演示文稿”按钮，在弹出的菜单中执行“用密码进行加密”命令，在出现的“加密文档”对话框中添加密码。

实验 5.2　演示文稿的美化、动画、超链接和放映设置

【实验目的与要求】

（1）熟练掌握美化演示文稿的方法。

（2）熟练掌握演示文稿的动画设计方式，并能用各种方式为演示文稿的对象设置动画效果。

（3）熟练掌握演示文稿的放映设置方式，并了解各个放映方式的区别。

【实验内容与步骤】

任务 1：打开“硕果累累”演示文稿，完成以下操作。

（1）把该演示文稿设置为“波形”主题。

（2）选中第一张幻灯片，为其标题设置进入动画“弹跳”，设置其效果选项中的动画文本按字母发送，单击时开始播放，持续时间为 3 秒。

（3）为标题再次设置强调动画“放大/缩小”，其开始时间为“上一动画之后”。

（4）为副标题设置进入动画“飞入”，方向为“自顶部”。

（5）选择第二张幻灯片，为其设置超级链接。当单击“英雄榜”时，链接到第四张幻灯片，当单击“幕后英雄”时，链接到第六张幻灯片。

（6）在母版中，为除标题页以外的每张幻灯片设置一个导航工具栏：上一张、下一张、第一张。

（7）为每张幻灯片设置切换动画“旋转”，持续时间为 1 秒。

（8）将该演示文稿录制为视频文件，文件名为“硕果累累视频文件”，录制过程中录制计时和旁白。

操作步骤如下。

（1）设置幻灯片主题。

打开“硕果累累”演示文稿，单击“设计”选项卡，在主题选项组中选择“波形”主题，即可将演示文稿设置为该主题。

（2）设置动画。

① 在普通视图下，选中第一张幻灯片的标题占位符，单击“动画”选项卡，在“高级动画”选项组中，单击“添加动画”下拉按钮，弹出动画类型下拉菜单，在“进入”类动画中，选择“弹跳”选项，同时，单击“动画窗格”按钮，打开动画窗格，如图 5.2.1 所示。

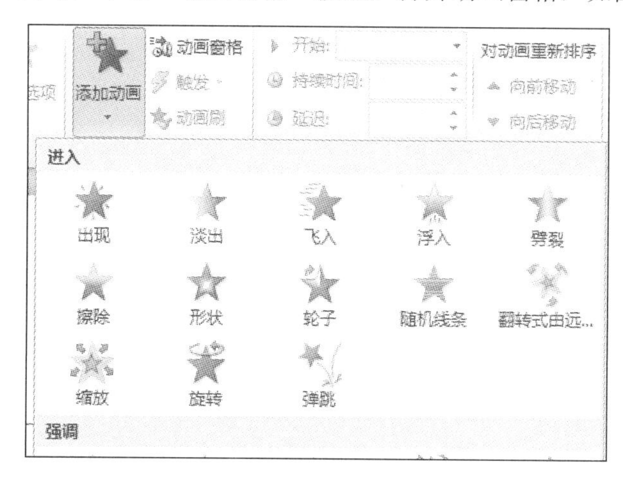

图 5.2.1　“添加动画”对话框

② 在“动画窗格”中，选中 1 号动画“标题 1：硕果累累”，单击其右侧下拉按钮，弹出如图 5.2.2 所示的下拉菜单选项，选择“效果选项”，弹出如图 5.2.3 所示的“弹跳”对话框（对话框名称与动画名称相对应），单击“效果”选项卡，在“动画文本”下拉菜单中，选择“按字母”选项，然后单击“计时”选项卡，在“开始”右侧下拉菜单中选择“单击时”选项，然后在“期间”右侧下拉菜单中选择“慢速（3 秒）”选项，设置完毕后，单击“确定”按钮。或者，直接单击“动画”选项卡，在“计时”选项卡中，打开“开始”下拉菜单，选择“单击时”选项，设置“持续时间”微调为 3 秒。

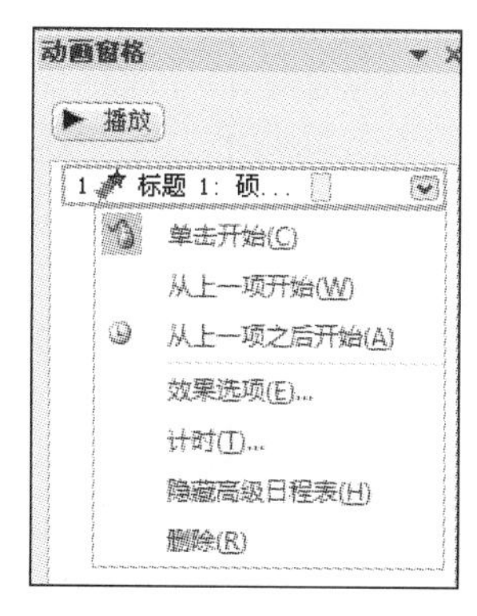

图 5.2.2　效果选项

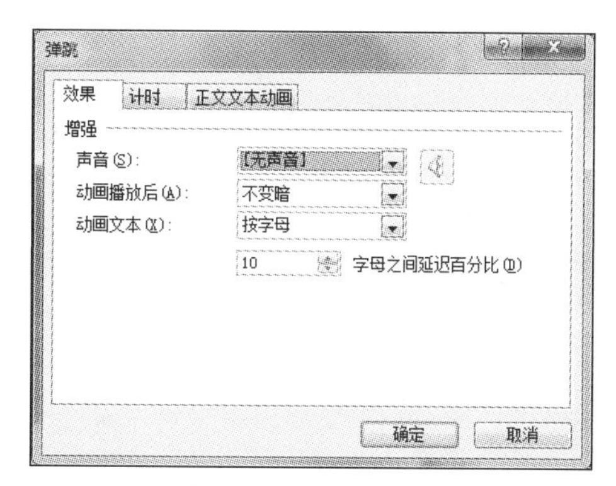

图 5.2.3　“弹跳”对话框

③ 再次选中标题占位符，单击“动画”选项卡，在“高级动画”选项组中，单击“添加动画”下拉按钮，弹出动画类型下拉菜单，在“强调”类动画中，选择“放大/缩小”。

④ 单击“动画”选项卡，在“计时”选项组中，打开“开始”下拉菜单，选择“上一动画之后”选项。

⑤ 选中副标题“热烈祝贺 XX 大学在全国大学生运动会获团体总分第一名”，单击“动画”选项卡，在“动画”选项组中，选择“飞入”选项，然后在“效果选项”下拉菜单中选择“自顶部”选项，如图 5.2.4 所示。

（3）设置超链接。

① 选中第二张幻灯片。选中“英雄榜”三个字，然后单击“插入”选项卡，在“链接”选项组中，单击“超链接”按钮，弹出如图 5.2.5 所示的“插入超链接”对话框。

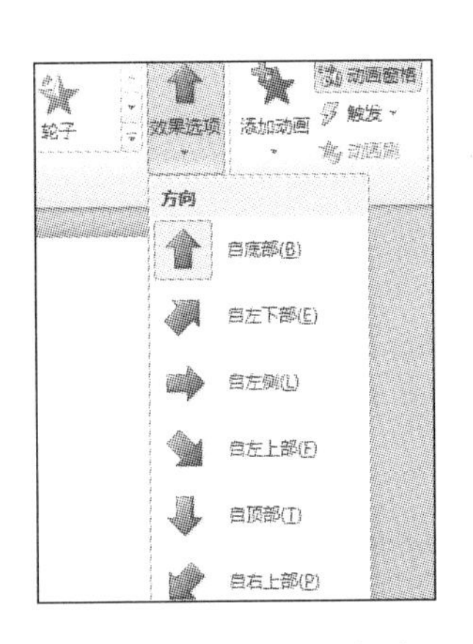

图 5.2.4　动画效果选项

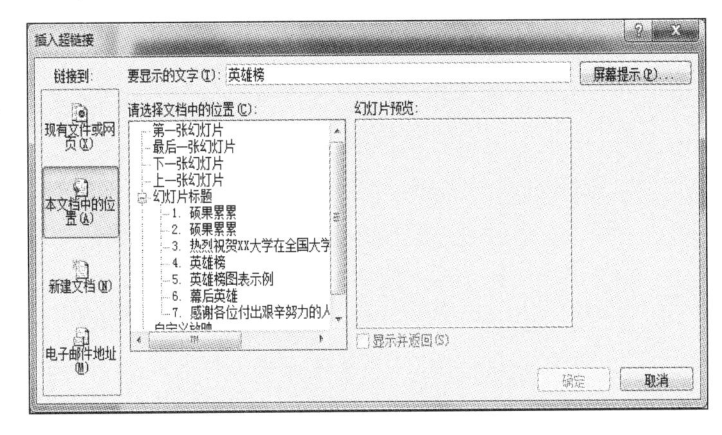

图 5.2.5　“插入超链接”对话框

② 单击对话框左侧的“本文档中的位置”按钮，在“请选择文档中的位置”列表框中，选择“4.英雄榜”选项，然后单击“确定”按钮。

③ 用同样的方法为“幕后英雄”设置超链接。

④ 单击“视图”选项卡，在“母版视图”选项组中，单击“幻灯片母版”按钮，切换到母版视图，如图 5.2.6 所示。

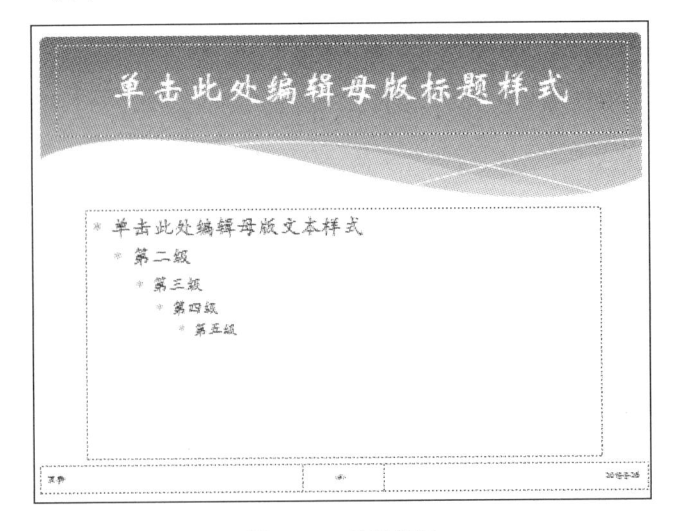

图 5.2.6　母版视图

⑤ 选中母版视图左侧的第一张幻灯片母版，单击“插入”选项卡，在“插图”选项组中，单击“形状”下拉按钮，弹出如图 5.2.7 所示的下拉菜单。

⑥ 如图 5.2.7 所示，在最下方的“动作按钮”类图标中，单击第一个按钮“后退或前一项”，在幻灯片上拖出矩形按钮，同时弹出如图 5.2.8 所示的“动作设置”对话框。在“超链接到”下拉列表框中选择“上一张幻灯片”，单击“确定”按钮。

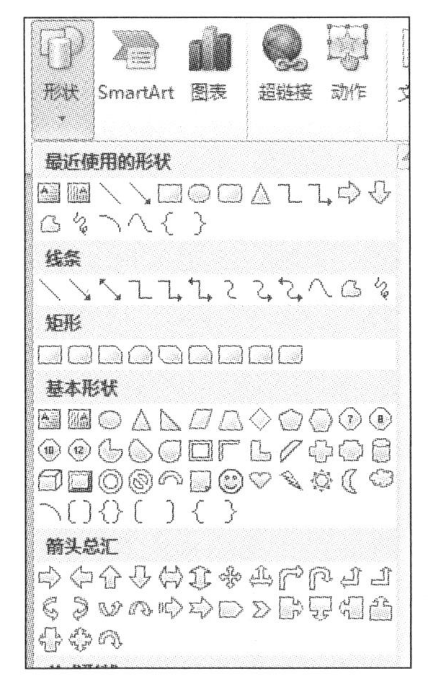

图 5.2.7　插入图形

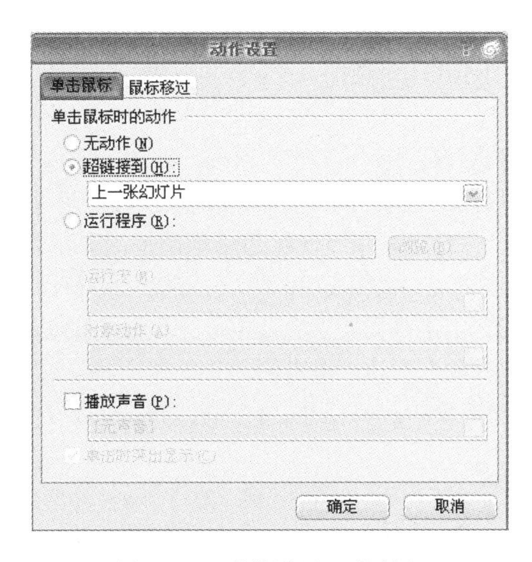

图 5.2.8 “动作设置”对话框

⑦ 用同样的方法绘制“前进或后一项”和“第一页”按钮。绘制完毕后如图 5.2.9 所示，按住 Ctrl 键，选中三个按钮，右击，在弹出的快捷菜单中，选则“组合”→“组合”选项，把三个按钮组合成一个整体。然后再右击这三个按钮，在弹出的快捷菜单中选择“置于顶层”→“置于顶层”选项。

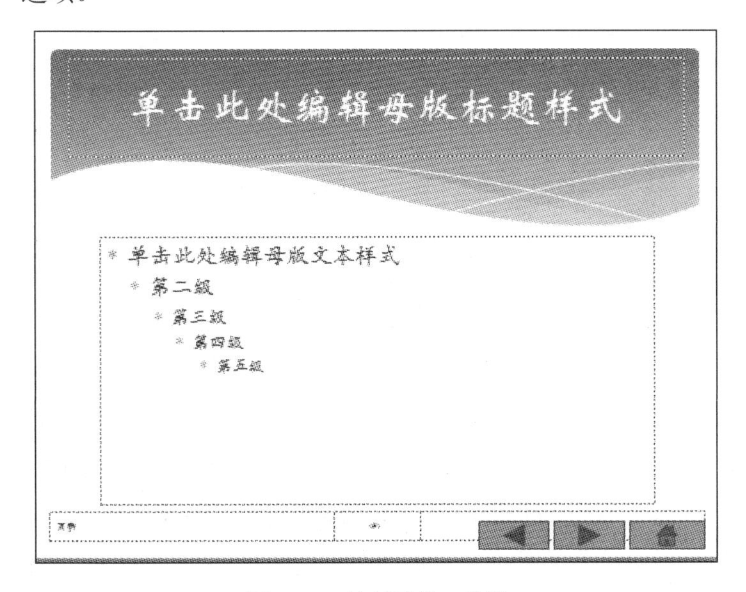

图 5.2.9　绘制导航工具栏

⑧ 设置好后，注意观察母版视图左侧的缩略图版式，选中“内容与标题版式由幻灯片 3 使用”，发现该版式中没有导航工具栏，复制第一页母版中的导航工具栏，粘贴到该版式中即可。

⑨ 单击“视图”选项卡，在“演示文稿视图”选项组中单击“普通视图”按钮，或直接单击窗口右下角的“普通视图”按钮，切换到普通视图。这时，从幻灯片第二页到最后每一页都设置了导航工具栏。

（4）设置切换动画。

① 单击“视图”选项卡，在“演示文稿视图”选项组中，单击“幻灯片浏览”按钮，切换到幻灯片浏览视图。

② 单击“切换”选项卡，在“切换到此幻灯片”选项组中，单击右下角的“其他”按钮，弹出如图 5.2.10 所示的对话框，在“动态内容”选项组中单击“旋转”按钮，并在“切换到此幻灯片”选项组中，打开“效果选项”下拉菜单，选择“自右侧”选项，在“计时”选项组中，设置“持续时间”为 1 秒，单击“全部应用”按钮。

（5）录制视频文件。

① 单击“文件”选项卡，在展开的菜单中执行“保存并发送”命令，在级联菜单中选择“创建视频”选项，在右侧的“创建视频”选项下，选择“计算机和 HD 显示”选项，在弹出的下拉菜单中选择视频文件的分辨率，如图 5.2.11 所示。

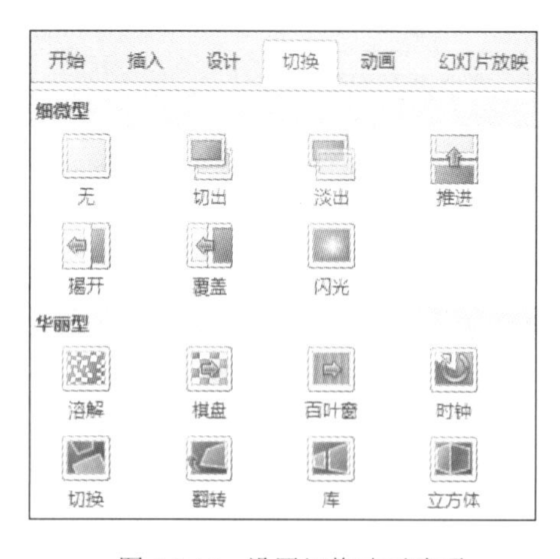

图 5.2.10　设置切换动画选项

图 5.2.11　创建视频文件

② 单击“不要使用录制的计时和旁白”下拉列表按钮，在弹出的下拉列表中选择“录制计时和旁白”选项，弹出如图 5.2.12 所示的“录制幻灯片演示”对话框，选中“幻灯片和动画计时”复选框和“旁白和激光笔”复选框，单击“开始录制”按钮。进入幻灯片放映状态，

弹出“录制”工具栏，在其中显示当前幻灯片放映的时间。用户可以进行幻灯片的切换，并将演讲者排练演讲的时间使用激光笔全部记录下来。

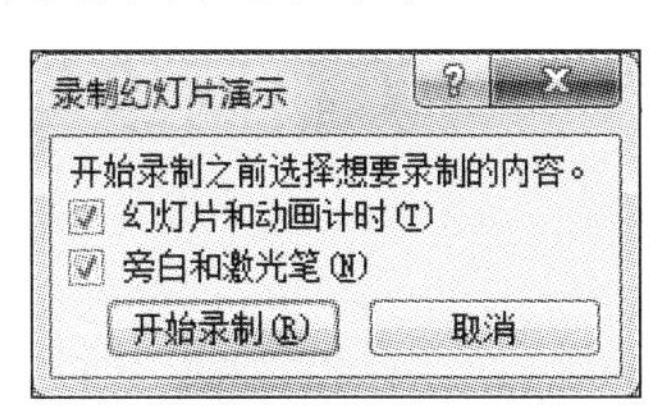

图 5.2.12　“录制幻灯片演示”对话框

③ 当完成幻灯片演示录制后，在“文件”选项卡的“创建视频”选项下，选中“使用录制的计时和旁白”选项，然后单击“创建视频”按钮。

在弹出的“另存为”对话框中输入视频文件的名称“硕果累累视频文件”和保存位置，单击“保存”按钮。

项目六　计算机网络与安全

实验 6.1　Windows 网络环境配置

【实验目的与要求】

（1）了解网络环境组建所需要的服务和协议。
（2）掌握网卡驱动程序的安装方法。
（3）掌握网络各参数的配置方法。

【实验内容与步骤】

任务 1：连接到 Internet。

（1）“连接到 Internet”向导将指导您完成建立 Internet 连接的步骤。

首先单击“开始”按钮，在弹出的“开始”菜单中选择“控制面板”选项，打开“连接到 Internet 向导”。在搜索框中，键入网络，执行“网络和共享中心”→“设置新的连接或网络”命令，然后双击“连接到 Internet”选项如图 6.1.1、图 6.1.2、图 6.1.3 所示。

图 6.1.1　网络和共享中心

（2）这里通过设置新的连接也可以立即浏览 Internet，以测试当前能不能直接上网。如果用户仍要设置新的连接，则单击“否，创建新连接（C）”，如图 6.1.4 所示。

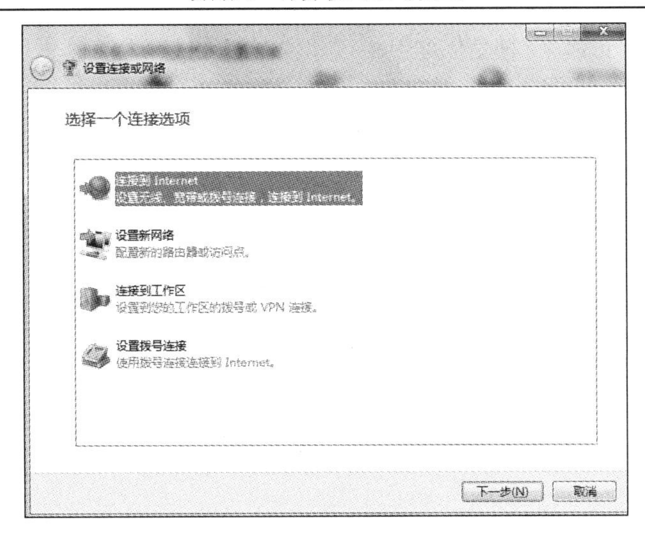

图 6.1.2　设置连接或网络

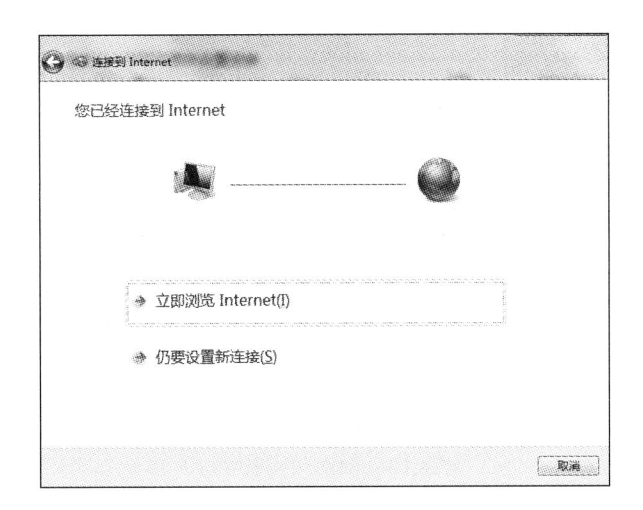

图 6.1.3　连接到 Internet

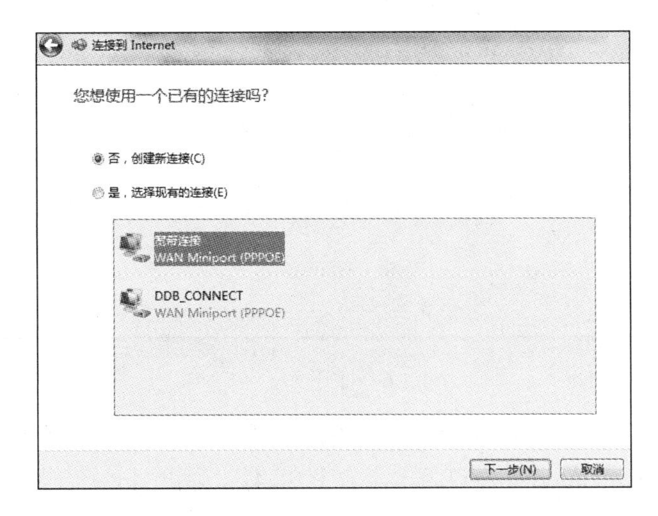

图 6.1.4　连接到 Internet 的两种连接方式

这里有两种连接方式，一种是创建新连接和现有的连接。两者都可以连接到 Internet 中，这要根据使用者的需求来确定。

如果要与局域网连接，则可能已与 Internet 连接。若要弄清楚是否已连接到 Internet，请打开 Web 浏览器，并尝试访问一个网站。

任务 2：更改 TCP/IP 设置。

（1）首先单击“开始”按钮，在弹出的“开始”菜单中选择“控制面板”选项，打开“网络连接”。然后在“网络和共享中心”下，选择”更改适配器设置”选项。右击要更改的连接，然后右击“本地连接”，如图 6.1.5、图 6.1.6、图 6.1.7 所示。

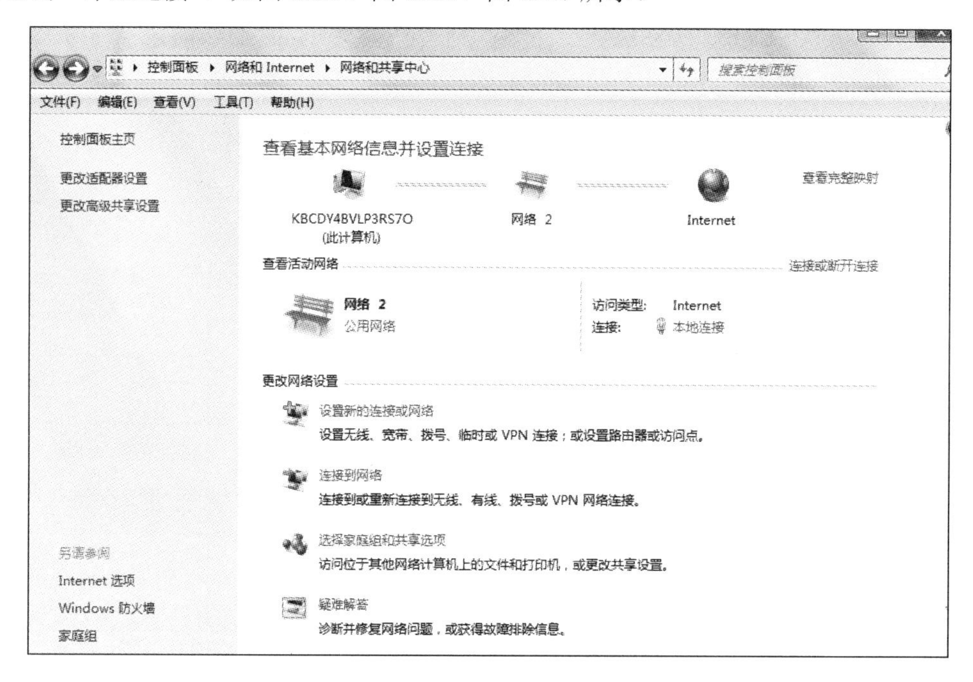

图 6.1.5　网络和共享中心

图 6.1.6　打开网络连接

（2）右击“本地连接”，在弹出的菜单中选择“属性”选项，弹出“本地连接属性”对话框如图 6.1.8 所示，双击“Internet 协议版本 4(TCP/IPv4)”，弹出“Internet 协议版本 4(TCP/IPv4)属性”对话框，如图 6.1.9 所示。

图 6.1.7　网络连接的本地连接

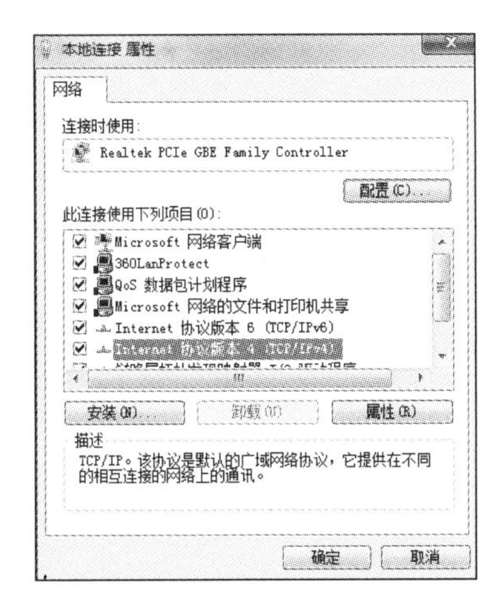

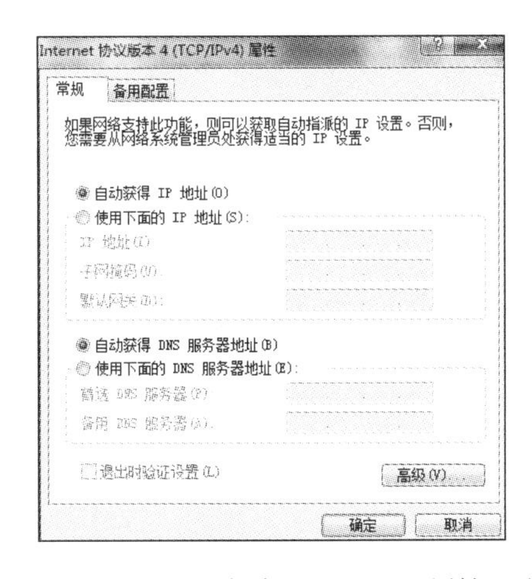

图 6.1.8　“本地连接属性”对话框　　　　图 6.1.9　“Internet 协议版本 4(TCP IPv4)属性”对话框

图 6.1.9 为 IP 地址项目输入，如果用户是固定地址 IP，则可输入相应的 IP 地址，而现在很多企业用的动态 IP 地址可选择自动获得 IP 地址，自动获得 DNS 服务地址，实现在局域网上网。

实验 6.2　Windows 防火墙的使用

【实验目的与要求】

（1）熟悉 Windows 防火墙的相关设置。

（2）熟练 Windows 防火墙作用。

（3）掌握 Windows 防火墙添加和删除程序。

【实验内容与步骤】

任务 1： 打开和关闭防火墙。

（1）Windows 7 防火墙的常规设置方法比较简单，执行“计算机”→“控制面板”→”系统和安全”→“Windows 防火墙”命令，如图 6.2.1、图 6.2.2 所示。

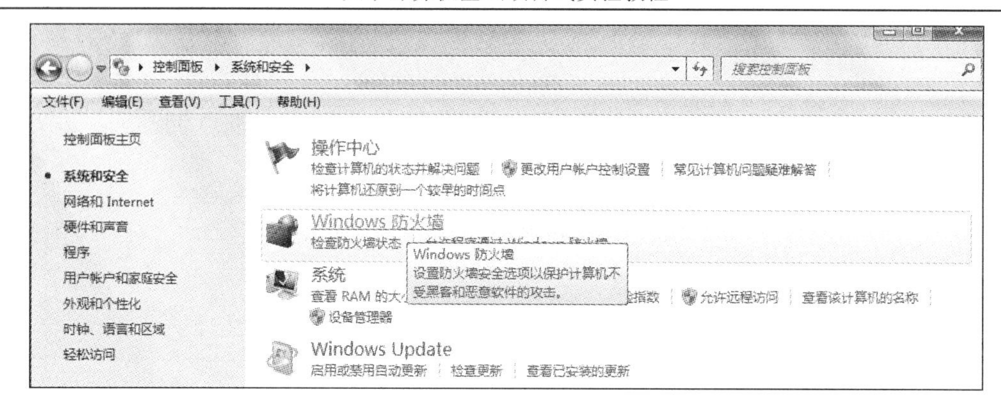

图 6.2.1　系统和安全

图 6.2.2　Windows 防火墙

（2）选择图 6.2.2 左侧的“打开和关闭 Windows 防火墙”选项（另外选择“更改通知设置”选项也会到这个界面），如图 6.2.3 所示。

图 6.2.3　打开和关闭 Windows 防火墙

从图 6.2.3 可以看出，私有网络和公用网络的配置是完全分开的，在“启用 Windows 防火墙”中还有两个选项。

①“阻止所有传入连接，包括位于允许程序列表中的程序”，这个选项默认即可，否则可能会影响允许程序列表里的一些程序使用。

② “Windows 防火墙阻止新程序时通知我”这一选项对于个人日常使用肯定需要选中，方便自己随时作出判断响应。

如果需要关闭，只需要选择对应网络类型里的“关闭 Windows 防火墙（不推荐）”这一项，然后单击“确定”按钮即可。

（3）允许程序规则配置，打开 Windows 防火墙，选择图 6.2.2 中上侧的“允许程序或功能通过 Windows 防火墙”选项，如图 6.2.4 所示。

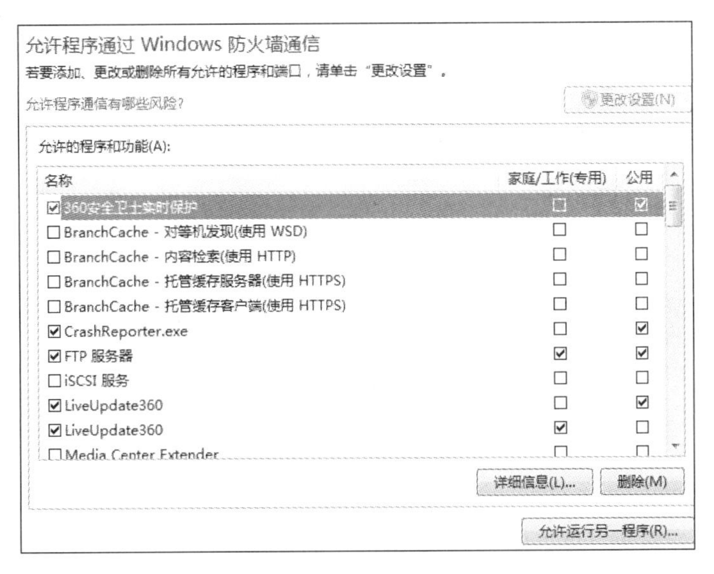

图 6.2.4　允许通过 Windows 防火墙

（4）在第一次设置时可能需要单击右侧的“更改设置”按钮后才可操作（需要管理员权限）。例如，已经选择了允许文件和打印机共享，并且只对家庭或工作网络有效（见图 6.2.4 右侧）。如果需要了解某个功能的具体内容，可以在选择该项之后，单击下面的“详细信息”按钮查看。

如果要添加自己的应用程序许可规则，可以通过单击下面的“允许运行另一程序”按钮进行添加，方法跟早期防火墙设置类似，单击后如图 6.2.5 所示。

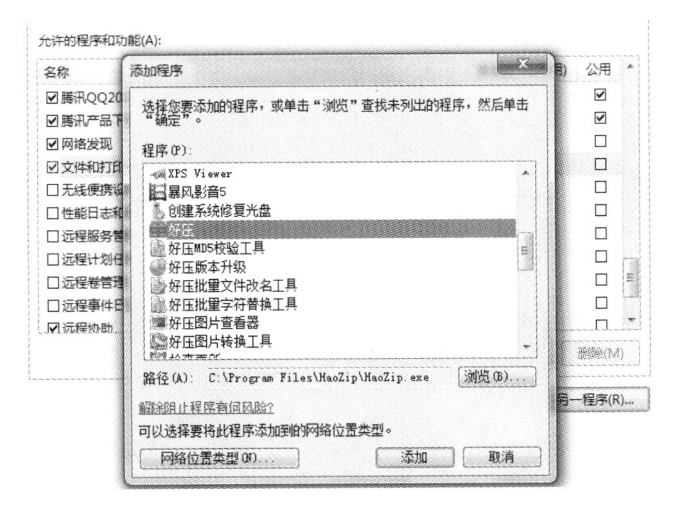

图 6.2.5　添加程序

（5）单击“添加”按钮，如图 6.2.6 所示，此时可以添加防火墙新的应用程序，如果用户需要对防火墙的程序进行删除，只需要选中应用程序，单击“删除”按钮即可。

图 6.2.6　防火墙添加应用程序

项目七　信息检索与利用

实验 7.1　IE 浏览器与搜索引擎的使用

【实验目的与要求】

（1）掌握设置 IE 浏览器的方法。

（2）掌握使用 IE 浏览器的方法。

（3）学习使用中文综合性网络搜索引擎。

（4）使用各种搜索引擎进行检索、查询练习。

【实验内容与步骤】

任务 1： 设置 IE 浏览器。

（1）打开 IE 浏览器，执行“工具”→“Internet 选项”命令，再选择“常规”选项卡，输入网址，如图 7.1.1 所示。

（2）选择“连接”选项卡，可以设置 Internet 连接方式。

（3）选择“安全”选项卡，可以设置查看信息的权限。

（4）选择“内容”选项卡，可对不同站点设置不同的访问权限。

（5）选择“程序”选项卡，可以设置与 IE 相关的 Internet 的服务程序。

（6）选择“高级”选项卡，可以设置 IE 浏览信息的方式，主要完成 IE 对网页浏览的特殊控制。

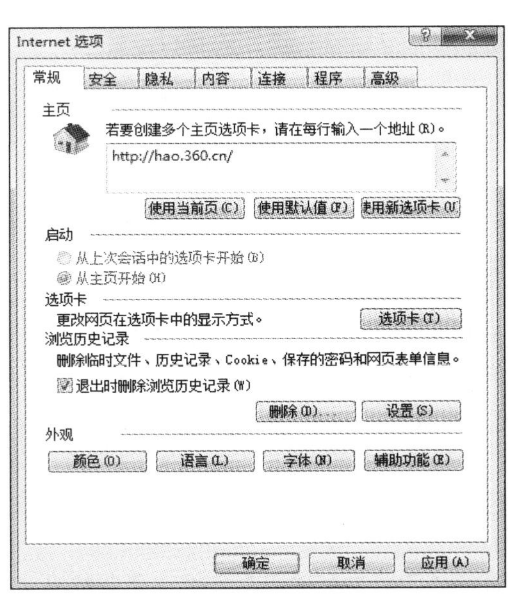

图 7.1.1　“Internet”选项对话框

任务 2：浏览网页。

（1）浏览 Web 页。

在 Internet 上浏览 Web 页是 IE 浏览器最基本的功能，它可以方便地在众多的 Web 页中实现转换。

① 在“地址”栏中输入要查看网页的地址，或在“地址”栏的下拉列表中选择地址，如输入凤凰网网页地址 www.ifeng.com，然后按 Enter 键或单击地址栏右端的 → 按钮。

② 链接成功，浏览区显示目标网页的信息，如图 7.1.2 所示，其中有很多超级链接点链接另外的网页，如果用户要继续访问这些网页，可单击超级链接点，如单击“资讯”，显示“凤凰资讯”网页。

③ 浏览结束后，执行“文件”→“退出”命令；或单击 IE 窗口右上角的“关闭”按钮，关闭 IE 窗口。

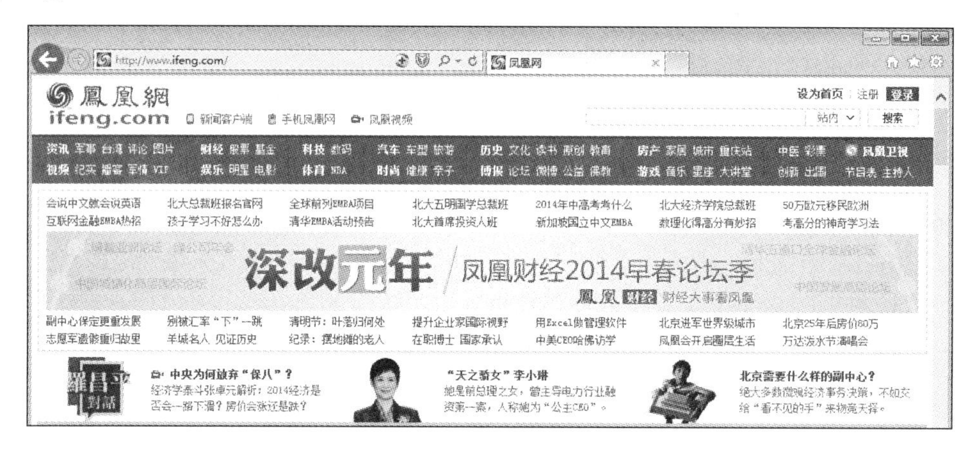

图 7.1.2　IE 浏览器示例

（2）收藏网页。

链接栏提供了快速访问某个页面的方法，用户可以把经常访问的页面放在此栏内。但是，如果喜欢的页面较多，不可能都放在链接栏内，而且页面较多时也不便于分类组织。使用 IE 的“收藏”菜单或“收藏”按钮可以解决这个问题，将自己喜欢的页面地址分类保存起来。

收藏当前网页的方法如下。

① 打开“添加到收藏夹”对话框，如图 7.1.3 所示；执行“收藏夹”→“添加到收藏夹”命令；或者右击网页，执行快捷菜单中的“添加到收藏夹”命令；或者单击“收藏夹”窗格中的“添加”按钮。

② 在“名称”栏中输入要保存网页的名称，若不输入则以当前网页的标题命名。

③ 若要当前页面保存到某个分类文件夹中，则单击该文件夹；若要新建一个分类文件夹，右击弹出快捷菜单单击“新建文件夹”，并按提示新建一个文件夹。

④ 单击“确定”按钮，收藏网页。

提示：此种方式收藏的是当前页面的 Web 地址，而不是内容。若要保存当前页面的内容，应选中“允许脱机使用”选项。

（3）访问收藏的页面。

要访问收藏的页面，打开“收藏”菜单或单击“收藏”按钮，打开页面所在的分类文件夹，如图 7.1.4 所示，再单击页面名称，即可打开所保存的 Web 页面。

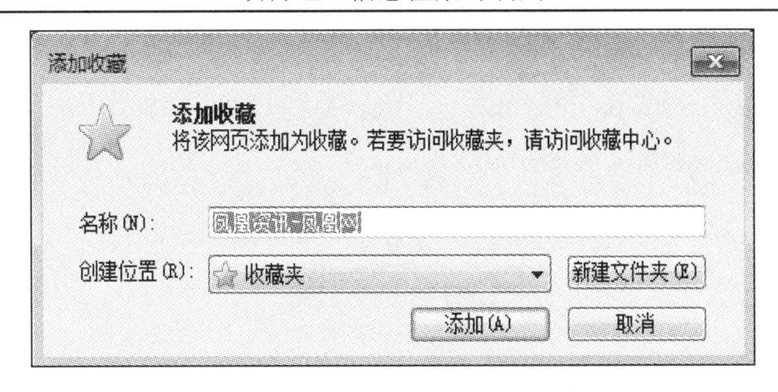

图 7.1.3 “添加收藏”对话框

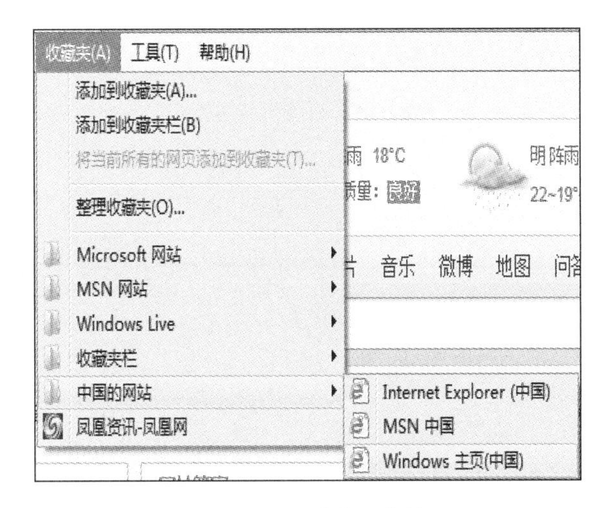

图 7.1.4 “收藏”菜单

（4）下载文字或图片。

除了收藏网页的全部内容，还可将当前页面的部分内容（文字、图片等）保存到本地计算机上。

① 选定文字或图片。

② 执行“文件”→“另存为”命令，打开“保存 Web 页”对话框。

③ 输入目标文件夹和文件名，单击“确定”按钮。

（5）设置起始页和网页保存时间。

① 执行“工具”→“Internet 选项”命令，打开“Internet 选项”对话框。

② 选择“常规”选项卡，如图 7.1.1 所示。

③ 设置起始页。

用某一网页：在“地址”文本框中输入网址。

用当前页：单击“使用当前页”按钮。

用第一次安装 IE 时设置的主页：单击“使用默认页”按钮。

用空白页：单击“使用空白页”按钮。

④ 设置历史记录。

网页保存时间：在“网页保存在历史记录中的天数”文本框中输入天数。

清除历史记录：单击“清除历史记录”按钮。

⑤ 单击“确定”按钮，关闭对话框。

任务 3：使用中文综合型搜索引擎。

百度的网址是 http://www.baidu.com，百度是中文互联网世界中的一大著名门户站点，它拥有世界上最大的中文信息库，如图 7.1.5 所示。

图 7.1.5　百度中文网站

第二部分 应 用 篇

项目八 计算机基础知识

实验 8.1 配置计算机硬件清单

【实验目的与要求】

认识台式机的硬件组成。

【实验内容与步骤】

任务 1：以联想扬天 T4900v（i5 3470）为例，列出计算机的硬件清单，如图 8.1.1 所示。

联想扬天 T4900v（i5 3470）详细参数	
基本参数	• 产品类型：商用台式机 • 操作系统：DOS • 主板芯片组：Intel H61
处理器	• CPU 系列：英特尔 酷睿i5 3代系列 • CPU 型号：Intel 酷睿i5 3470 • CPU 频率：3.2GHz • 最高睿频：3600MHz • 总线：DMI 5 GT/s • 三级缓存：6MB • 核心代号：Ivy Bridge • 核心/线程数：四核心/四线程 • 制程工艺：22nm
存储设备	• 内存容量：4GB • 内存类型：DDR3 • 硬盘容量：1TB • 硬盘描述：5400转 • 光驱类型：DVD-ROM • 光驱描述：支持DVD SuperMulti双层刻录
显卡/声卡	• 显卡类型：独立显卡 • 显存容量：1GB • DirectX：DirectX 11 • 音频系统：集成
显示器	• 显示器尺寸：20英寸 • 显示器分辨率：1600x900 • 显示器描述：CCFL宽屏
网络通信	• 有线网卡：1000Mbps以太网卡
机身规格	• 电源：100V-240V 180W 自适应交流电源供应器 • 机箱类型：立式 • 机箱颜色：黑色 • 机箱尺寸：396.5×399.6×160mm

图 8.1.1 相关配置参数

实验 8.2　组装多媒体台式计算机

【实验目的与要求】

了解多媒体台式计算机的组装过程。

【实验内容与步骤】

（1）安装 CPU(Intel)。Intel 平台很多，如 LGA 775、LGA 1155、LGA 1156、LGA 1366 和 LGA 2011，虽然它们针脚数不一样，但安装的过程是十分相似的。打开底座，取出保护盖，对准 CPU 的凹位放下 CPU（这时 CPU 是平稳放下的，确保没有突起部分就是对好位置了），然后盖上铁盖，用力压下铁杆到位，CPU 就安装完成了，如图 8.2.1 所示。

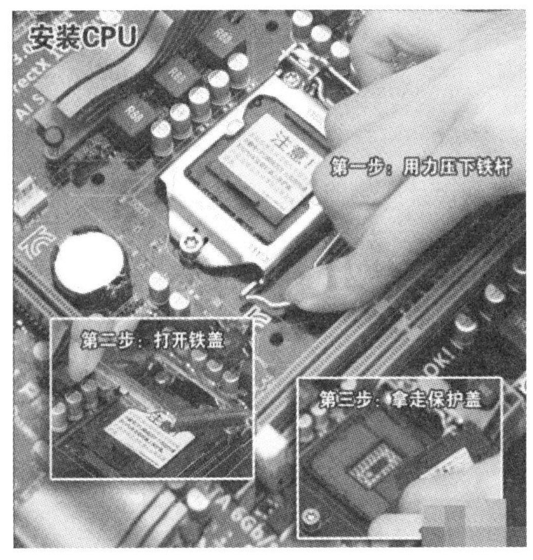

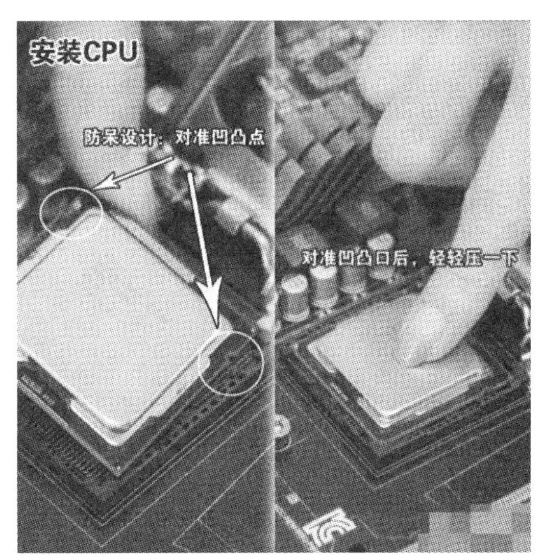

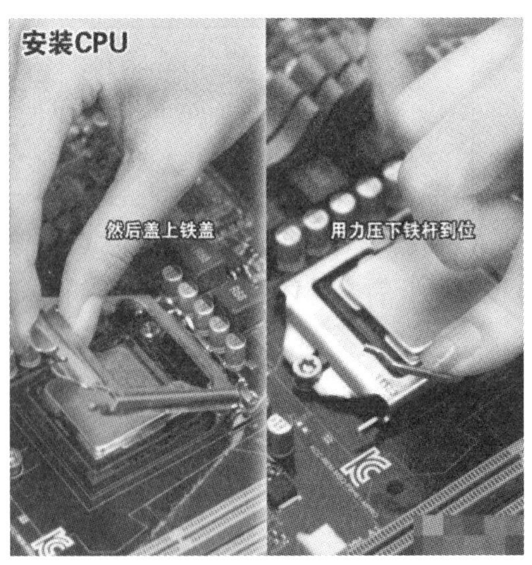

图 8.2.1　Intel 的 CPU 安装图示

安装 CPU(AMD)。AMD 的 CPU 安装，从以往 AM2 到现在的 AM3+、FM1 平台，安装方法也是相似的，关键在于找到 CPU 的金属小三角，与主板接口上的小三角对应，即可安装。放好 CPU，用手压一压，把固定杆用力拉下即可固定，如图 8.2.2 所示。

图 8.2.2 AMD 的 CPU 安装图示

（2）安装 CPU 散热器（Intel）。Intel 原装散热器是很容易安装与拆卸的。首先，要把四个脚钉的位置转动到上面箭头相反的方向，然后对准主板的四个空位，用力下压，即可完成一个位置的安装，重复四次即可，如图 8.2.3 所示。

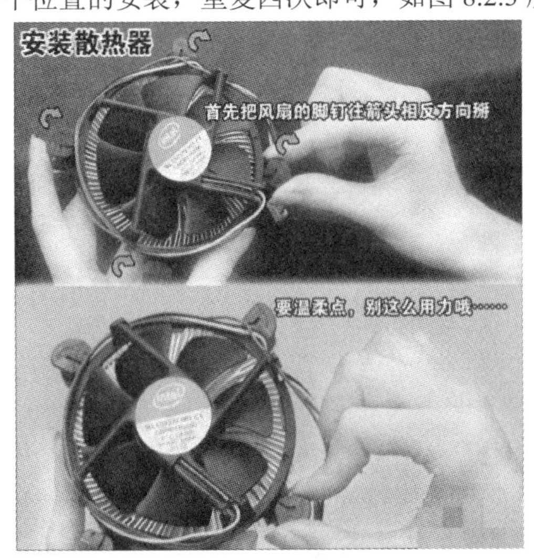

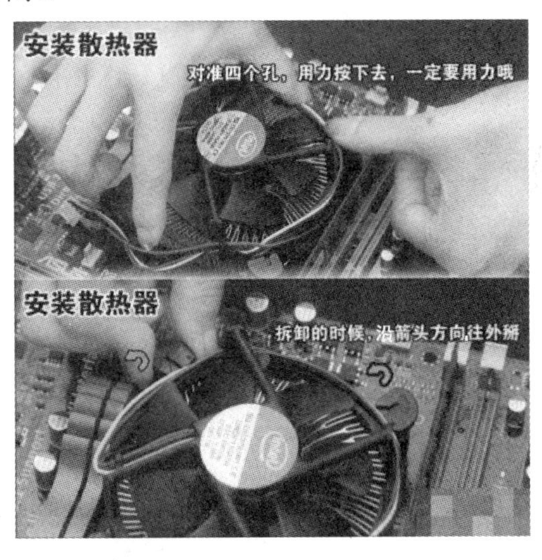

图 8.2.3 Intel 的 CPU 散热器安装图示

安装 CPU 散热器（AMD）。AMD 原装散热器的安装也是比较容易的，先扣好没有固定杆的那边，然后找准另一边的位置，待扣都扣在卡位上，按下固定杆，即可完成安装，如图 8.2.4 所示。拆卸散热器时，只需要把散热器的固定杆拉起，把散热器的扣取下，离开卡位，平衡用力即可取下散热器。

（3）安装内存条。内存的安装很容易，对准内存与内存插槽上的凹凸位，分别左/右用力，听到“啪”的一小声，左/右卡位会自动扣上，然后再用同样的方法压好另一边即可，如图 8.2.5

所示。值得注意的是，现在有一些主板，为了方便安装显卡，只设置了一个卡位，而安装方法是一样的。

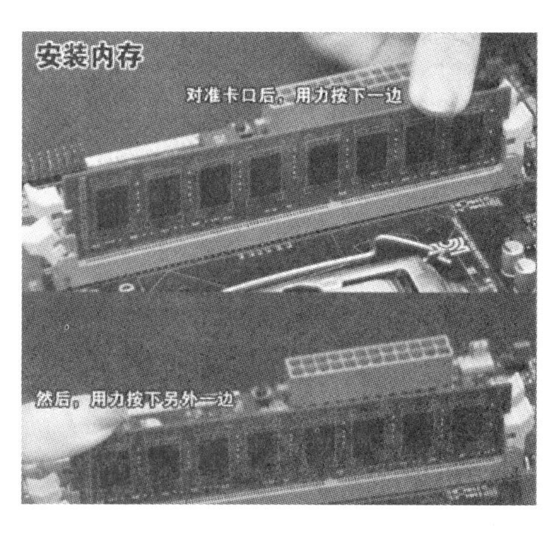

图 8.2.4　AMD 的 CPU 散热器安装图示　　　　图 8.2.5　安装内存条图示

（4）机箱内部安装。安装主板有一定技巧，首先要对好主板和机箱的螺丝位，然后在机箱相应的螺丝位上安装铜柱或脚钉，一般是 6 个或 9 个，主板全部螺丝位都要装上，以更好地固定主板。然后安装主板配件附送的挡板，如图 8.2.6 所示。

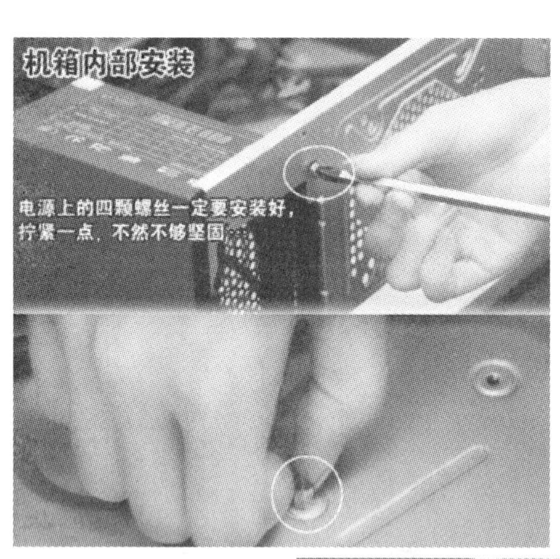

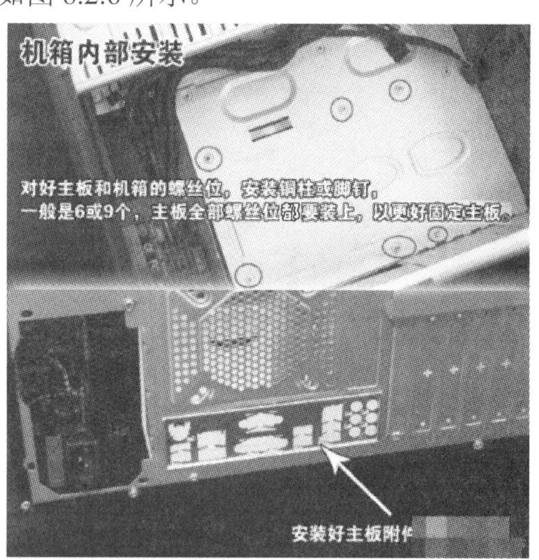

图 8.2.6　机箱内部安装图示

（5）安装硬盘。硬盘可以选择舱位来安装，一般原则是靠中间，保证更多位置散热，安装四个螺丝，或者对角线两个也可以。光驱的安装方法与硬盘类似，如图 8.2.7 所示。

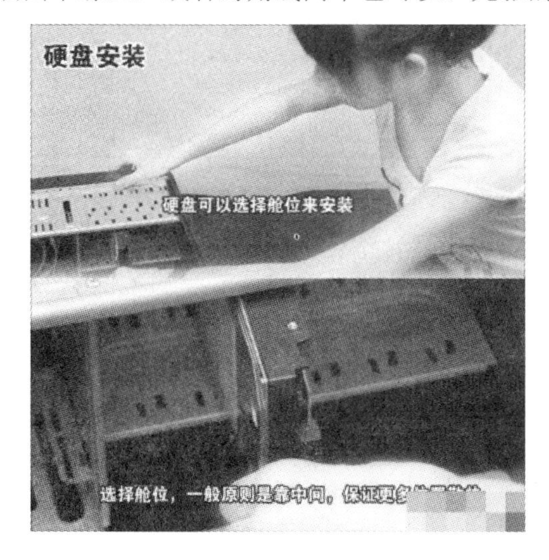

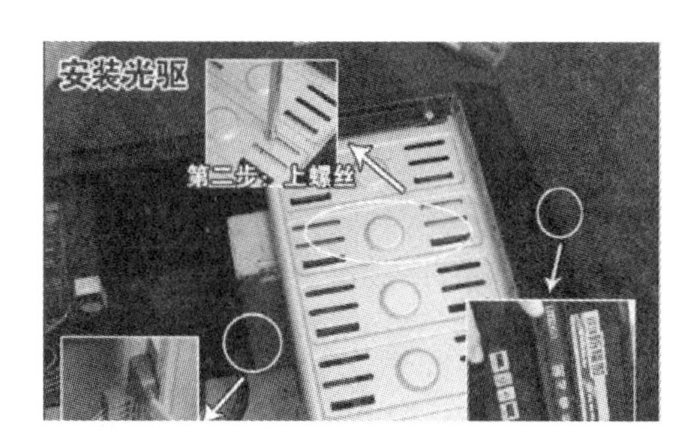

图 8.2.7　硬盘和光驱安装图示

（6）安装显卡。现在独立显卡不是必须安装的，CPU 或主板都集成了显卡，满足基本要求是没问题的。安装显卡没什么难度，把机箱挡板暴力拆下，对准 PCI-E 插槽插上，然后拧上螺丝即可，如图 8.2.8 所示。如果主板有多条 PCI-E X16 插槽（最长的那种），优先接到靠近 CPU 端的那条，这样可以保证显卡全速运行。

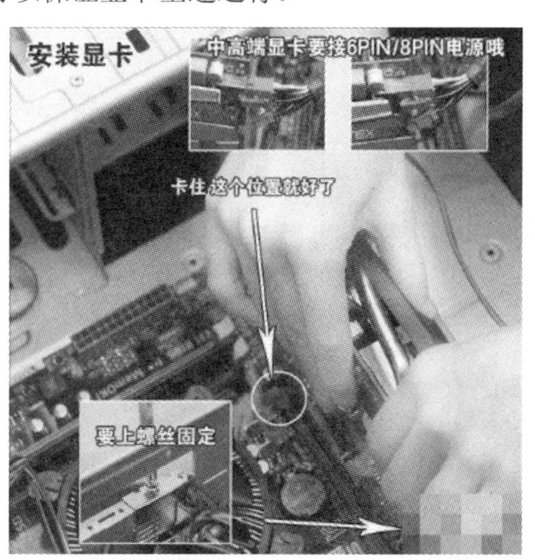

图 8.2.8　安装显卡图示

（7）主板接线。主板接线如图 8.2.9 所示。

然后就是硬盘灯、电源灯、开关、重启和 PC 喇叭，最简单的方法是查找主板说明书，找到相应的位置，对照着接线。记住一个最重要的规律，彩色是正极，黑/白色是负极。

现在硬盘和光驱基本都是 SATA 接口了，接上 SATA 电源线（5PIN 扁口线）和数据线即可。

中高端显卡，要接上 6PIN 或 8PIN 的辅助供电。一些高端独立显卡，还要接多个辅助供电，要全部接上。若电源线不够可以用显卡附送的转接线，如图 8.2.10 所示。

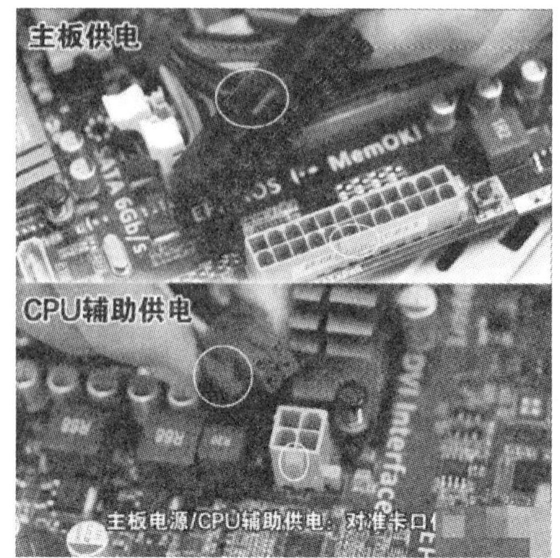

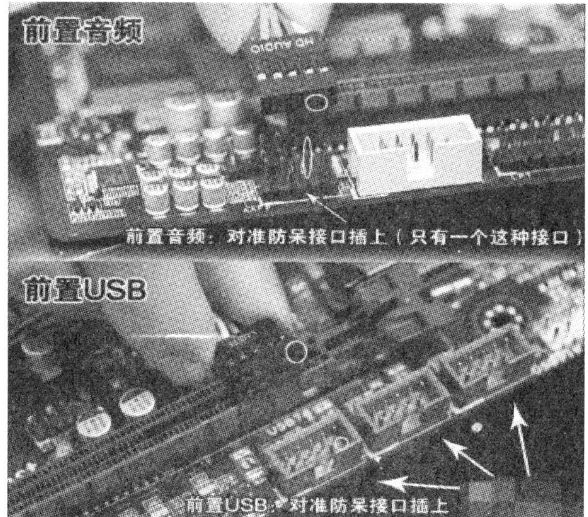

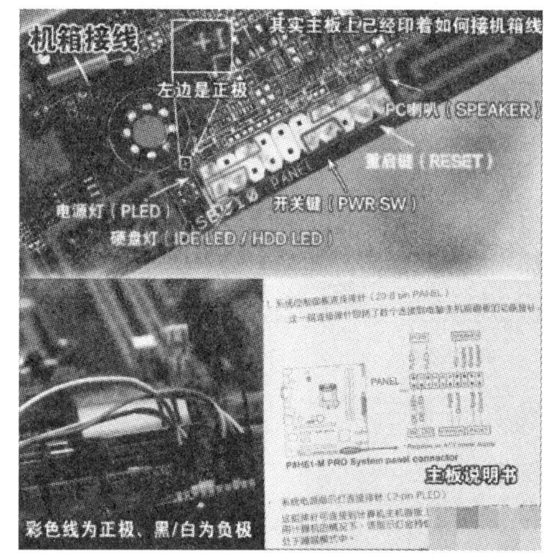

图 8.2.9　主板接线图示

图 8.2.10　硬盘和独立显卡接线图示

项目九 操作系统 Windows 7

实验 9.1 控制面板的设置

【实验目的与要求】

（1）掌握用户账户的创建和管理方法。
（2）掌握日期、时间的设置方法。
（3）掌握鼠标、键盘的属性设置方法。
（4）掌握添加、删除应用程序的方法。
（5）掌握系统属性的设置方法。

【实验内容与步骤】

任务 1：设置控制面板的显示方式。

控制面板是 Windows 7 进行系统维护和设置的工具。

（1）打开“控制面板”窗口：单击“开始”按钮，打开“开始”菜单，在“开始”菜单的右窗格中选择“控制面板”选项；或直接在搜索框中输入“控制面板”，从搜索结果中打开“控制面板”。

（2）设置控制面板的显示方式：单击“控制面板”窗口右上方“查看方式”的下拉列表按钮如图 9.1.1 所示，选择“小图标”选项，观察“控制面板”窗口图标的变化。再将其显示方式按照同样的方法设置为“类别”。

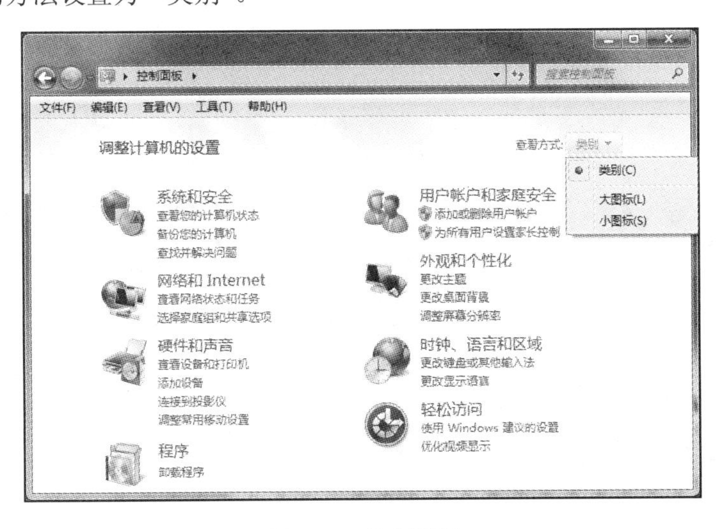

图 9.1.1 控制面板

任务 2：用户账户的设置及管理。

（1）为当前用户账户创建密码、更改账户图片。

① 单击“控制面板”窗口中的“用户账户和家庭安全”图标，在打开的窗口中选择“更改 Windows 密码”选项，打开“更改用户账户”窗口，如图 9.1.2 所示。单击“为您的账户创建密码”选项，在打开的窗口中即可为当前账户创建密码。如果当前账户已经创建了密码，可在“更改用户账户”窗口完成密码的更改或删除。

② 在“更改用户账户”窗口中，选择“更改图片”选项，选择一张自己喜欢的图片后，单击“更改图片”按钮。

（2）创建一个标准用户 Student，并限制该标准用户的上机时间为周六和周日的 9:00～18:00。

① 在“更改用户账户”窗口，选择“管理其他账户”选项，在打开的窗口中选择“创建一个新账户”选项，在“创建新账户”窗口输入新账户名 Student，并选择账户类型为“标准账户”，单击“创建账户”按钮，如图 9.1.3 所示。

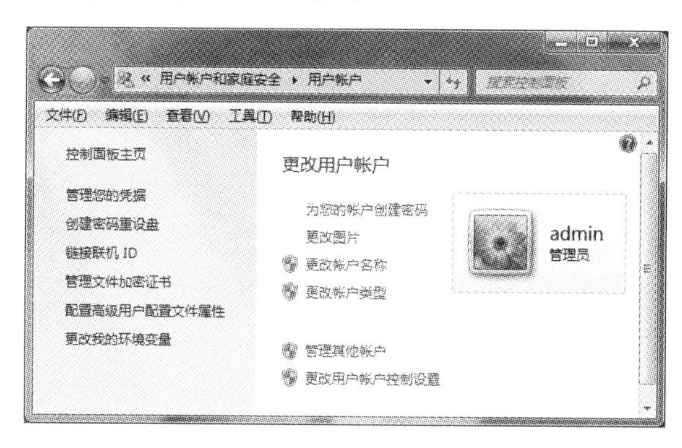

图 9.1.2　“更改用户账户”窗口

② 单击“控制面板”窗口中的“用户账户和家庭安全”图标，在打开的窗口中选择“家长控制”选项，进入“家长控制”窗口。

③ 选择 Student 标准账号，进入“用户控制”窗口，选中“启动，应用当前设置”单选按钮，如图 9.1.4 所示。选择“Windows 设置”下的“时间限制”选项，通过单击或拖动的方式来设置要阻止或允许的时间。

提示：如果在标准账户下进行创建账户等账户管理工作，需要输入正确的管理员密码后系统才允许操作。要为标准账户 Student 设置“家长控制”，当前用户账户必须是管理员类型。

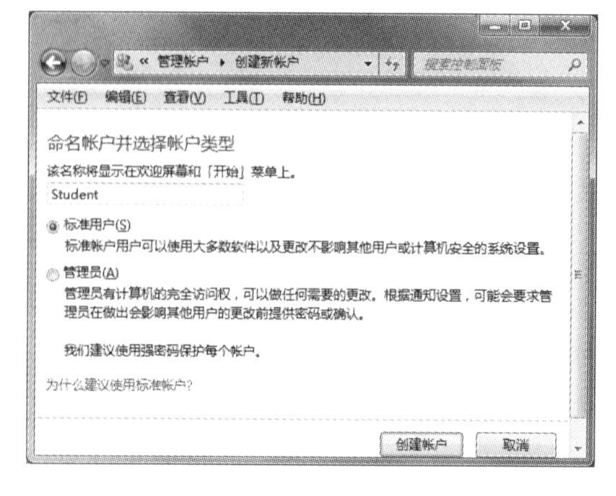

图 9.1.3　命名账户并选中账户类型窗口

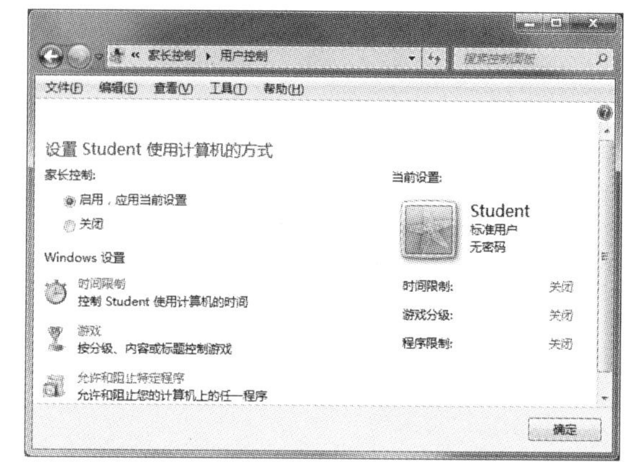

图 9.1.4　设置账户使用计算机的方式

任务 3：查看、设置系统日期、时间。

在“控制面板”中选择“时钟、语言和区域”选项，在打开的窗口中选择“设置日期和时间”选项；或者单击任务栏右下角的时间区域，选择“更改日期和时间设置”选项，打开“日期和时间”对话框如图 9.1.5 所示。单击“更改日期和时间”按钮可设置系统的日期和时间，单击“更改时区”按钮可设置计算机所在时区。

图 9.1.5　“日期和时间”对话框

任务 4：查看、设置鼠标及键盘属性。

（1）将鼠标指针方案设置为“Windows 黑色（系统方案）”。

① 在“控制面板”中，执行“硬件和声音”→“设备和打印机”→“鼠标”命令。打开“鼠标属性”对话框，选择“指针”选项卡，在“方案”的下拉列表中选择“Windows 黑色（系统方案）”，单击“确定”按钮。

② 在“鼠标属性”对话框中还可以对鼠标键配置、鼠标双击速度、鼠标移动速度、鼠标轨迹等属性进行设置。

（2）设置键盘属性。

将“控制面板”的显示方式设置为“大图标”，单击“键盘”按钮；或直接在“控制面板”右上方的搜索框中输入“键盘”，从搜索结果中打开“键盘”属性对话框。在该对话框中可以对键盘的相关属性进行设置。

任务 5：添加或删除程序。

（1）单击“控制面板”中“程序”类别下的“卸载程序”选项，可以看到系统中所有已经安装的程序列表。要从系统中删除一个程序，只需要选中该程序的名称，然后单击“卸载/更改/修复”按钮，就可以对已安装的程序进行卸载、更改或修复操作，如图 9.1.6 所示。

图 9.1.6　“卸载或更改程序”窗口

（2）单击“控制面板”中“程序”类别，选择“程序和功能”下的“如何安装程序”选项。进入“Windows 帮助与支持”窗口，该窗口提供了安装程序的帮助信息。一般情况下，将应用程序的安装光盘插入光驱后，它将自动启动安装程序向导，根据向导的提示进行安装。如果不能自动启动，则通过“资源管理器”找到应用程序的安装文件（文件名通常为 Setup.exe 或 Install.exe），双击该安装文件，即可启动安装程序向导。

任务 6：查看系统属性。

在“控制面板”中单击“系统和安全”类别，选择“系统”选项；或右击桌面上的“计算机”图标，从弹出的快捷菜单中执行“属性”命令，打开“系统”窗口。在该窗口中，可查看并设置系统属性。

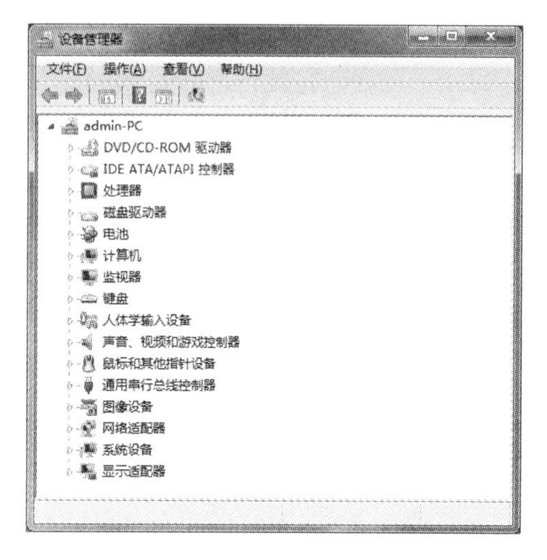

图 9.1.7　“设备管理器”窗口

（1）在“系统”窗口中，可查看操作系统的版本、CPU 的型号、内存容量和计算机名等信息。

（2）单击计算机名后的“更改设置”，可打开“系统属性”对话框，在“计算机名”选项卡中可设置计算机的名称。单击“更改”按钮，在弹出的“计算机名/域更改”对话框中，可更改计算机的名称和该计算机所在局域网中所属的工作组。

（3）通过打开“设备管理器”可查看计算机的相关硬件。在“系统”窗口的左窗格中或“系统属性”对话框的“硬件”选项卡中单击“设备管理器”按钮，将弹出如图 9.1.7 所示的“设备管理器”窗口。在该窗口中可以查看和更新设备的驱动程序、查看各种设备的型号和修改设置等。

实验 9.2　个性化 Windows 设置

【实验目的与要求】

（1）掌握 Windows 7 桌面主题的应用方法。
（2）掌握桌面背景的更改和设置方法。
（3）掌握屏幕保护程序的设置方法。
（4）掌握桌面图标的添加和更改。
（5）掌握将程序锁定到任务栏的方法。

【实验内容与步骤】

任务 1：应用 Windows 7 主题。

Windows 7 提供了多个主题，可以选择 Aero 主题使计算机个性化；如果计算机运行缓慢，可以选择 Windows 7 的基本主题；如果希望屏幕更易于查看，可以选择高对比度主题。

（1）在控制面板上选择“外观和个性化”选项，或者在桌面空白处右击，从弹出的快捷菜单中执行“个性化”命令，打开“个性化”窗口，如图 9.2.1 所示。

（2）从“个性化”窗口中选择一种主题单击即可实现该主题的应用。例如，选择 Aero 主题中的“建筑”风格，单击“建筑”主题即可。

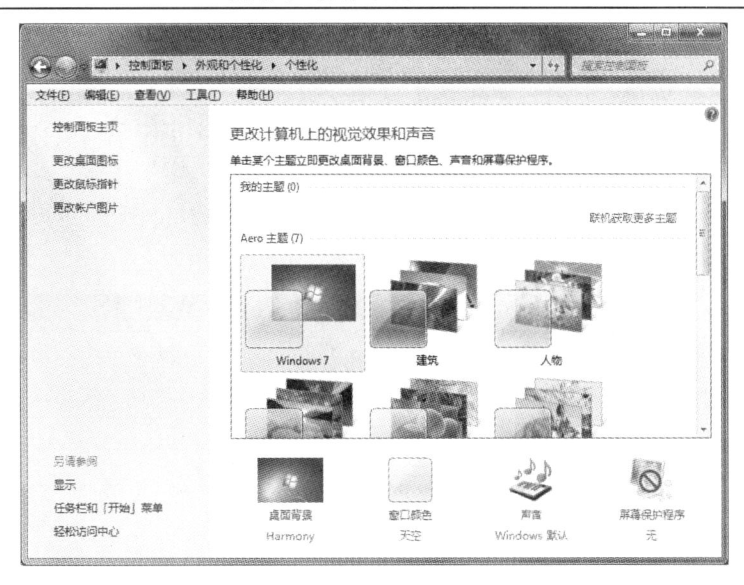

图 9.2.1　“个性化”窗口

任务 2：在 Windows 7 提供的“Windows 桌面背景”中，选择一张图片作为桌面背景，并将它拉伸到整个桌面。

（1）在“个性化”窗口中，单击“桌面背景”图标，从打开的“桌面背景”窗口（如图 9.2.2 所示）中选择一张图片作为桌面背景，也可以通过“浏览”按钮选择计算机中的其他图片作为桌面背景。

（2）在“图片位置”下方的下拉列表中选择“拉伸”选项，单击“保存修改”按钮。

图 9.2.2　“桌面背景”窗口

任务 3：为计算机设置“三维文字”的屏幕保护程序，文字显示为“计算机屏幕保护”，并设置为滚动旋转类型，等待时间为 1 分钟，恢复时返回到登录屏幕。

（1）在“个性化”窗口中（图 9.2.1），单击“屏幕保护程序”图标，打开“屏幕保护程序设置”对话框，如图 9.2.3 所示。在“屏幕保护程序”的下拉列表框中，选择“三维文字”选项，单击“设置”按钮。打开“三维文字设置”对话框，如图 9.2.4 所示。

（2）在“三维文字设置”对话框中的“自定义文字”文本框中输入“计算机屏幕保护”，在“旋转类型”下拉列表框中，选择“滚动”选项，单击“确定”按钮。

（3）在“屏幕保护程序设置”对话框中将等待时间设置为 1 分钟，选中“在恢复时显示登录屏幕”前的复选框，使其呈选中状态☑，单击“确定”按钮。

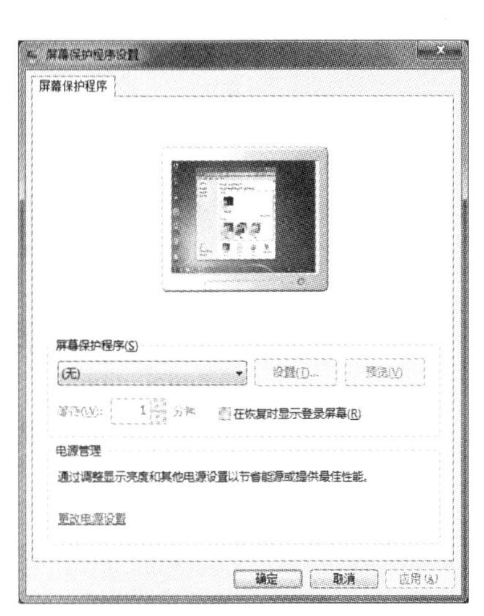

图 9.2.3　“屏幕保护程序设置”对话框

图 9.2.4　“三维文字设置”对话框

任务 4： 保存修改过的主题，并以自己的姓名进行命名。

在“个性化”窗口中，单击“我的主题”下的一个未保存的主题，使其应用为当前主题。右击该“未保存主题”，选择“保存主题”选项，在弹出的对话框中输入自己的姓名，单击“保存”按钮即可。

任务 5： 将“计算机”和“控制面板”图标添加到桌面，并更改“计算机”图标。

（1）在“个性化”窗口中，选择“更改桌面图标”选项，打开“桌面图标设置”对话框，如图 9.2.5 所示。在桌面图标中，选中“计算机”和“控制面板”复选框，使其呈选中状态☑，单击“应用”按钮，观察桌面变化。

（2）在“桌面图标设置”对话框中选中“计算机”图标，单击“更改图标”按钮，选择一种图标用于更改当前“计算机”图标，单击“确定”按钮，返回“桌面图标设置”对话框，再单击“确定”按钮，观察“计算机”图标的变化。

任务 6： 将程序锁定到任务栏。

在 Windows 7 中可以将应用程序锁定到任务栏或“开始”菜单，以方便用户快速启动程序。

打开需要锁定到任务栏的程序（如 Microsoft Word 2010），在“任务栏”上右击该程序，从弹出的快捷菜单中执行“将此程序锁定到任务栏”命令，如图 9.2.6 所示。锁定后该应用程序将一直在任务栏上，用户可以单击它以快速打开程序。若要将任务栏上的程序解锁，右击任务栏上的应用程序，执行“将此程序从任务栏解锁”命令即可。

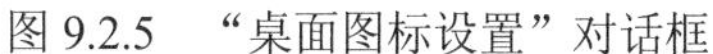
图 9.2.5　“桌面图标设置”对话框

图 9.2.6　将程序锁定到任务栏

实验 9.3　Windows 常用工具使用

【实验目的与要求】

（1）掌握磁盘清理和磁盘碎片整理程序的使用方法。

（2）掌握计算器的使用方法。

（3）掌握画图程序的使用方法。

【实验内容与步骤】

任务 1：磁盘清理和磁盘碎片整理程序的使用。

使用磁盘清理程序可以减少硬盘上不需要的文件数量，以释放磁盘空间。磁盘碎片整理程序可以重新排列碎片数据，以便磁盘和驱动器能够更有效地工作。

（1）单击“开始”按钮，执行“所有程序”→“附件”→“系统工具”→“磁盘碎片整理程序”命令，打开“磁盘碎片整理程序”窗口，如图 9.3.1 所示。在“当前状态”下，选择要进行碎片整理的磁盘（如选择 C 盘）。单击“分析磁盘”按钮，分析是否需要对该磁盘进行碎片整理。单击“磁盘碎片整理”按钮，开始磁盘碎片整理。

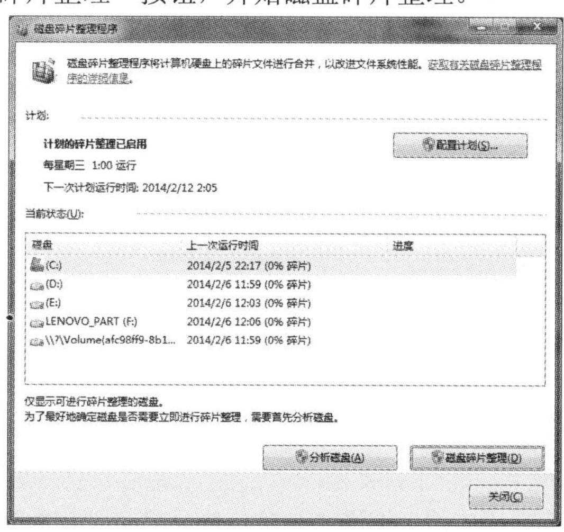

图 9.3.1　“磁盘碎片整理程序”窗口

（2）单击“开始”按钮，执行“所有程序”→“附件”→“系统工具”→“磁盘清理”命令，打开“驱动器选择”对话框，如图 9.3.2 所示。选择要清理的磁盘（如 C 盘），单击“确定”按钮，系统将会进行计算能够在该磁盘上释放的空间大小，并出现如图 9.3.3 所示的对话框。计算完成后，进入该磁盘的“磁盘清理”对话框，如图 9.3.4 所示，在该对话框中列出了可删除的文件类型和所占用的磁盘空间，选中某文件类型前的复选框，在进行清理时即可删除。单击“确定”按钮，将弹出磁盘清理确认删除的消息框，单击“删除文件”按钮，清理完毕后，该对话框会自动关闭。

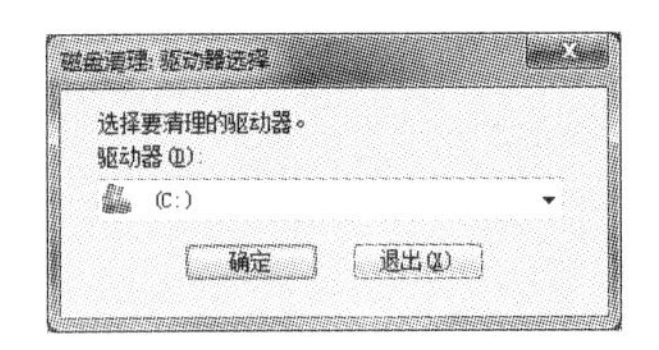

图 9.3.2　“驱动器选择”对话框

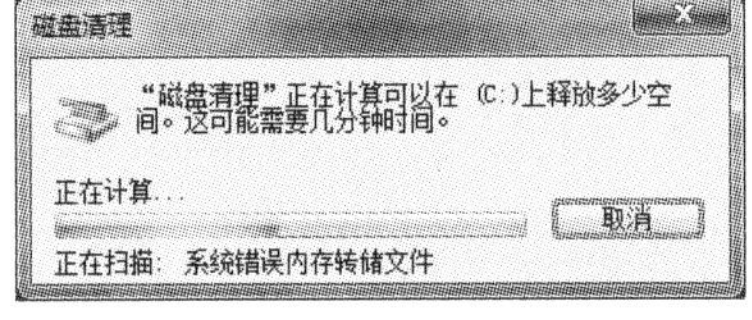

图 9.3.3　计算释放空间

图 9.3.4　“（C:）磁盘清理”对话框

任务 2：计算器的使用。

使用“计算器”可完成基本的算术运算，同时它还具有科学计算器的功能，如对数运算、阶乘运算、各种进制数之间的转换运算等。

使用计算器程序进行下列各进制数值间的转换：

$(181)_{10}=(\qquad)_{16}=(\qquad)_{8}=(\qquad\qquad\qquad)_{2}$

单击“开始”按钮，执行“所有程序”→“附件”→“计算器”命令，打开计算器程序，如图 9.3.5 所示。启动计算器程序后，计算器默认只能进行算术运算，选择“查看”菜单下的“程序员”选项，则计算器将呈现如图 9.3.6 所示的计算窗口。在该窗口中选择进制类型为“十进制”，并在数字输入框中输入 181，单击“十六进制”“八进制”或“二进制”单选按钮，将计算出十进制的 181 所对应的其他进制值。

图 9.3.5　“标准型”计算器窗口

图 9.3.6　“程序员”计算器窗口

任务 3：画图程序的使用。

画图是 Windows 附件中提供的一个图形处理应用程序，使用该程序可以绘制、编辑图片以及对图片着色等。

将当前屏幕复制并粘贴到画图程序中，在该屏幕图片上加上自己的姓名、自己喜欢的图形或绘制其他内容等，制作完成后将其保存为“桌面背景.jpg”到图片库中，再将该图片设置为桌面背景。

（1）双击任务栏最右侧的“显示桌面”按钮，以快速显示桌面。按下 Print Screen 键，复制当前屏幕到剪贴板。

（2）单击“开始”按钮，执行“所有程序”→“附件”→“画图”命令，打开画图程序，如图 9.3.7 所示。单击“剪贴板”栏目中的“粘贴”按钮，或直接按 Ctrl+V 组合键，将剪贴板中的图片粘贴到画图中。

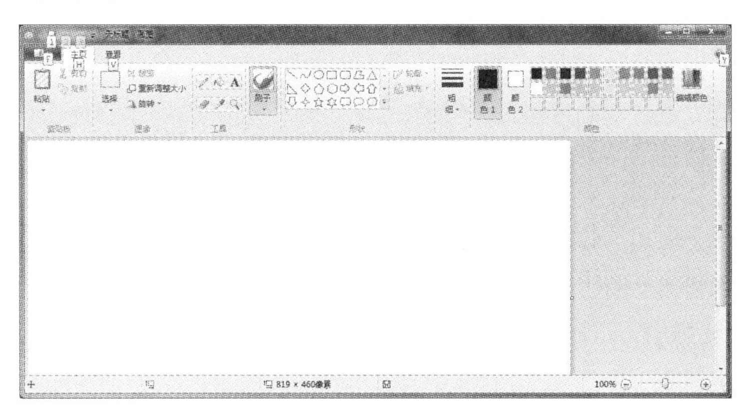

图 9.3.7　画图板窗口

（3）单击“工具”栏目中的“文字”按钮，在图片中拖出一个文本框的区域，然后输入自己的姓名，在自动打开的文本工具栏中对字体的颜色、大小、类型等进行设置。

（4）字体设置完成后，单击“工具栏”上的选项，可以在形状中选择一些图形，绘制到图片中，或在“工具”栏目中使用“铅笔”工具自己绘制图形。

（5）单击标题栏左侧的“保存”按钮，或直接按 Ctrl+S 组合键，在弹出的对话框中，将保存位置选择到“库|图片”下，将保存类型选择为 JPEG 格式，输入文件名“桌面背景.jpg”，单击“保存”按钮，如图 9.3.8 所示。

（6）在“图片库”中，右击“桌面背景”图片，从弹出的快捷菜单中执行“设置为桌面背景”命令。

图 9.3.8　图片保存对话框

项目十　文字处理 Word

实验 10.1　长文档排版

【实验目的与要求】

（1）掌握大纲视图的使用方法。

（2）掌握设置大纲级别的方法。

（3）掌握长文档目录的创建方法。

（4）掌握多级符号的设置方法。

（5）掌握不同页眉和页脚的设置方法。

（6）掌握题注和交叉引用功能。

【实验内容与步骤】

任务 1：文档分节。

任务说明如下。

分节符最主要的作用就是为同一文档设置不同的格式。例如，在编排一本书时，书前面的目录需要有“I，II，III，…”作为面码，正文主要用“1，2，3，…”作为页码。书的前面还有扉页、前言等，这样的页一般不需要设置页码。如果整篇文档采用统一的样式，则不需要进行分节。如果想在文档的某一部分中间采用不同的格式设置，就必须创建一个节。

打开素材文档“长文档排版.docx”，然后执行以下操作步骤。

（1）将光标定位于文档第 1 页的“摘要”文字前面，在“页面布局”选项卡的“页面设置”组中单击“分隔符”按钮，在弹出的下拉菜单中选择“分节符”中的“奇数页”选项，效果如图 10.1.1 所示。

（2）按照上述方法在“绪论”前面插入分节符，分节符类型为“下一页”，效果如图 10.1.2 所示。

（3）目前，该文档被分成了 3 节。文档第 1 页封面为第 1 节，“摘要”和“目录”所在页为第 2 节，“绪论”和正文为第 3 节。

任务 2：设置标题样式。

（1）选中文档第 4 页的“绪论”标题行，在“开始”选项卡的“样式”组中单击“标题 1”按钮，选择“标题 1”样式，如图 10.1.3 所示。

（2）在“标题 1”样式上单击，在弹出的下拉菜单中选择“修改”选项，如图 10.1.4 所示，弹出“修改样式”对话框。

（3）在对话框中设置字号为“三号”，字体为“黑体”“加粗”，居中对齐，单击左下角的“格式”按钮，在下拉列表中选择“段落”选项，弹出“段落”对话框。

（4）在“段落”对话框中设置段落“居中”对齐，段前为“0.5 行”，段后为“0.5 行”，行距为“1.5 倍行距”，如图 10.1.5 所示。

保密类别________　　编号__________

******大学

本 科 毕 业 论 文

基于 B/S 模式的视频点播系统的设计与实现

系别________________________

专业________________________

班级________________________

姓名________________________

学号________________________

指导教师____________________

年月**日

摘　要

硬件主要是配置信息技术设备。或者说把邮政网的物理层用计算机信息技术装备起来，形成一个具有高速传送和反应能力的邮政物理网。

鉴于当前邮政电子化进程已经具备一定条件，不妨在统一技术标准的前提下先在拟定的终端广泛配机，实行独立应用或局域应用。这样，既可为物理层建设奠定基础又可使人员得到培训和锻炼。同时，还可加快计算机广域网的建设进程。

硬件建设的难度除了资金支持能力以外，恐怕管理软件的制约是主要的。

图 10.1.1　奇数页效果

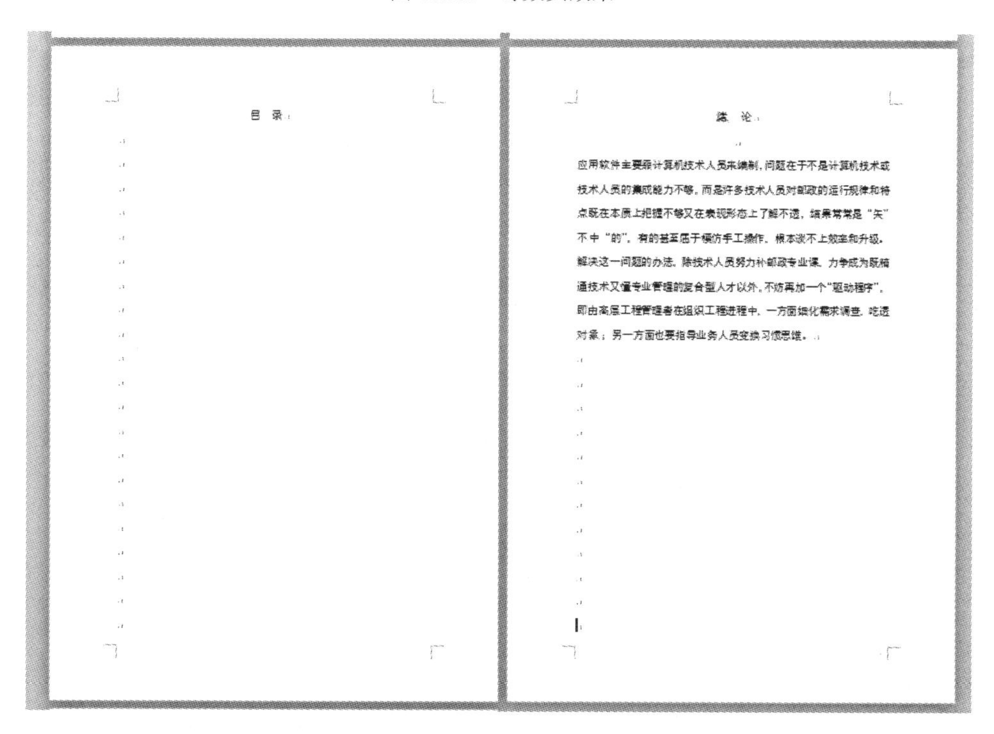

目　录

绪　论

应用软件主要靠计算机技术人员来编制，问题在于不是计算机技术或技术人员的集成能力不够，而是许多技术人员对邮政的运行规律和特点既在本质上把握不够又在表现形态上了解不透，结果常常是“矢”不中“的”，有的甚至居于模仿手工操作，根本谈不上效率和升级。解决这一问题的办法，除技术人员努力补邮政专业课，力争成为既精通技术又懂专业管理的复合型人才以外，不妨再加一个“驱动程序”，即由高层工程管理者在组织工程进程中，一方面细化需求调查，吃透对象；另一方面也要指导业务人员变换习惯思维。

图 10.1.2　设置分节符效果

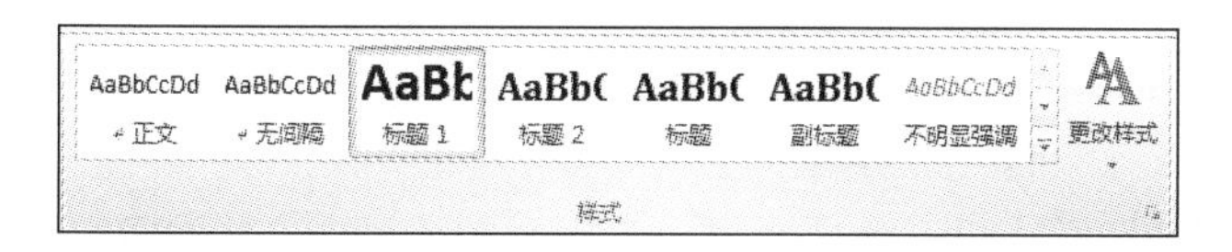

图 10.1.3　样式

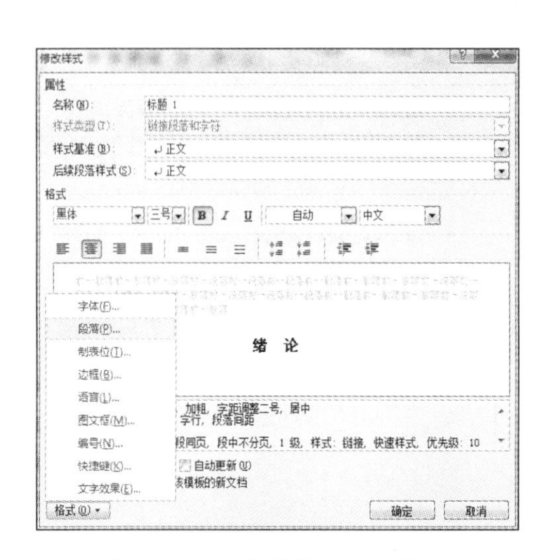

图 10.1.4　“修改样式”对话框

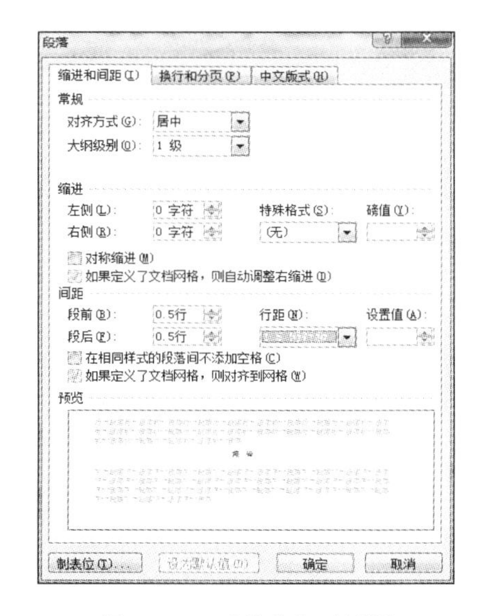

图 10.1.5　“段落”对话框

（5）将光标定位于“绪论”处，双击“开始”选项中“剪贴板”的“格式刷”按钮，选中其他标题设置同样的样式，如“系统分析”“系统总体设计”“详细设计与实现”“系统的测试与维护”“结论”和“参考文献”。设置完毕后，单击“格式刷”按钮。

（6）选中位于文档第 5 页的二级标题“可行性分析”，在“开始”选项卡的“样式”组中单击“快速样式”中的“标题 2”按钮，如图 10.1.6 所示。

图 10.1.6　快速样式

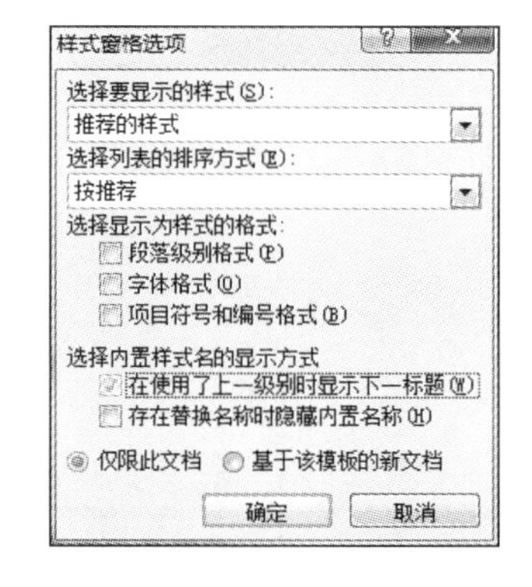

图 10.1.7　“样式窗格选项”对话框

单击“选项”按钮，在弹出的“样式窗格选项”对话框中选中“在使用了上一级别时显示下一标题”复选框，如图 10.1.7 所示。

（7）选择“标题 2”样式后，单击“样式”组中的“标题 2”按钮，设置“可行性分析”字号为“四号”，字体为“黑体”，段落行距为“1.5 倍行距”，段前为“0 行”，段后为“0 行”，不加粗，颜色为“黑色”。单击快速样式库中的“标题 2”按钮，弹出“修改样式”对话框，选择“更改样式，以反映最近所作更改”单选按钮，单击“确定”按钮。

（8）用“格式刷”工具将文档中用蓝色标注的其他二级标题也设置成同样的格式，或者将光标定位在用蓝色标注的其他二极标题处，单击“标题 2”按钮。

任务 3：大纲视图。

（1）在“视图”选项卡的“文档视图”中单击“大纲视图”按钮，进入大纲视图模式。

（2）单击“大纲”选项卡中“大纲工具”组的“显示级别”的下拉按钮，在弹出的下拉列表中选择“2 级”，如图 10.1.8 所示，在窗口中显示级别为二级标题的文字，如图 10.1.9 所示。

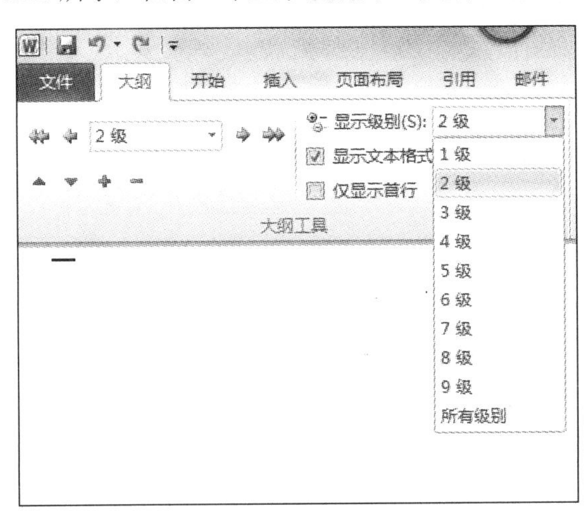

图 10.1.8　“级别”下拉菜单

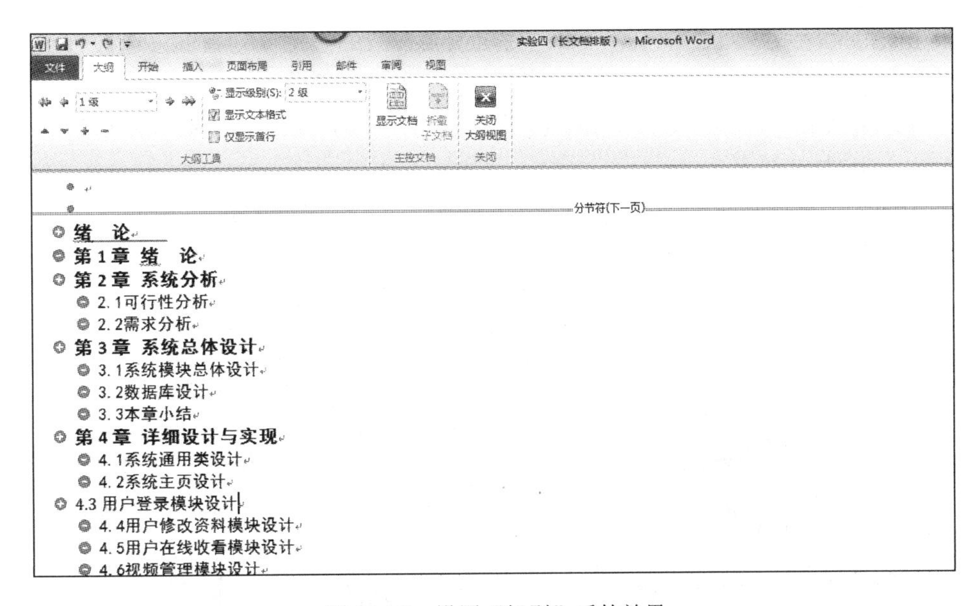

图 10.1.9　设置“级别”后的效果

（3）双击文字前面的加号，如“可行性分析”和“系统总体设计”前面的加号，展开或折叠其下属段落，如图 10.1.10 所示。

（4）单击“关闭”组中的“关闭大纲视图”按钮切换到页面视图模式。

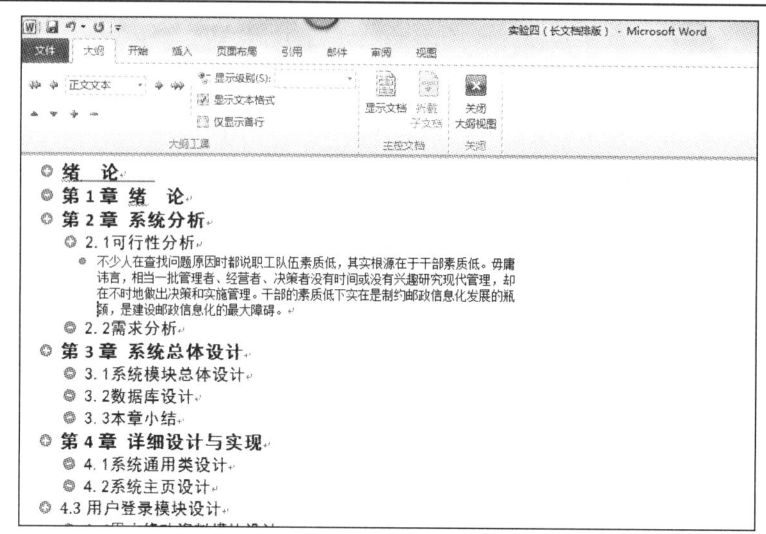

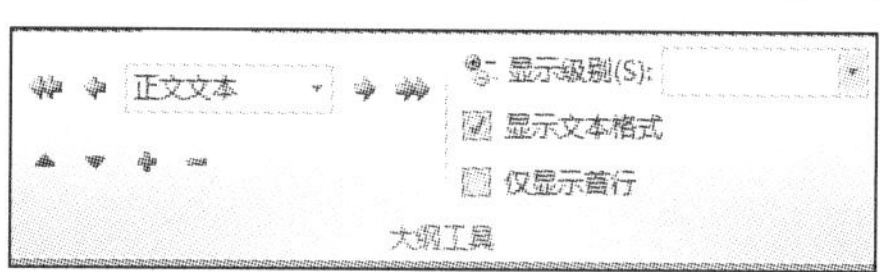

图 10.1.10　展开或折叠效果

任务 4：设置多级标题编号。

（1）将光标定位于一级标题“绪论”处，单击“开始”选项卡中“段落”组中的“多级列表”按钮，在弹出的下拉菜单中选择“自定义新的多级列表”选项，弹出“定义新多级列表”对话框。

（2）在“定义新多级列表”对话框中的“单击要修改的级别”列表框中选择 1，在“输入编号的格式”文本框中输入“第一章”，将光标定位在“第”字后面，在“此级别的编号样式”下拉列表框中选择“一，二，三（简）…”样式，在“编号之后”下拉列表框中选择“不特别标注”，如图 10.1.11 所示。单击“字体”按钮，弹出“字体”对话框。

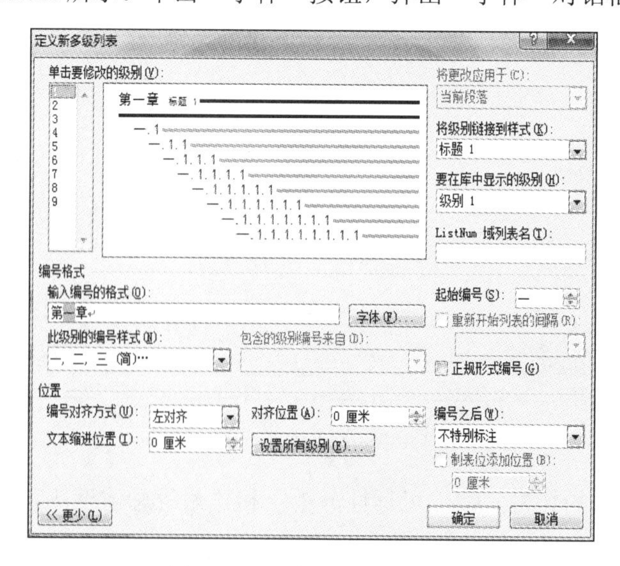

图 10.1.11　多级别标题编号

（3）在“字体”对话框中设置文字格式为黑体、加粗、三号，如图 10.1.12 所示。单击“确定”按钮，返回“定义新多级列表”对话框。

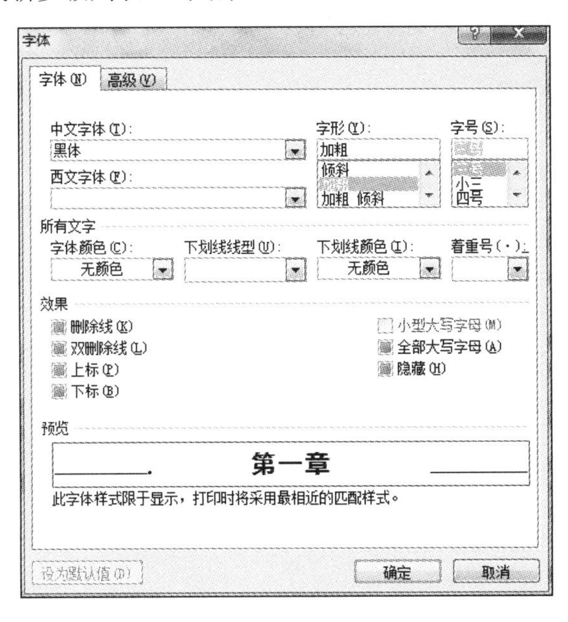

图 10.1.12　设置标题文字格式

（4）在“单击要修改的级别”列表框中选择 2，在“输入编号的格式”文本框中输入“.”，在“此级别的编号样式”下拉列表框中选择“1,2,3…”样式，将光标定位在“输入编号的格式”文本框中“.”的左边，在“包含的级别编号来自”下拉列表框中选择“级别 1”，单击“字体”按钮，设置编号格式为“黑体”“四号”，无“加粗”，单击“更多”按钮，在“编号之后”下拉列表框中选择“空格”，如图 10.1.13 所示，单击“确定”按钮。

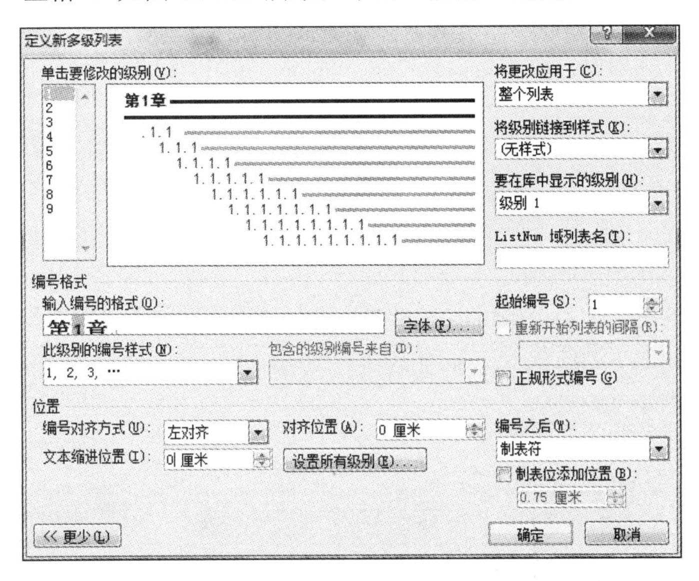

图 10.1.13　设置新多级列表

用格式刷功能调整好“第 1 章　绪论”的标题样式，并切换到大纲视图模式下观察一级标题和二级标题编号的效果，如图 10.1.14 所示。

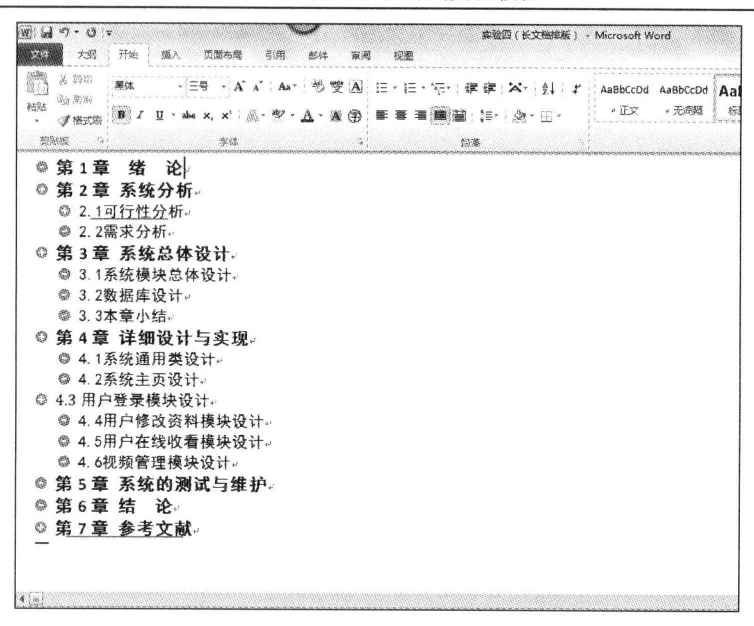

图 10.1.14 设置标题编号的效果

任务 5：设置图片题注。

任务说明如下。

这个任务需要设置图片的编号为“图 1-1”“图 1-2”“图 2-1，”并在正文中引用相应的图片编号。

（1）将光标定位于“4.2 系统主页设计”部分的第 2 段处，在“插入”选项卡的“插图”组中单击“图片”按钮，在“插入图片”对话框中找到“实验四”文件夹中的“图片 A.jpg”，单击“插入”按钮。

（2）在插入的图片上右击，在弹出的快捷菜单中执行“题注”命令，弹出“题注”对话框。打开“标签”下拉列表，观察是否有“图”标签，如图 10.1.15 所示，如果没有则需要新建“图”标签。

（3）单击“新建标签”按钮，在弹出的“新建标签”对话框中的“标签”文本框中输入“图”，如图 10.1.16 所示，单击“确定”按钮，返回“题注”对话框。

（4）下面将设置图片编号，单击“题注”对话框中的“编号”按钮，弹出“题注编号”对话框。选中“包含章节号”复选框，“章节起始样式”为“标题 1”，“使用分隔符”为“-（连字符）”，设置好后单击“确定”按钮，返回“题注”对话框。单击“题注”对话框的“确定”按钮，就为该图片加上了题注编号，如图 10.1.17 所示。

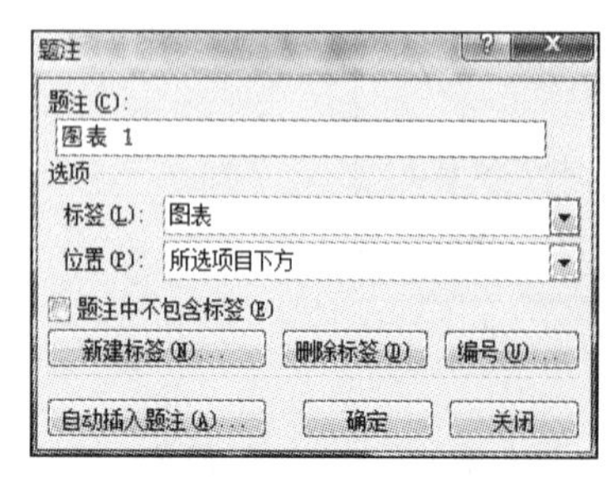

图 10.1.15 设置“题注”

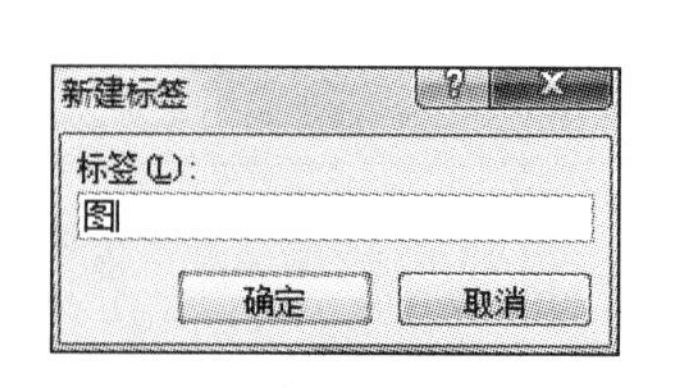

图 10.1.16 “新建标签”对话框

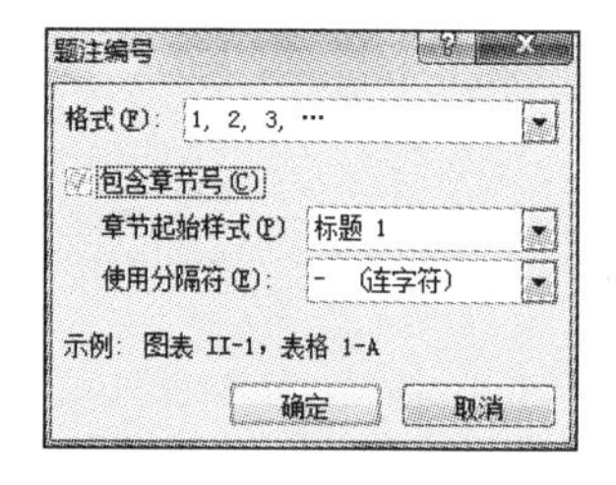

图 10.1.17 添加题注编号

（5）按照上述第（1）步～第（4）步，将“图片 B.jpg”和“图片 C.jpg”插入文档中用蓝色标注的位置，并分别插入题注。

任务 6：交叉引用功能。

（1）将光标定位于文档中“4.2 系统主页设计”部分第 1 段的最后一句话“如图所示”的“如”后面。

（2）在“引用”选项卡的“题注”组中单击“交叉引用”按钮，弹出“交叉引用”对话框，引用类型为“图”，引用内容为“只有标签和编号”，引用的题注为“图 4-1”，单击确定”按钮，即完成交叉引用功能，如图 10.1.18 所示。

（3）按照上述步骤设置“图 4-2”和“图 4-3”的交叉引用。

（4）此时，如果删除文档中的某一个插图，并将图片的题注编号和交叉引用说明一起删除，则选中整个文档，按 F9 键，Word 会自动更新图片编号和交叉引用说明中的编号。

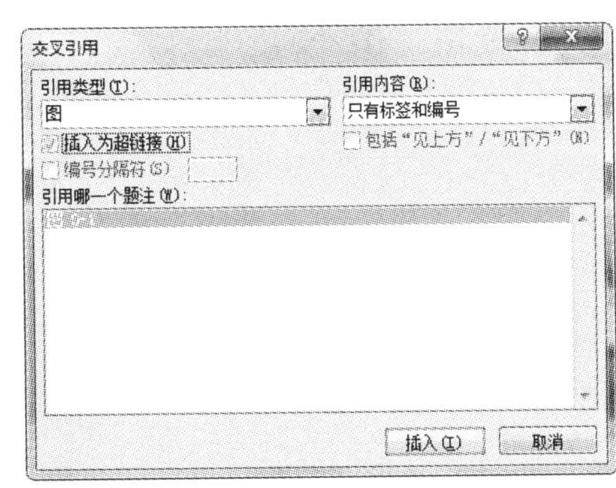

图 10.1.18　设置交叉引用

任务 7：制作奇偶页不同的页眉。

任务说明如下。

（1）前面已经将文档内容分成了 3 节。文档的第 1 页封面为第 1 节，“摘要”和“目录”所在页为第 2 节，“绪论”和正文所在页为第 3 节。现在可以为不同的节设置不同的页眉和页脚。将光标定位于文档的第 1 页，在“插入”选项卡的“页眉和页脚”组中，单击“页眉”按钮，弹出“内置”页眉样式库下拉列表，选择“空白”样式，选中“页眉和页脚工具/设计”选项卡中“选项”组中的“奇偶页不同”和“显示文档文字”复选框，如图 10.1.19 所示。

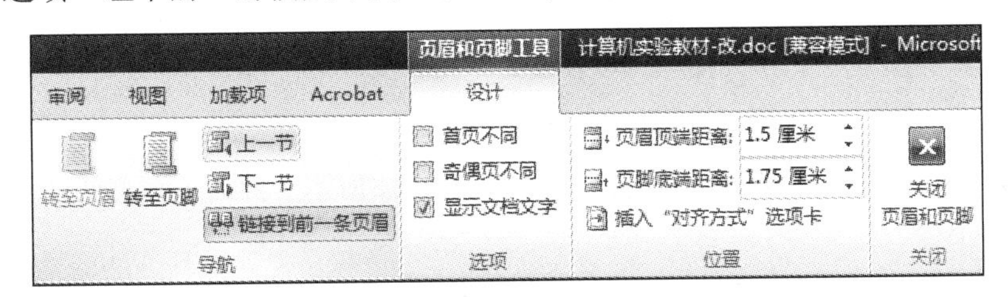

图 10.1.19　“页眉和页脚工具/设计”选项卡

（2）双击页眉处，进入页眉和页脚编辑状态。首先，输入奇数页页眉“本科毕业论文”，右对齐，如图 10.1.20 所示。然后输入偶数页页眉“本科毕业论文”，左对齐，如图 10.1.21 所示。观察此时整篇文档奇数页和偶数页的页眉不同之处，首页没有页眉。双击文档中的非页眉和页脚的任意处，退出页眉编辑状态。

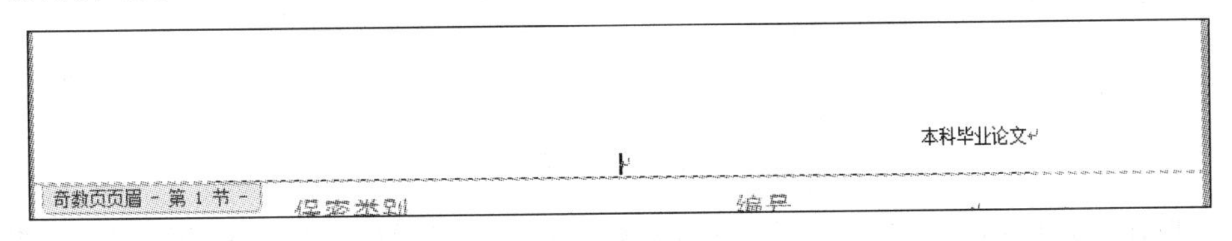

图 10.1.20　设置奇数页页眉

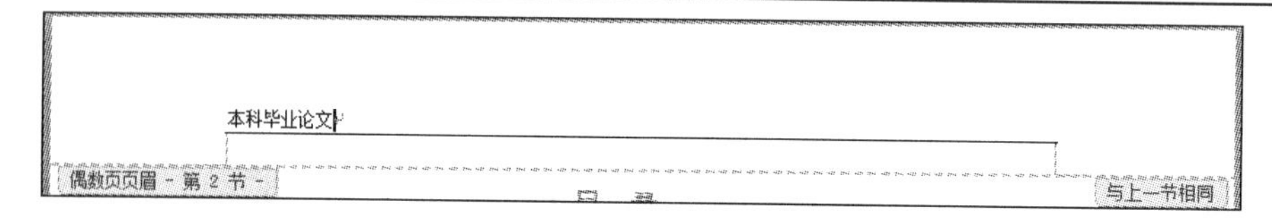

图 10.1.21　设置偶数页页眉

任务 8：制作不同的页码。

（1）将光标定位于文档第 2 页的页脚处，单击“插入”选项卡中“页眉和页脚”组的“页码”按钮，在下拉菜单中选择“页面底端”选项然后在级联列表中选择“普通数字”选项。

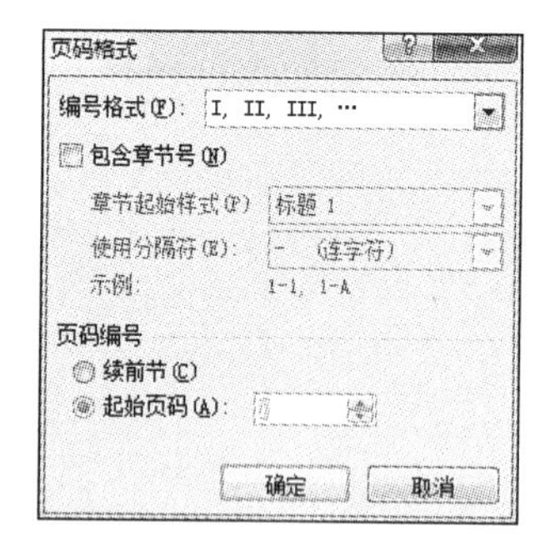

图 10.1.22　页码格式

单击“页眉和页脚工具/设计”选项卡中的“页眉和页脚”组的“页码”按钮，在下拉列表中选择“设置页面格式”选项，弹出“页面格式”对话框。

在“编号格式”下拉列表框中选择“Ⅰ，Ⅱ，Ⅲ，…”格式，在“页码编号”区域中设置“起始页码”为“Ⅰ”，如图 10.1.22 所示。

（2）单击“确定”按钮，并使页码居中对齐。因为第（1）步设置的“页码编号”方式为“起始页码”，所以刚才插入的页码在偶数页上。用同样的方式在奇数页插入页码，效果如图 10.1.23 所示。

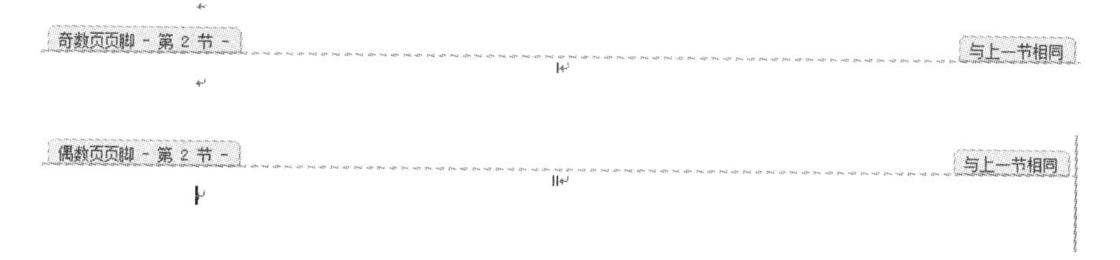

图 10.1.23　插入页码

（3）将光标定位于“第一章 绪论”所在页的页脚处，单击“导航”组的“链接到前一条页眉”按钮，取消“与上一节相同”标志，如图 10.1.24 所示。此时就可以设置第 3 节奇数页页脚与第 2 节不同。

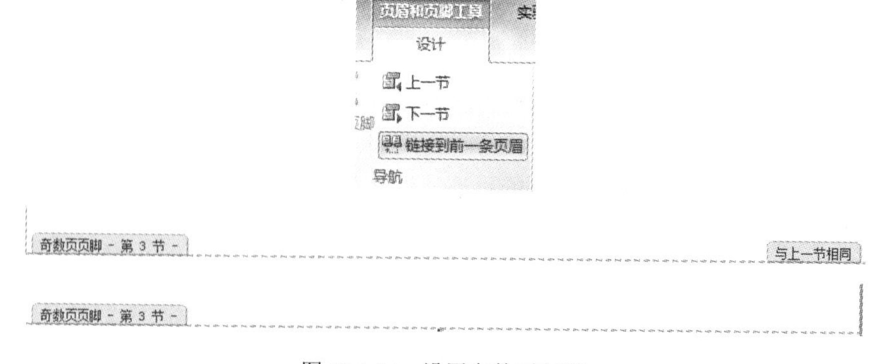

图 10.1.24　设置奇数页页脚

（4）单击“页眉和页脚”组的“页码”按钮，在下拉菜单中选择“设置页码格式”选项，弹出“页码格式”对话框，在“页码编号”区域设置“起始页码”为“1”，如图 10.1.25 所示。

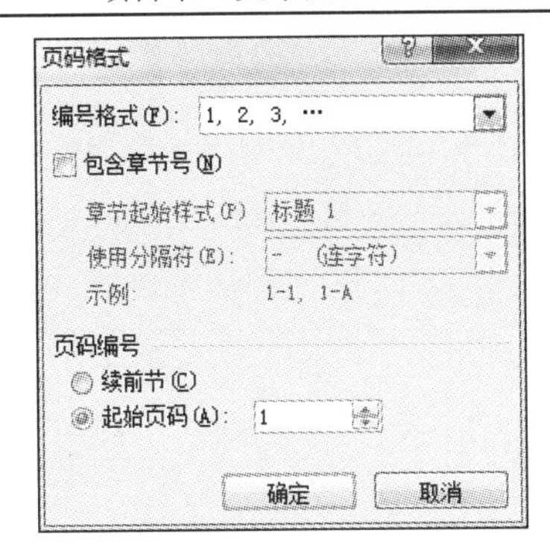

图 10.1.25　设置页码格式

（5）单击“确定“按钮，页码效果图如图 10.1.26 所示。

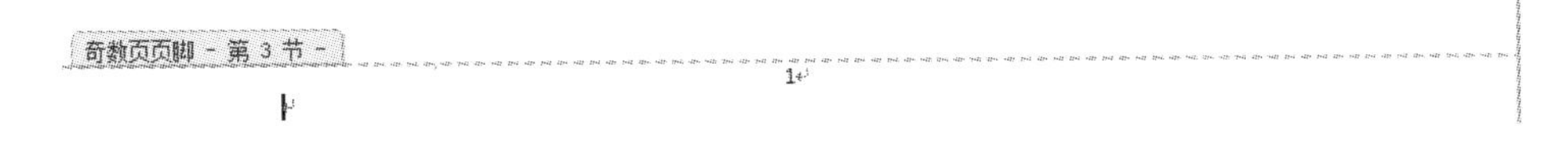

图 10.1.26　设置页码后的效果

（6）观察整篇文档，首页没有页眉和页码，摘要和目录的页码为罗马数字格式（Ⅰ，Ⅱ），正文的页码为阿拉伯数字格式（1, 2, 3）。

任务 9：制作目录。

任务说明如下。

制作长文档之前，需要设置文档中的标题样式，本文档已在前面任务 2 中设置好了

标题的样式，这里就可以按照下述步骤自动生成文档目录。

（1）将光标定位于第 3 页“目录”的行尾，按 Enter 键，生成一个新段落。单击“引用”选项卡中“目录”组中的“目录”按钮，在弹出的下拉列表中执行“插入目录”命令。

（2）弹出“目录”对话框，在“常规”区域中的“格式”下拉列表框中选择“来自模板”，在“显示级别”下拉列表框中选择 2，如 10.1.27 所示。

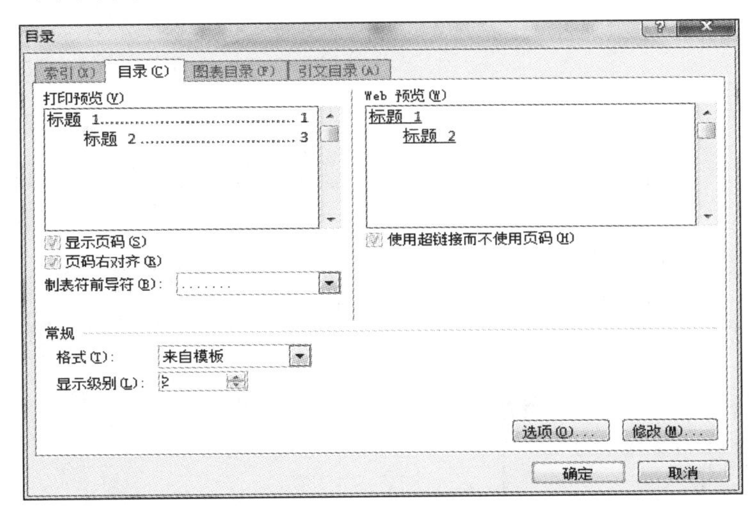

图 10.1.27　“目录”选项卡

（3）单击“确定”按钮，即可自动生成文档目录，如图 10.1.28 所示。

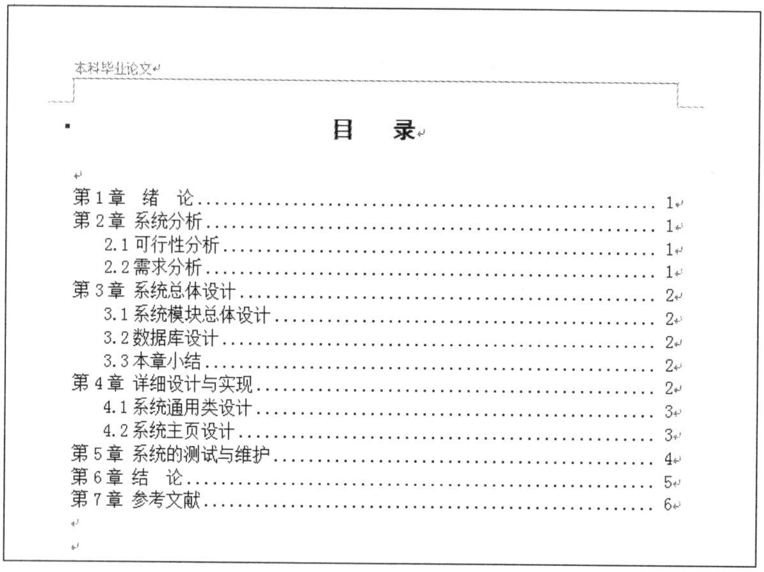

本科毕业论文

目　录

图 10.1.28　文档目录

提示：如果需要更改已经生成的目录，可以在生成的目录处右击，在弹出的快捷菜单中执行“更新域”命令，弹出“更新目录”对话框，选中“更新整个目录”单击按钮，如图 10.1.29 所示，即可对文档的目录进行更新。

任务 10：修订功能。

（1）在“审阅”选项卡的“修订”组中单击“修订”按钮，启动修订模式。

（2）单击“审阅窗格”按钮，在文档左边出现审阅窗格，如图 10.1.30 所示。将光标定位于文章摘要第四段“极大”之后，添加“的”字，并单击“批注”组中的“新建批注”按钮，在文档的右边添加批注，在批注中输入“少字”，添加的文字用蓝色显示，并在审阅窗格中出现插入的内容“的”和批注“少字”，如图 10.1.31 所示。

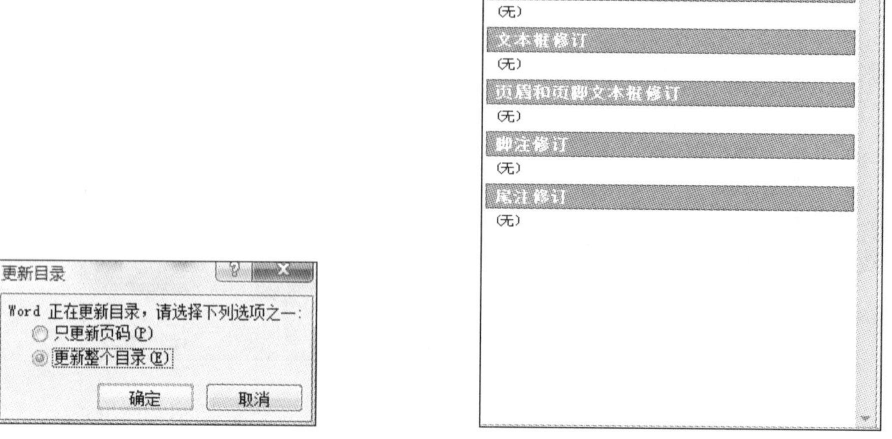

图 10.1.29　更新目录

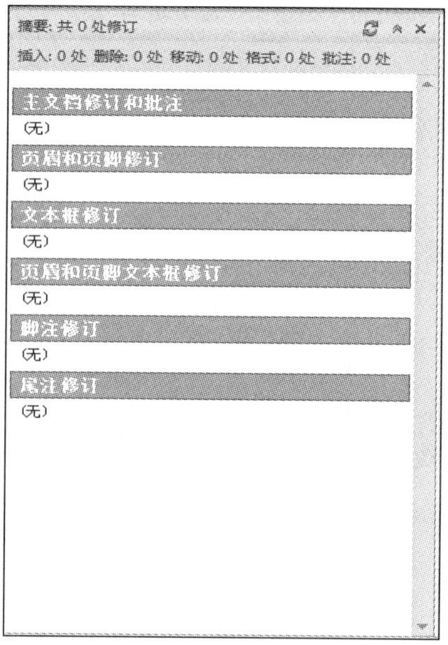

图 10.1.30　审阅窗格

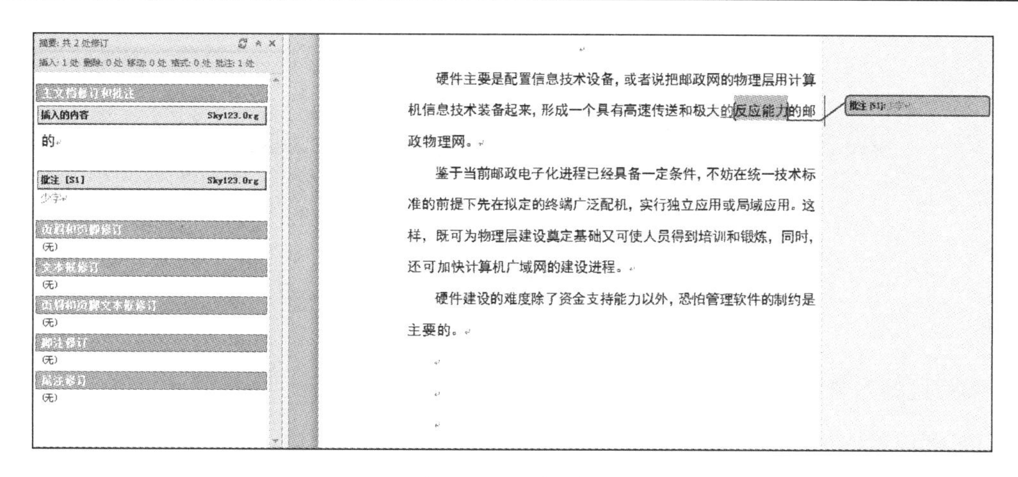

图 10.1.31　设置批注

（3）在修订模式下审阅对文档所进行的修订，根据需要决定是“接受修订”还是“拒绝修订”，如果接受全部修订，则单击“审阅”选项卡中的“更改”工具栏上的“接受”按钮，在弹出的下拉菜单中选择“接受文档的所有修订”选项，如图 10.1.32 所示。

（4）在“审阅”选项卡的“修订”组中单击“修订”按钮，退出修订模式。

任务 11：统计字数。

在“审阅”选项卡的“校对”组中单击“字数统计”按钮，弹出“字数统计”对话框，如图 10.1.33 所示。

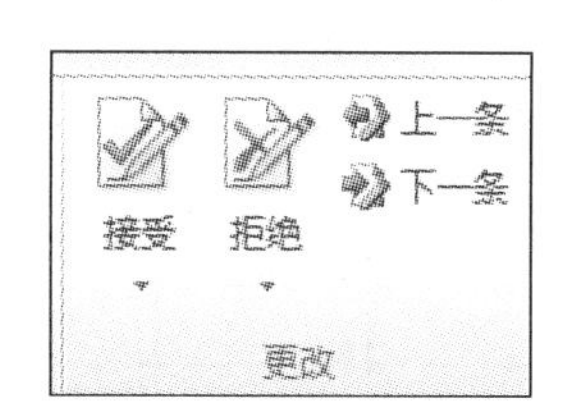

图 10.1.32　是否接受修订选项

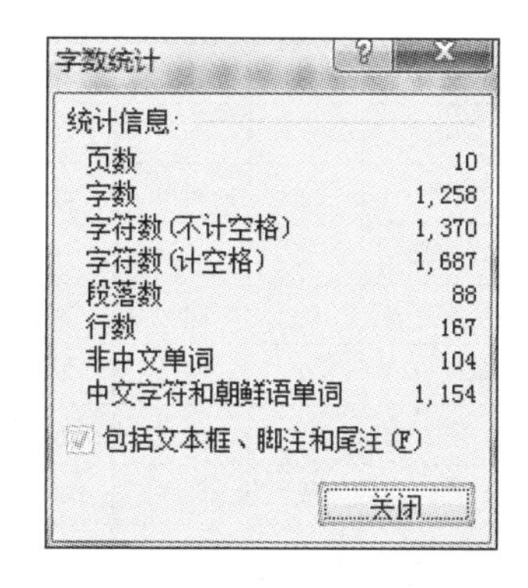

图 10.1.33　“字数统计”对话框

项目十一　数据统计分析软件 Excel 基础

实验 11.1　职工工资表统计分析

【实验目的与要求】

（1）掌握数据透视表的基本操作。

（2）掌握切片器的应用。

【实验内容与步骤】

基本数据如表 11.1.1 所示。

表 11.1.1　职工工资统计表

序号	工号	姓名	性别	职务	月份	基本工资	奖金	扣合计	工资总额	备注
1	0052	黎俊容	女	经理	2013-12	2600	8000	–50	10550	迟到 1 次
2	0054	李国友	男	职员	2013-12	1800	3500		5300	迟到 1 次
3	0058	刘晴	女	职员	2013-12	1800	4800	–50	6550	迟到 1 次
4	0052	黎俊容	女	经理	2004-1	2600	369		2969	
5	0054	李山	男	职员	2004-1	1800	150	–50	1900	迟到 1 次
6	0058	刘晴	女	职员	2004-1	1800	100	–100	1800	迟到 2 次
7	0069	周海锋	男	实习	2004-1	1400	200	–50	1550	迟到 1 次
8	0068	张航之	男	实习	2004-1	1400	100		1500	
9	0052	黎俊容	女	经理	2004-2	2600	1100		3700	
10	0054	李山	男	职员	2004-2	1800	750	–50	2500	迟到 1 次
11	0058	刘晴	女	职员	2004-2	1800	180		1980	
12	0069	周海锋	男	实习	2004-2	1400	260	–100	1560	迟到 2 次
13	0068	张航之	男	实习	2004-2	1400	200		1600	

任务 1：以姓名、性别为分类标准，汇总工资总额。

Excel 的数据处理功能非常强大，普通用户只要借助数据透视表或数据透视图两个工具，就能对表格数据进行复杂的分类、汇总、过滤等，并进一步制作出专业的数据统计报表。

数据透视表是一种交互的、交叉制表的 Excel 工具，用于对多种来源（包括 Excel 的外部数据）的数据（如数据库记录）进行汇总和分析。

数据透视图提供交互式数据分析的图表，与数据透视表类似。可以更改数据的视图，查看不同级别的明细数据，或通过拖动字段和显示或隐藏字段中的选项来重新组织图表的布局。

这两个工具如果应用熟练，甚至举一反三，可以很好地提升工作的效率与质量。

（1）插入图表。选中 A2：K15 区域的任意单元格；单击插入“表格”按钮，弹出对话框如图 11.1.1 所示。

因为 A1：K1 为合并单元格，内容为数据区域的说明性文字，列标签的范围为 A2：K2，所以需要修改数据来源，将$A$1：$K$15 改为$A$2：$K$2，如图 11.1.2 所示。

图 11.1.1　“创建表”对话框

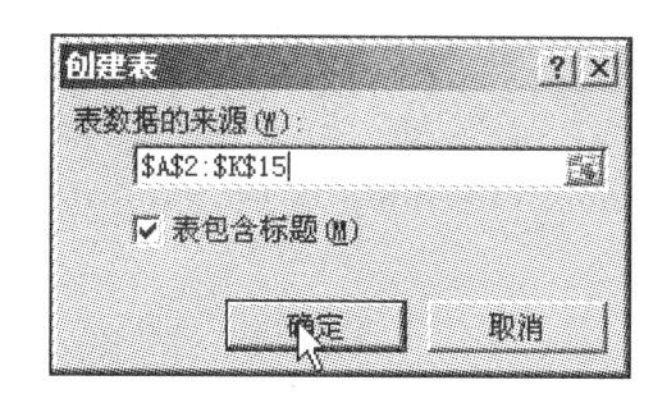

图 11.1.2　修改表数据的来源

确定后，Excel 自动创建了一个区域为 A2：K15 的表格，表头为 A2：K2；同时该表格自动套用表格样式如图 11.1.3 所示；并在 K2 单元格右下角显示一个蓝色三角的表格标志（圆形虚圈内）。

	A	B	C	D	E	F	G	H	I	J	K
1	实验二 职工工资统计										
2	序号	工号	姓名	性别	职务	月份	基本工资	奖金	扣合计	工资总额	备注
3	1	0052	黎俊容	女	经理	2013-12	2600	8000	-50	10550	迟到1次
4	2	0054	李国友	男	职员	2013-12	1800	3500		5300	迟到1次
5	3	0058	刘晴	女	职员	2013-12	1800	4800	-50	6550	迟到1次
6	4	0052	黎俊容	女	经理	2004-1	2600	369		2969	
7	5	0054	李山	男	职员	2004-1	1800	150	-50	1900	迟到1次
8	6	0058	刘晴	女	职员	2004-1	1800	100	-100	1800	迟到2次
9	7	0069	周海锋	男	实习	2004-1	1400	200	-50	1550	迟到1次
10	8	0068	张航之	男	实习	2004-1	1400	100		1500	
11	9	0052	黎俊容	女	经理	2004-2	2600	1100		3700	
12	10	0054	李山	男	职员	2004-2	1800	750	-50	2500	迟到1次
13	11	0058	刘晴	女	职员	2004-2	1800	180		1980	
14	12	0069	周海锋	男	实习	2004-2	1400	260	-100	1560	迟到2次
15	13	0068	张航之	男	实习	2004-2	1400	200		1600	

图 11.1.3　职工工资统计表

提示：如果数据区域不需要以表格的方式来使用，也可将表格转换为普通区域，只需选中表格中的一个单元格，然后顺次执行“表格工具”→“设计”→“表格”→“转换为区域”命令即可。表格样式格式仍将保持不变，但区域不再具有表格功能，如图 11.1.4 所示。

（2）选中列表的任一单元格，单击“插入数据透视表”选项，在弹出的对话框中，Excel 会自动将当前表格定义为数据区域。下一步是选择数据透视表存放的位置，可以在新工作表中，也可以在当前工作表中，视需要而定；本任务将数据透视表放在当前工作表中，选中 M3 单元格，如图 11.1.5 所示；确定后，得到如图 11.1.6 所示的结果。

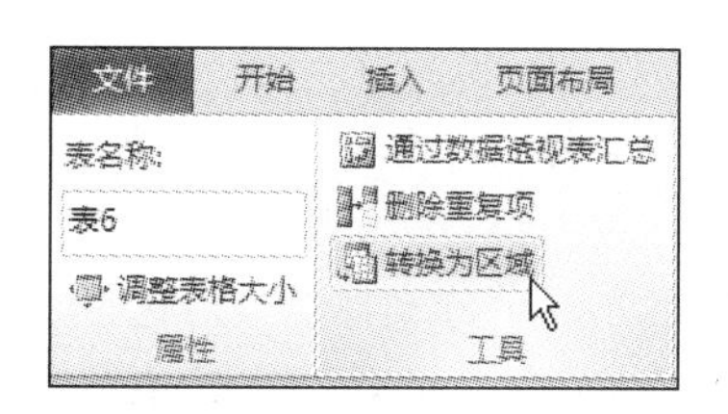

图 11.1.4　表格转换为区域

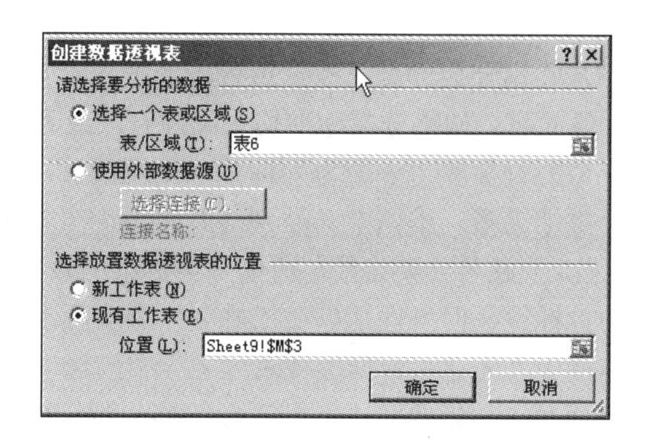

图 11.1.5　创建数据透视表

该数据透视表的界面与 Excel 早期版本（2003 及以前版本）差别比较大。如果习惯使用 2003 版本的界面，则可以选中数据透视表，右击，在弹出的菜单中，选择“数据透视表选项”选项，弹出“数据透视表选项”对话框，选择“显示”选项卡，如图 11.1.7 所示。

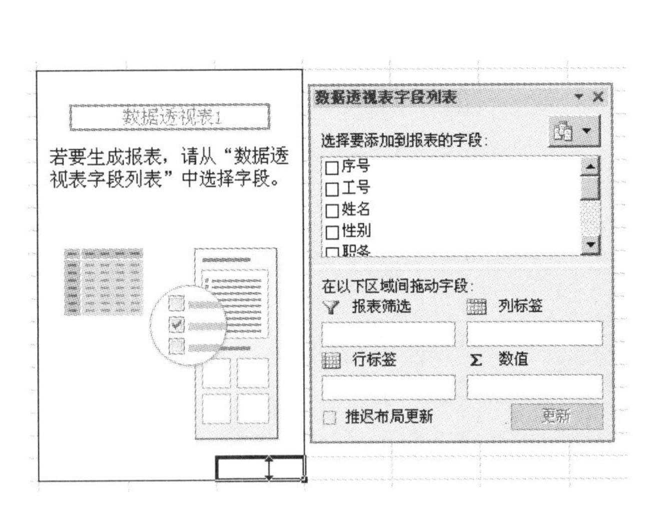

图 11.1.6　创建数据透视表结果

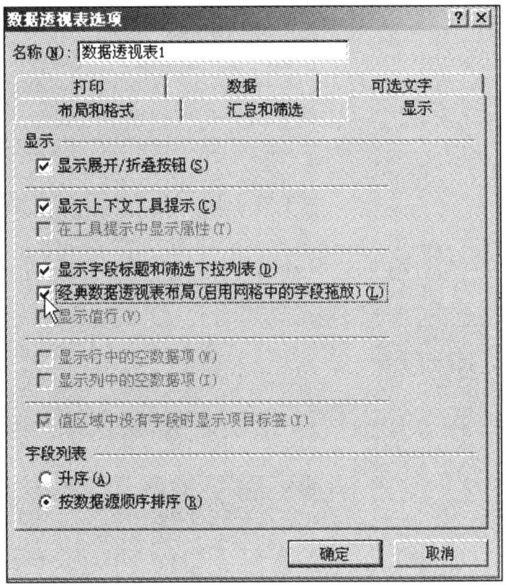

图 11.1.7　“数据透视表选项”对话框

勾选“经典数据透视表布局”复选框，2010 版本的透视表布局就转换为 2003 版本布局，如图 11.1.8 所示。

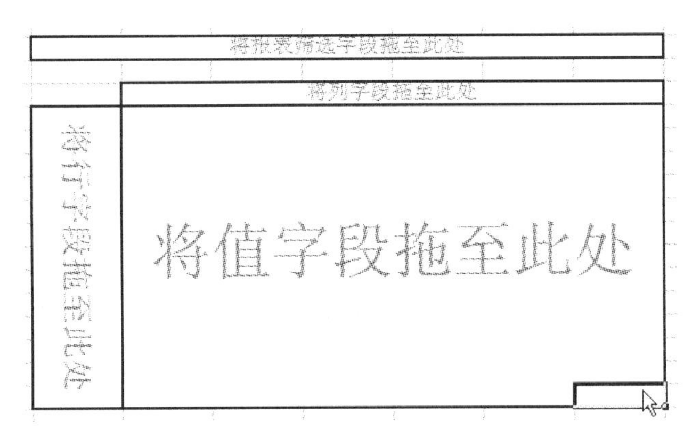

图 11.1.8　修改数据透视表布局

（3）确定分类标准。数据透视表的使用，如果分类标准有两个及以上，就应考虑布局事宜。一般而言，如果分类标准均定义为行（或列）标签，则应考虑行（或列）标签先后顺序；如果一个为行标签、一个为列标签，则视阅读习惯调整，一般而言，列标准分类结果少，行标签分类结果多。本例中，性别与姓名两个分类标准，因为性别分类结果一般为两项（男、女），远少于姓名分类结果，所以分类标准的设定，或“性别”为列标签，“姓名”为行标签；或均为行标签，但“性别”在“姓名”分类标准之前。

本例中，先在“数据透视表列表”中勾选“性别”“姓名”两个分类标准，再选择汇总项“工资总额”。如果要将“性别”标签移为列标签，则单击“性别”标签，在下拉菜单中选择“移到列标签”选项，如图 11.1.9 所示；数据透视表布局调整为如图 11.1.10 所示。

图 11.1.9　编辑数据透视表字段列表

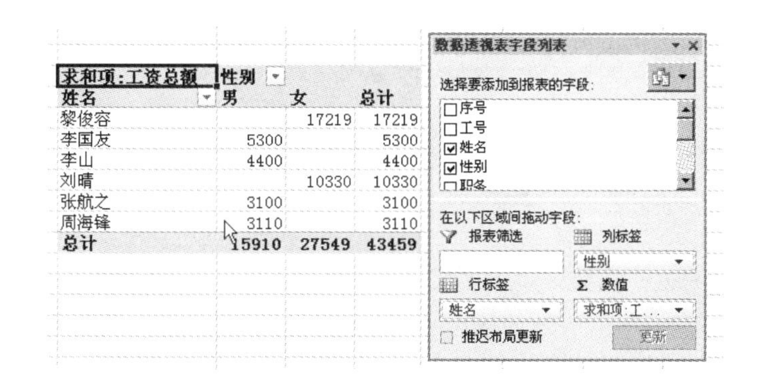

图 11.1.10　数据透视表布局调整

提示：将 Excel 工作表中的数据作为数据透视表的数据来源时，该数据一般应采用表格格式，其列标签一般位于工作表的第一行，后续行中的每个单元格都应包含与其列标题相对应的数据；目标数据中不得出现任何空行或空列，Excel 会将列标签用作报表中的标签名称。

任务 2：对数据透视结果进行筛选处理，只显示职员数据。

（1）将光标放在数据透视表的任一单元格，打开“数据透视表工具”菜单，在“排序和筛选”功能区，单击“插入切片器”按钮，得到图 11.1.11 所示。

（2）选择“职员”选项；单击“确定”按钮，数据透视表的结果显示为图 11.1.12；任务完成。

提示：切片器与经典数据透视表的“分页”的功能比较接近，但数据筛选能力更强大。如果要清除筛选功能，可以按 Alt+C 组合键；或单击切片器右上角的“清除筛选器”按钮可以实现。要删除切片器，可先选中切片器，执行 Delete 操作；或选中，右击执行“删除切片器”操作；基于需要，也可以插入多个切片器。

任务 3：插入数据透视图，以月份为分类标准，创建奖金、工资总额数据透视图。

（1）在 A2：K16 区域内，选中“数据透视表”，在下拉菜单中选择“数据透视图”选项，按 Enter 键确定；弹出如图 11.1.15 所示的对话框，本任务在当前表中保存透视图，则在当前表中输入一个起始单元格；确定后，工作表中同时出现了一个空数据透视表与一个空数据透视图，如图 11.1.13 所示。

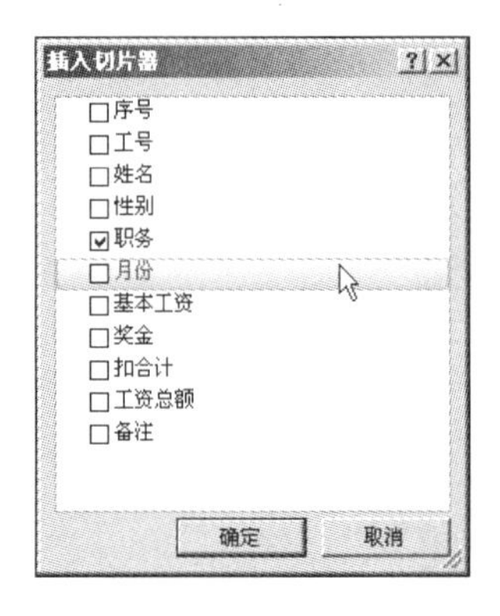

图 11.1.11　插入切片器

求和项:工资总额	性别		
姓名	男	女	总计
李国友	5300		5300
李山	4400		4400
刘晴		10330	10330
总计	9700	10330	20030

图 11.1.12　数据透视表的显示结果

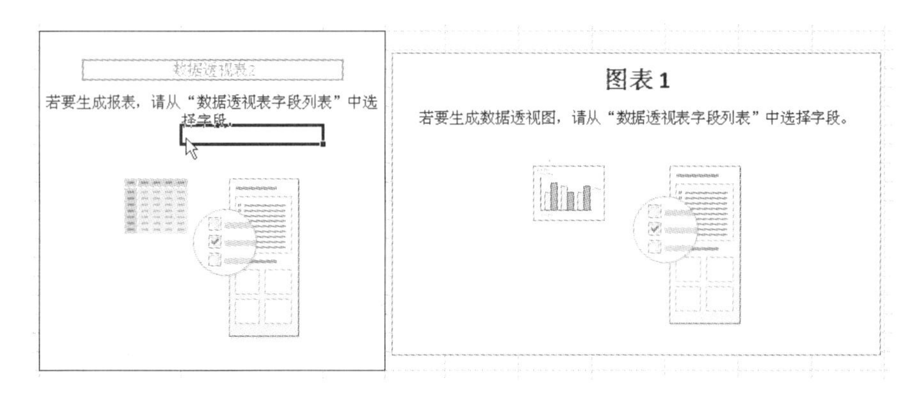

图 11.1.13　插入数据透视图

（2）在数据透视表字段列表中，选中“月份”“奖金”“工资总额”，得到的结果如图 11.1.14 所示。

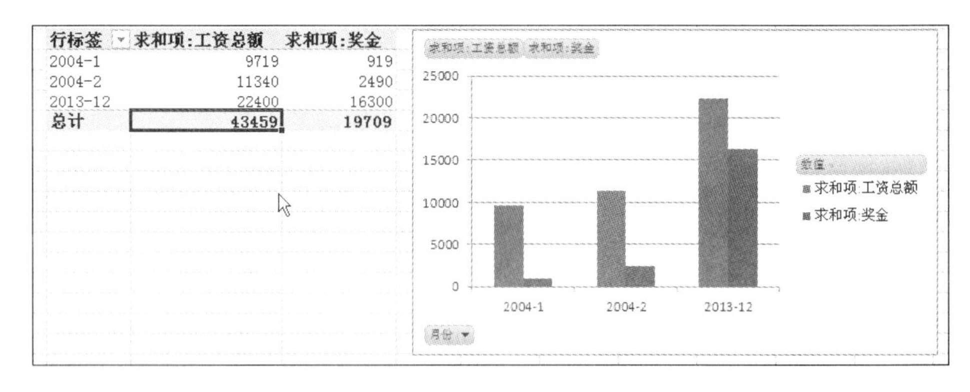

行标签	求和项:工资总额	求和项:奖金
2004-1	9719	919
2004-2	11340	2490
2013-12	22400	16300
总计	43459	19709

图 11.1.14　数据透视图结果

提示：在目前的电子表格软件中，Microsoft 公司的 Excel 无疑是人们用得最多的，但是普遍认为大约 80%的 Excel 用户只利用了 20%的功能；无疑，数据透视表与透视图作为重要的数据分析工具，应该成为用户的基本技能，并熟练掌握，灵活使用，当然，如果需要对数据透视图进行进一步的格式化处理，也可使用图表工具来处理。

实验 11.2　等额还本银行贷款方案选择

【实验目的与要求】

（1）熟悉财务函数 PMT 的使用。

（2）掌握模拟运算表的操作技能。

【实验内容与步骤】

任务 1：小明准备贷款购买一套新房，贷款金额考虑 40 万～56 万，还款期限为 12～20 年，假如住房商业贷款年利率是 7.2%，请用模拟运算表工具来计算等额月还款数据，以供参考。

模拟运算表是基于单元格区域的高级操作，它可显示一个或多个公式中替换不同值时的结果，这个工具提供了观察一个操作导致多个变化的捷径，是进行假设分析的好帮手。

模拟运算表有两种类型：单输入变量模拟运算和双输入变量模拟运算。单输入模拟运算表中，用户可以对一个变量键入不同的值，查看它对一个（或多个）公式结果的影响。双输入模拟运算表中，用户对两个变量输入不同值，查看两者对一个（或多个）公式结果的影响。

	A	B
1	年利率	0.072
2	贷款	150000
3	还贷期（年）	10

图 11.2.1　贷款信息表

（1）先在工作表单元格中 A1：B3 分别录入数据，如图 11.2.1 所示。

（2）在 A5 单元格添加 PMT 函数。PMT 是基于固定利率和等额分期付款方式，返回贷款的每期付款额的函数；返回的支付款项包括本金和利息，但不包括税款、保留支付或某些与贷款有关的费用。

PMT 函数语法主要有 4 个参数：Rate（必需），款利率；Nper（必需），贷款付款总数；Pv（必需），本金；Fv（可选），如在最后一次付款后希望得到的现金余额，如果省略 Fv，则假设其值为 0（零），也就是一笔贷款的未来值为 0。如果要计算贷款期间的支付总额，用 PMT 返回值乘以 Nper。根据 PMT 函数的参数设置，在 A5 单元格中直接录入“=PMT(B1/12,B3*12,B2)”；按 Enter 键可得到月等额还款的金额“￥-1,757.13”。

（3）在 A6：J6 区域以 1 为间距，分别输入 12～20 的 9 个数字；在 A6：A14 以 20000 为间距，分别输入 400000～560000 的 9 个数字。

（4）选定 A7：J14 单元格，设置单元格的数字类型为“数值”，小数点位数为 2。

（5）选定 A5：J14 单元格，执行“数据”→“模拟分析”→“模拟运算表”命令，如图 11.2.2 所示。

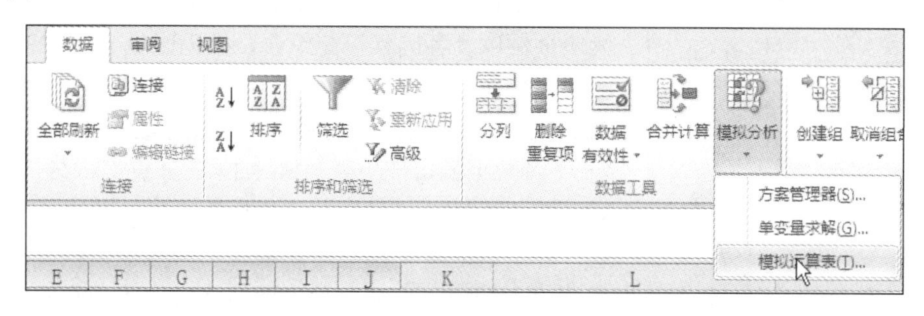

图 11.2.2　模拟分析

（6）在弹出的“模拟运算表”对话框中，分别输入引用的行、列单元格“$B$3”“$B$2”，如图 11.2.3 所示，单击“确定”按钮，B6：J14 单元格区域中显示了 40 万～56 万贷款年数为 12～20 年的每月等额还贷的金额，如图 11.2.4 所示，任务完成。

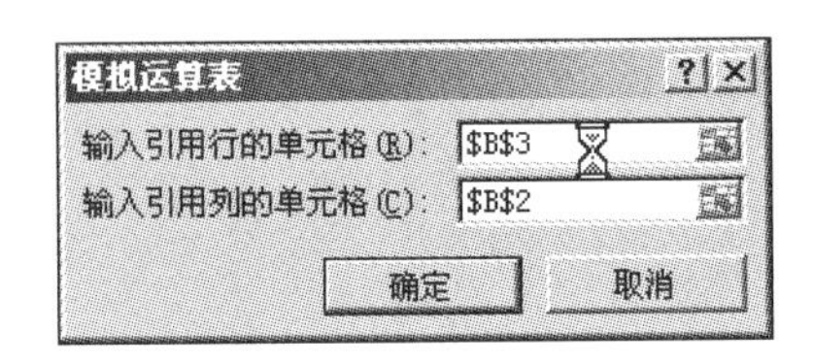

图 11.2.3　模拟运算表

A5　　=PMT(B1/12,B3*12,B2)

	A	B	C	D	E	F	G	H	I	J
1	年利率	0.072								
2	贷款	150000								
3	还贷期（年）	10								
4										
5	￥-1,757.13	12	13	14	15	16	17	18	19	20
6	400000	-4156.29	-3955.77	-3785.78	-3640.19	-3514.39	-3404.88	-3308.91	-3224.33	-3149.40
7	420000	-4364.11	-4153.56	-3975.07	-3822.20	-3690.11	-3575.12	-3474.36	-3385.54	-3306.87
8	440000	-4571.92	-4351.35	-4164.36	-4004.21	-3865.83	-3745.37	-3639.80	-3546.76	-3464.34
9	460000	-4779.74	-4549.14	-4353.65	-4186.22	-4041.55	-3915.61	-3805.25	-3707.98	-3621.81
10	480000	-4987.55	-4746.93	-4542.94	-4368.22	-4217.27	-4085.85	-3970.69	-3869.19	-3779.28
11	500000	-5195.37	-4944.72	-4732.23	-4550.23	-4392.99	-4256.10	-4136.14	-4030.41	-3936.75
12	520000	-5403.18	-5142.51	-4921.52	-4732.24	-4568.71	-4426.34	-4301.58	-4191.62	-4094.22
13	540000	-5611.00	-5340.29	-5110.81	-4914.25	-4744.43	-4596.59	-4467.03	-4352.84	-4251.69
14	560000	-5818.81	-5538.08	-5300.09	-5096.26	-4920.15	-4766.83	-4632.47	-4514.06	-4409.16

图 11.2.4　每月等额还贷金额

提示：B6：J14 显示的就是月还款金额，因为是经费的付出，所以显示的为负数。

任务 2：在 B6：J14 数据区域，以浅红色底纹、深红色字体显示–4500～–4000 的数据单元格。

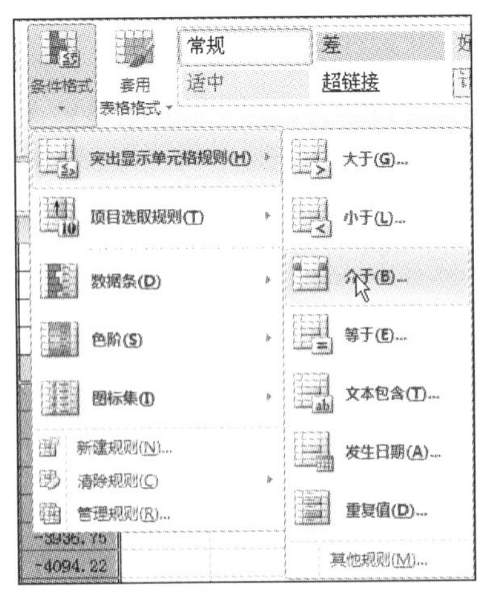

图 11.2.5　条件格式设置

（1）选择 B6：J14 单元格，在“开始”菜单的“样式功能区”，执行“条件格式”→“突出显示单元格规则”→“介于（L）”命令，如图 11.2.5 所示。

（2）在“介于”对话框中输入“–4500”和“–4000”，B6：J14 区域中介于两数据间的单元格即以浅红填充深红色文本显示方式显示，如图 11.2.6 所示。任务完成。

说明：由于借款金额、借款年利率、借款年限、每期偿还金额以及各因素可能组合，数据区域 A1：B3 与 A5：K14 的数据之间建立了动态链接，所以，可通过改变 B1、B2、B3 单元格数据，或调整单元格区域 A6：A14 和 B5：K5 中各数据的可能组合，B6：K14 的分析值将会自动计算，得到变化的结果。可见，模拟运算表工具的灵活使用，可以一目了然地察看在不同期限、不同借款金额、不同利率下，每期应偿还金额的变化，从而根据收入情况，选择一种当前经济实力所能及的房屋贷款方案。

5	¥-1,757.13	12	13	14	15	16	17	18	19	20
6	400000	-4156.29	-3955.77	-3785.78	-3640.19	-3514.39	-3404.88	-3308.91	-3224.33	-3149.40
7	420000	-4364.11	-4153.56	-3975.07	-3822.20	-3690.11	-3575.12	-3474.36	-3385.54	-3306.87
8	440000	-4571.92	-4351.36	-4164.36	-4004.21	-3865.83	-3745.37	-3639.80	-3546.76	-3464.34
9	460000	-4779.74	-4549.14	-4353.65	-4186.22	-4041.55	-3915.61	-3805.25	-3707.98	-3621.81
10	480000	-4987.55	-4746.93	-4542.94	-4368.22	-4217.27	-4085.85	-3970.69	-3869.19	-3779.28
11	500000	-5195.37	-4944.72	-4732.23	-4550.23	-4392.99	-4256.10	-4136.14	-4030.41	-3936.75
12	520000	-5403.18	-5142.51	-4921.52	-4732.24	-4568.71	-4426.34	-4301.58	-4191.62	-4094.22
13	540000	-5611.00	-5340.29	-5110.81	-4914.25	-4744.43	-4596.59	-4467.03	-4352.84	-4251.69
14	560000	-5818.81	-5538.08	-5300.09	-5096.26	-4920.15	-4766.83	-4632.47	-4514.06	-4409.16

介于
为介于以下值之间的单元格设置格式:
-4500 到 -4000 设置为 浅红填充色深红色文本
确定 取消

图 11.2.6　条件格式设置结果

实验 11.3　基于总利润最大化需求的两种商品最优化采购数量

任务 1：甲公司从乙公司采购 A、B 两种商品，两商品购、销情况如图 11.3.1 所示，按合同约定，每采购 3 件 A 商品，至少要求采购 1 件 B 商品；并且，单个 A、B 商品库存分别要求为 0.2m^2、0.182m^2，总库存空间不得超过 35m^2；假如所购商品均能按销价售出，在采购费用不高于 30000 元的前提下，甲公司要实现总利润最大化，试计算 A、B 商品的最优采购数量。

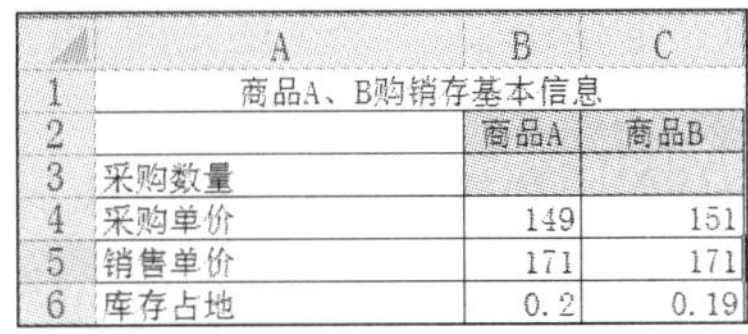

	A	B	C
1	商品A、B购销存基本信息		
2		商品A	商品B
3	采购数量		
4	采购单价	149	151
5	销售单价	171	171
6	库存占地	0.2	0.19

图 11.3.1　购销存基本信息表

要完成上任务，在 Excel 中，可以借助“规划求解”工具实现。该工具源于德克萨斯大学奥斯汀分校的 Leon Lasdon 和克利夫兰州立大学的 Alan Waren 共同开发的 GRG2(Generalized Reduced Gradient)非线性最优化代码。“规划求解”也称为模拟分析，在符合某些单元格条件的约束与限制前提下，可通过调整决策变量单元格中的值，来得到目标单元格想要的结果，即该目标单元格中公式的最优（最大或最小）值。注意，早期版本的“规划求解”将决策变量单元格称为“可变单元格”。

（1）加载“规划求解”工具。在 Excel 常规安装中，“规划求解”工具一般没有加载，因此使用这个工具时，要“加载宏”才能实现。在 Excel 2010 版本中，单击“文件”选项卡，打开“Excel 选项”对话框，单击左侧“加载项”标签，在“加载宏”对话框中，勾选“规划求解加载项”复选框，单击“确定”按钮，“数据”菜单下的“分析”功能区就有了“规划求解”按钮，如图 11.3.2 所示。

（2）根据题意，设计数据表格，将本任务的数据分为三大类，即商品购销存基本信息、三个基本约束条件（总存库空间，总采购成本，A、B 商品采购数量之比）、总利润值；相应单元格添加约束条件公式，如图 11.3.3 所示。并在 B3、C3、B10 等单元格录入试算数据 40、15、27500，以增加对数据关系的理解。

（3）执行“数据”→“分析”→“规划求解”命令，设置规划求解参数。

① 确定目标单元格。目标单元格必须包含公式，执行下列操作之一：若要使目标单元格的值尽可能大，选择“最大值”；若要使目标单元格的值尽可能小，请选择“最小值”；若要使目标单元格为确定值，选择“目标值”，然后在文本框中键入具体数值。输入目标单元格区域$B$13，目标值为“最大值”。

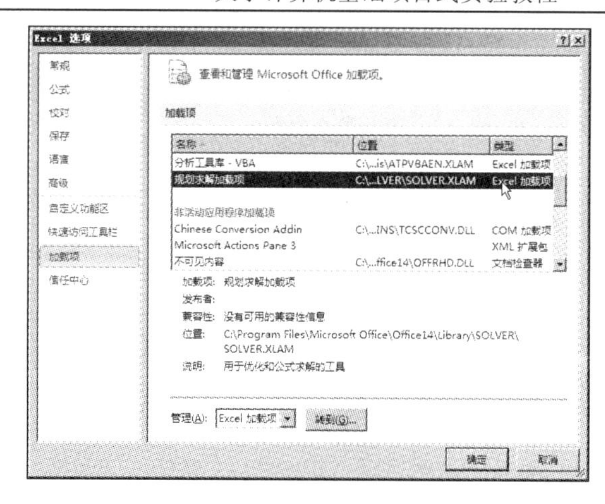

图 11.3.2　规划求解

② 确定可变单元格。在“可变量单元格”文本框中，输入每个决策变量单元格区域的名称或引用，用逗号分隔不相邻的引用。变量单元格必须直接或间接与目标单元格相关。最多可以指定 200 个变量单元格。本例的可变单元格定义为$B$3；$C$3。

③ 添加约束条件。应用规划求解的关键之一在于约束条件的正确添加，本任务除有三个明显的约束条件外，还应考虑添加一个约束条件，即采购数量的数值应是整数，而不能是小数，即对$B$3、$C$3 定义为 int（整数）（提示：只能为决策变量单元格上的约束条件应用 int、bin 和 dif 约束）。其他“约束”条件则选择<=、=或>=，分别键入数字、单元格引用或名称、公式等。要接受约束条件并添加另一个约束条件，单击“添加”按钮；要接受约束条件，返回“规划求解参数”对话框，单击“确定”按钮。如需更改或删除现有约束，则分别执行“更改”或“删除”等操作，如图 11.3.4 所示。

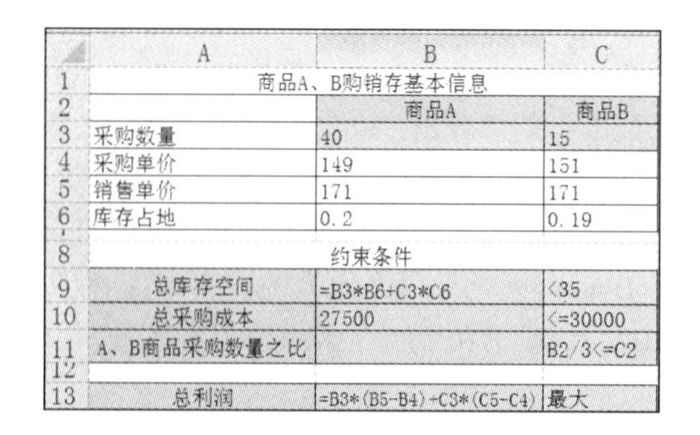

	A	B	C
1	商品A、B购销存基本信息		
2		商品A	商品B
3	采购数量	40	15
4	采购单价	149	151
5	销售单价	171	171
6	库存占地	0.2	0.19
8	约束条件		
9	总库存空间	=B3*B6+C3*C6	<35
10	总采购成本	27500	<=30000
11	A、B商品采购数量之比		B2/3<=C2
12			
13	总利润	=B3*(B5-B4)+C3*(C5-C4)	最大

图 11.3.3　购销存基本信息

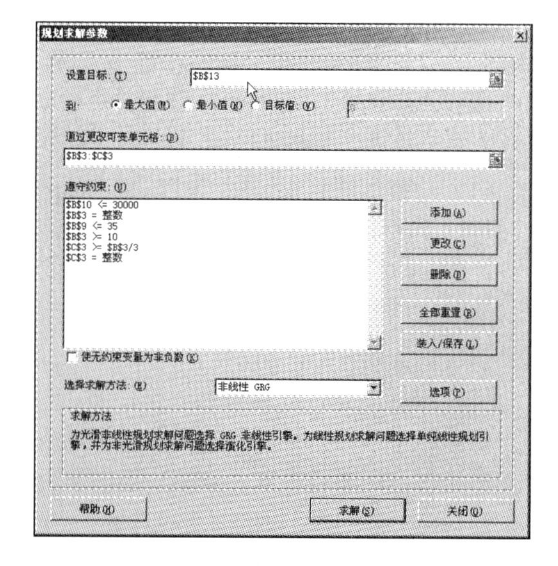

图 11.3.4　规划求解参数设置

④ 单击“求解”按钮，再执行下列操作之一：Excel 根据参数的定义，自动进行迭代运算，寻找最优解，如果得不到最优结果的解，则如图 11.3.5 所示，以为提醒；如果有最优解，则如图 11.3.6 所示。

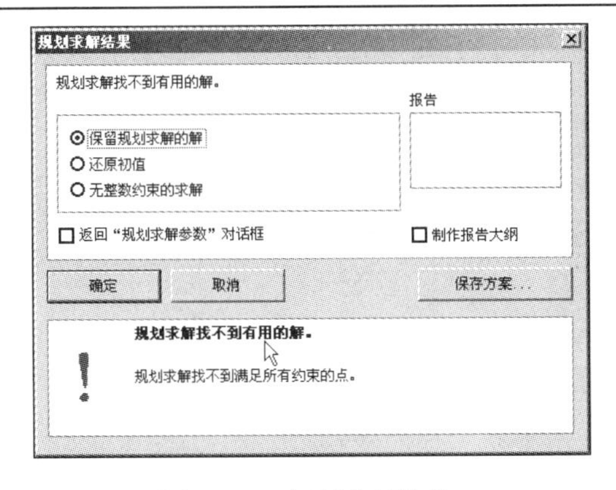

图 11.3.5　规划求解结果

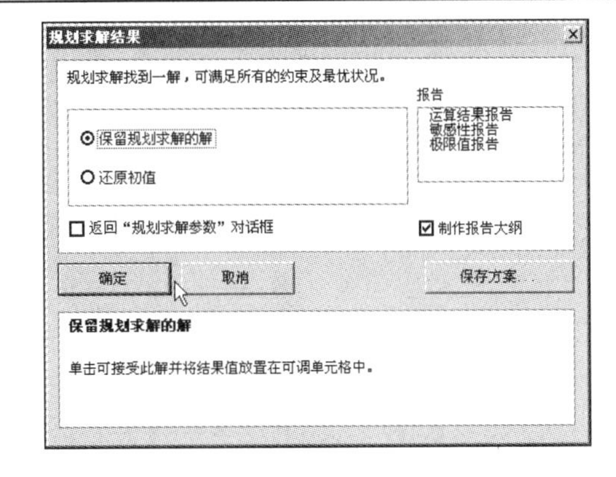

图 11.3.6　规划求解结果（有最优解）

⑤ 选中“保留规划求解的解”单选按钮，结果如图 11.3.7 所示。

提示： 成功应用规划求解工具，有以下四点需要注意。

（1）正确理解题意，文字转化数据。规划求解的任务往往是以文本的方式提出的，需要先将文本的数据抽取出来，根据 Excel 的数据处理要求进行转化，这是科学应用规划求解工具的第一步。

	A	B	C
1	商品A、B购销存基本信息		
2		商品A	商品B
3	采购数量	132	45
4	采购单价	149	151
5	销售单价	171	171
6	库存占地	0.2	0.19
8	约束条件		
9	总库存空间	34.95	<35
10	总采购成本	27500	<=30000
11	A、B商品采购数量之比		B2/3<=C2
12			
13	总利润	3804	最大

图 11.3.7　规划求解最终结果

（2）理清数据关系，科学定义公式。目标单元格、可变单元格、约束条件是通过相应的公式联系在一起的。就像函数 $y=f(x)$一样，目标单元格就是 y，可变单元格就是 x，而$=f(x)$就是公式。

（3）根据任务内容，明辨约束条件。约束条件有明有暗，应根据任务要求与常识进行判断，将明暗条件清晰理出，如采购数量为整数，就需要将相应单元格数据定义为 int。

（4）合理设置参数，正确定义选项。在规划求解参数设置中，必须按照要求正确设置；在约束条件的定义中，可根据情况进行添加、更改、删除；如果有进一步要求，可在“选项”中定义选项，以求得到最优结果。

实验 11.4　零件加工数据的直方图统计分析

【实验目的与要求】

（1）了解 Excel“分析工具库”的功能。

（2）掌握直方图的构建和格式化操作。

【实验内容与步骤】

任务 1: 现有某公司“1 号车间三月份日均零件加工数据”，如图 11.4.1 所示。要求在 100～200 范围内，以 10 为分隔值，统计加工零件员工的数量，即给出频数分布和累计频数表直方图以供分析。

在 Excel 中，经常需要对连续性变量数据进行分段统计，基于数据分析功能的直方图应用，可以较快地得到该结果。直方图分析的输出一般由 1 个直方图表和一个反映直方图表数据的柱形图构成。

	A	B	C	D	E
1	1号车间三月份日平均零件加工数据				
2	序号	姓名	零件数量		分段值
3	1	员工1	110		100
4	2	员工2	176		110
5	3	员工3	140		120
6	4	员工4	134		130
7	5	员工5	145		140
8	6	员工6	140		150
9	7	员工7	150		160
10	8	员工8	184		170
11	9	员工9	169		180
12	10	员工10	115		190
13	11	员工11	170		200
14	12	员工12	195		
15	13	员工13	131		
16	14	员工14	190		
17	15	员工15	130		
18	16	员工16	128		
19	17	员工17	162		
20	18	员工18	180		
21	19	员工19	170		
22	20	员工20	160		
23	21	员工21	120		
24	22	员工22	119		
25	23	员工23	151		
26	24	员工24	150		
27	25	员工25	110		
28	26	员工26	126		
29	27	员工27	143		

图 11.4.1　1 号车间三月份日均零件加工数据

（1）输入初始数据，创建表格 A2：C29 表格。

直方图的建立，需要两列数据，一列为输入数据，一列为接收（数据分段）数据。因此先在 A1：C29 中输入相应的数据明细表；并合并 A1：C1 单元格，输入主题文本。为了方便后期数据处理，执行“插入”→“表格”命令，定义 A2：C29 区域为表格；在工作表 E2：E13 输入数据分组，系列数据以 10 为间隔，区间为 100～200。

（2）加载数据分析库。

“直方图”是 Excel 中的“数据分析”中的子项，如果 Excel 尚未加载该工具，则在“Excel 选项”中执行“加载宏”命令，启动“分析工具库”；在“数据”菜单的“分析”功能区中就有了“数据分析”选项，如图 11.4.2 所示。

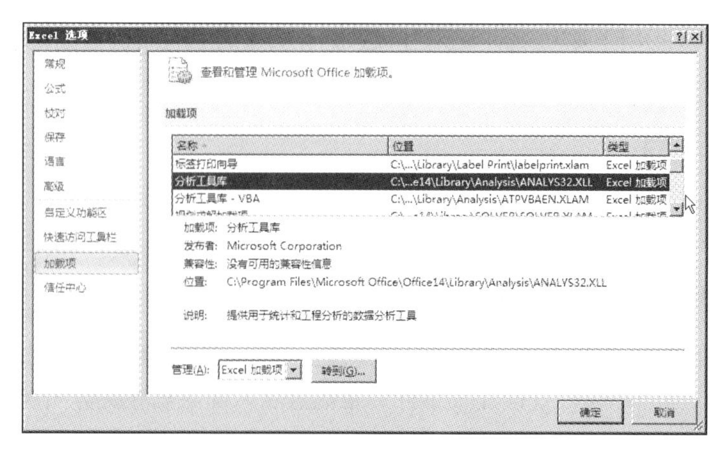

图 11.4.2　Excel 加载项

（3）制作直方图，分析数据。

执行“数据”→“数据分析”命令，在弹出的“数据分析”对话框中选择“分析工具”列表中的“直方图”选项，单击“确定”按钮，弹出“直方图”对话框，如图 11.4.3 所示。

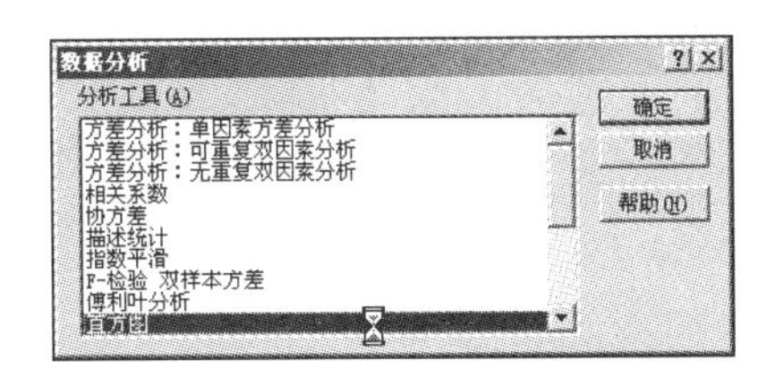

图 11.4.3　数据分析工具——直方图

在“直方图”编辑窗口中，进行如下设置：单击“输入区域”右下角的选择按钮，选择工作表中存放员工零件加工数据所在的单元格区域，如$C$3：$C$29；单击“接收区域”右下角的选择按钮，选择工作表所输入的数据分组单元格区域$E$3：$E$10。

如果在选择输入和接收区域数据时包括了列标签，则选中“标签”复选框，生成的直方图表中将出现相应的数据标志；勾选“输出区域”复选项，然后单击其后的选择按钮，选择存储直方图的起始单元格，如果需要将直方图存储到其他的新工作表或者工作簿中，则勾选下面的两个复选项即可。选中“柏拉图”复选框，此复选框可在输出表中按降序来显示数据，若选中“累积百分率”复选框，则会在直方图上叠加累积频率曲线。

勾选“图表输出”复选项，本例中输入$I$1，否则只会输出直方表格，而不会输出直方图，同时选中“累积百分率”复选框，这样在输出表中生成一系列累积百分比值，并在直方图中出现一条累积百分比率线，如图 11.4.4 所示。

设置完毕后，单击“确定”按钮，就可以快速生成一份标准的数据表和直方图，如图 11.4.5 所示。在这个直方图中，矩形的高度表示每一组的频数或频率，宽度则表示各组的组距，因此可以从中看出不同分组数据的频率，当日零件加工量小于 100 的员工人数为 0，日加工零件数量大于等于 100 并小于 110 的员工人数为 2，…由此可以得出当月全体员工零件加工数量的分布规律。

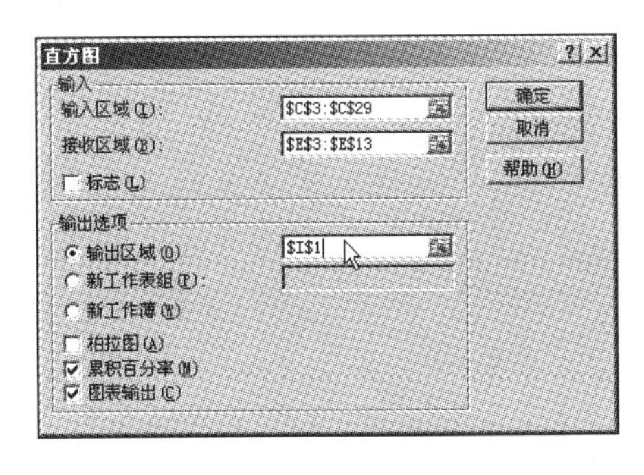

图 11.4.4　直方图参数设置

接收	频率	累积 %
100	0	0.00%
110	2	7.41%
120	3	18.52%
130	3	29.63%
140	4	44.44%
150	4	59.26%
160	2	66.67%
170	4	81.48%
180	2	88.89%
190	2	96.30%
200	1	100.00%
其他	0	100.00%

直方图

图 11.4.5　标准数据表和直方图

任务 2：格式化直方图，让图更具有可读性。

直方图结果有表与图，表的数据分析直观醒目；如果需要格式化图，使之更美观、对比更明显，可对图的 X 轴、Y 轴的数值字体、标题、背景等进一步设置。例如，如有实现柱形之间紧密排列的需要，可将“数据系列格式”中的“选项”中“分类间距”调整为 0；如需更加明显地区分不同分组的数据，可选中相应数据系列，如“频率”，右击，从弹出的快捷菜单中执行“数据系列格式”命令，然后在弹出的对话框中，设置“选项”的“依数据点分色”选项，这样就会出现不同数据呈现不同颜色的效果。现简要处理图 11.4.5 后，效果如图 11.4.6 所示，其数据分析效果明显高于图 11.4.5。

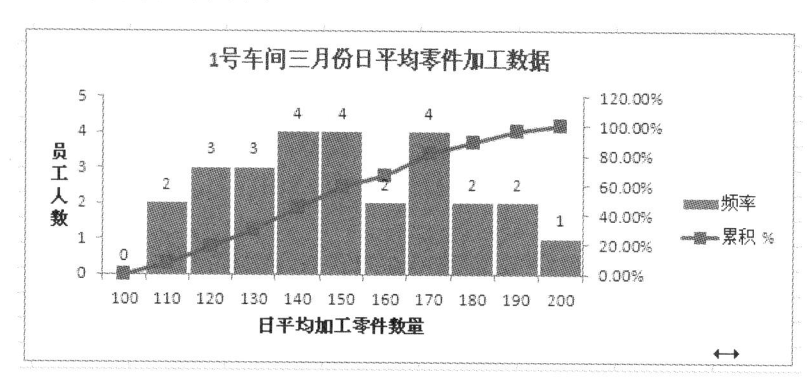

图 11.4.6　直方图的格式化

要创建直方图，必须将数据组织到工作表上的两列中。分别包含以下数据：输入区域数据，即打算使用直方图工具分析的数据；接收区域数据，这些数值指定了在进行数据分析时希望直方图工具度量输入数据的间隔。Excel 在对每个数据区域中的数据点计数时，如果数字大于某区域的下限并且等于或小于该区域的上限，则对应的数据点包括在该特定区域内。如果忽略接收区域，Excel 将创建一个介于数据最小值和最大值之间的均匀分布区域。

提示：使用Excel自带的数据分析功能可以完成很多专业软件才能进行的数据统计、分析，这其中包括直方图、相关系数、协方差、各种概率分布、抽样与动态模拟、总体均值判断、均值推断、线性回归、非线性回归、多元回归分析、时间序列等内容。

项目十二　演示文稿制作软件 PowerPoint 2010

实验 12.1　制作新年贺卡文稿

【实验目的与要求】

（1）熟练掌握在幻灯片中添加各种对象的方法。

（2）熟练掌握为演示文稿设置背景音乐的方法。

（3）掌握在幻灯片中动画效果的设置方法。

【实验内容与步骤】

任务：新建一个演示文稿，命名为“新年贺卡”。该幻灯片效果如图 12.1.1 所示。为其设置音乐文件“恭喜发财”为背景音乐，播放时，首先是第一张幻灯片出现，单击后，切换到第二张幻灯片。第二张幻灯片的动画效果顺序如下。

（1）先从左侧飞出红色背景色的艺术字“祝您马到成功，马年吉祥！”。

（2）然后，弹跳出“新年快乐！”四个字。

（3）两串红色的鞭炮从天而降。

（4）恭喜发财的娃娃也从天而降。

（5）然后各处开始绽放烟花。

注意：音乐文件、红色鞭炮、恭喜娃娃 GIF 文件素材都事先从网络下载。

图 12.1.1　新年贺卡效果图

操作步骤如下。

（1）第一张幻灯片的制作。

① 新建空白演示文稿，共两页，每页的版式均选择“空白”。

② 选中第一张幻灯片，单击“设计”选项卡，在“背景”选项组中，打开“背景样式”下拉菜单，在弹出的背景颜色中选择黑色，把两张幻灯片的背景颜色都设置为黑色。

③ 选中第一张幻灯片，单击“插入”选项卡，在“文本”选项组中单击“艺术字”下拉

按钮，在下拉菜单中选择一种合适的艺术字形式，此时，幻灯片上出现“请在此放置您的文字”，单击此处，输入“PPT 新年贺卡”。用同样的方法，输入 PowerPoint 2010，调整艺术字的大小和位置，设置为自己喜欢的颜色和形状。

④ 单击“插入”选项卡，在“媒体”选项组中单击“音频”下拉按钮，在弹出的快捷菜单中选择“文件中的音频”选项，弹出“插入音频”对话框，选择合适的音乐，单击“插入”按钮，幻灯片上即出现一个喇叭图标和一个播放控制工具栏。选中“喇叭”图标，单击“播放”选项卡，在“音频选项”选项组中，打开“开始”下拉菜单，选择“跨幻灯片播放”选项，然后选中“放映时隐藏”“循环播放，直到停止”和“播完返回开头”复选框，如图 12.1.2 所示。

图 12.1.2　“音频选项”设置

（2）第二张幻灯片红色背景框和文字的制作。

① 单击第二张幻灯片，选择“插入”选项卡，在“插图”选项组中单击“形状”按钮，选择“矩形”，然后在幻灯片下方拖出一个如图 12.1.1 右下红色区域大小的矩形框，单击“格式”选项卡，在“形状样式”选项组中单击“形状填充”下拉按钮，选择红色作为填充颜色。同时，单击“形状轮廓”下拉按钮，选择“无轮廓”。

② 在红色的矩形框中插入艺术字，艺术字内容为“祝您马到成功，马年吉祥！”。选中艺术字，单击“格式”选项卡，在“艺术字样式”选项组中，单击一种合适的样式（在此可以选择第 4 行第 2 列的艺术字样式）。

③ 按住 Ctrl 键，同时选中红色矩形和艺术字，单击“格式”选项卡，在“排列”选项组中单击“组合”下拉按钮，执行“组合”命令。

④ 选择红色矩形和艺术字的组合体，单击“动画”选项卡，在“动画”选项组中选择“飞入”动画，并在其选项组右侧单击“效果选项”下拉按钮，选择“自左侧”选项，设置飞入的方向。

（3）“新年快乐！”艺术字的制作。

① 插入艺术字“新年快乐！”，然后选中艺术字，单击“格式”选项卡，在“艺术字样式”选项组中，打开“文本填充”下拉菜单，选择“渐变”选项，在级联菜单中选择“其他渐变”选项，弹出如图 12.1.3 所示的“设置文本效果格式”对话框。

② 单击“渐变填充”单选按钮，在“预设颜色”的下拉菜单中选择“彩虹出岫”选项，在“类型”下拉列表框中选择“射线”选项（此处，还可以利用下方的渐变光圈来按照自己喜欢的颜色进行调节）。设置完毕以后，单击“关闭”按钮。

③ 选中艺术字“新年快乐！”，单击“动画”选项卡，在“动画”选项组中单击“弹跳”选项，然后在“计时”选项组中，设置开始时间为“上一动画之后”，持续时间为 2 秒，延迟为 0，然后在“高级动画”选项组中单击“动画窗格”按钮。选中“新年快乐！”艺术字，然后在动画窗格右侧下拉菜单中选择“效果”选项，弹出如图 12.1.4 所示的“弹跳”对话框。在该对话框中设置动画文本为“按字母”，然后单击“确定”按钮。

图 12.1.3　“设置文本效果格式”对话框

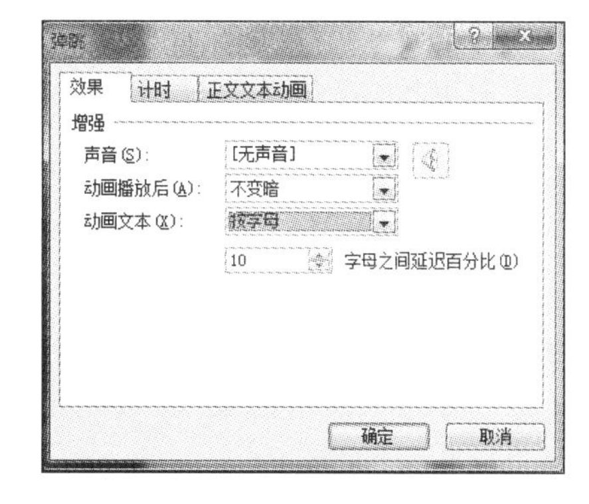

图 12.1.4　“弹跳”对话框

（4）插入鞭炮和恭喜娃娃。

① 单击“插入”选项卡，在“图像”选项组中单击“图片”按钮，弹出如图 12.1.5 所示的“插入图片”对话框。选择“鞭炮”图片，单击“插入”按钮。然后，复制一张“鞭炮”图片到右面。用同样的方法插入“恭喜娃娃.GIF”文件，放在两个“鞭炮”图片的中间。

图 12.1.5　“插入图片”对话框

② 按住 Ctrl 键，同时选中两串鞭炮。单击“动画”选项卡，在“动画”选项组中选择“飞入”选项，然后在旁边的“效果选项”下拉菜单中，选择“自顶部”选项，设置飞入方向。然后，在“计时”选项组中，打开“开始”下拉菜单，为两串鞭炮设置开始时间。第一串鞭炮的开始时间为“上一动画之后”，第二串的为“与上一动画同时”。

③ 用同样的方法为“恭喜娃娃”设置动画效果和开始时间。

（5）礼花效果的制作。

下面首先设置烟花形状。

① 制作礼花。单击“插入”选项卡，在“插图”选项组中，打开“形状”下拉菜单，在“流程图”类型中，选择“对照”图形，如图 12.1.6 所示，画出一个“对照”图形。

② 选中绘制出的图形，单击“格式”选项卡，在“形状样式”选项组中，打开“形状填充”下拉菜单，在该下拉菜单中选择一种颜色为“对照”图形填充（在此，也可以使用渐变填充方式进行填充）。再打开“形状轮廓”下拉菜单，选择“无轮廓”选项，以此去掉图形的轮廓。绘制好的图形如图 12.1.7 所示。

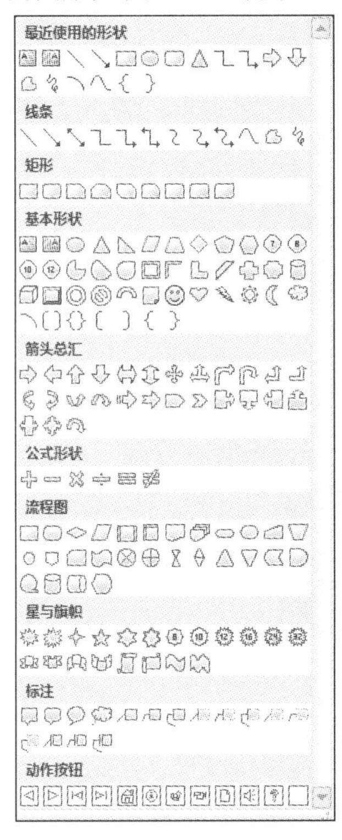

图 12.1.6　绘制“对照”图形

图 12.1.7　“对照”图形效果

③ 选中该图形，复制一份。然后设置不同的颜色，并通过旋转点，适当地转动一定角度（大约 30°），与第一个图形的中心重合摆放，如图 12.1.8 所示。

④ 用同样的方法复制若干份“对照”图形，并分别设置不同的颜色，然后与第一个图形的中心重合叠放，效果如图 12.1.9 所示。

图 12.1.8　制作烟花效果的第二步

图 12.1.9　烟花效果图

⑤ 选中整个烟花，右击，在弹出的快捷菜单中选择“大小和位置”选项，弹出“设置形状格式”对话框，设置烟花的高度为 6cm，宽度为 0.1cm，同时选中所有的图形，单击“格式”选项卡，在“排列”选项组中，打开“对齐”下拉菜单，选择“上下居中”和“左右居中”，然后打开“组合”下拉菜单，选择“组合”选项，把所有图形组合成一个整体，如图 12.1.10 所示，一朵烟花的形状就设置好了。

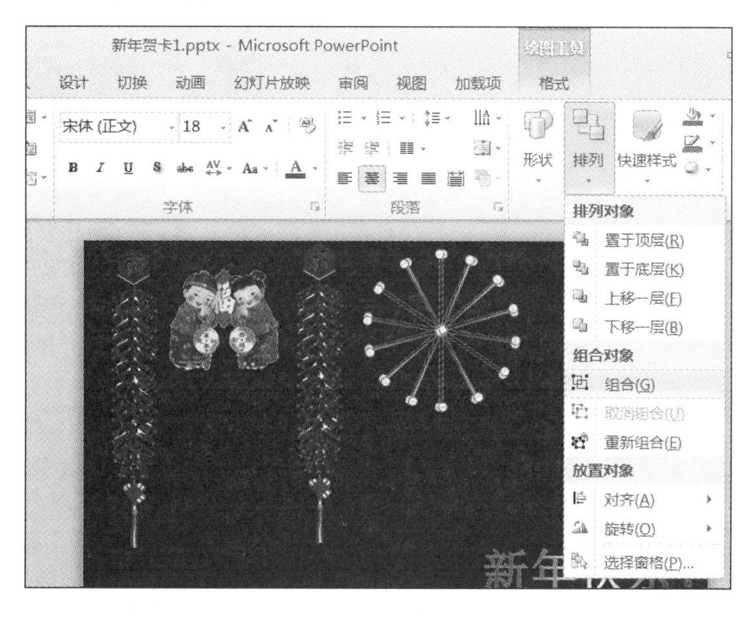

图 12.1.10　设置烟花大小

然后设置烟花的路径动画。

① 单击“插入”选项卡，在“插图”选项组中打开“形状”下拉菜单，在基本形状中选择椭圆，然后在幻灯片上画出一个椭圆，并设置其填充颜色为白色，线条颜色无。然后右击该椭圆，设置其大小，高度设置为 0.2cm，宽度设置为 0.05cm。把它放置到幻灯片下方，幻灯片范围以外。

② 选中椭圆，单击“动画”选项卡，在“动画”选项组中选择“直线”选项，为椭圆设置路径动画。此时，在幻灯片下方出现红色的向下箭头，调整箭头方向，使其指向刚刚制作好的烟花。

③ 在“高级动画”选项组中单击“动画窗格”按钮，弹出动画窗格窗口。选中椭圆，在动画窗格椭圆所在行的右侧，打开下拉菜单，选择“计时”选项，弹出如图 12.1.11 所示的“向下”对话框。在“开始”下拉菜单中选择“与上一动画同时”选项，在“重复”下拉菜单中选择“直到幻灯片末尾”选项。单击“效果”选项卡，把“平滑开始”和“平滑结束”的滑块都滑到最左边，设置为 0 秒。

接下来设置烟花的出现动画。

① 选中烟花，单击“动画”选项卡，在“高级动画”选项组中，打开“添加动画”下拉菜单，选择“进入”动画类型里面的“缩放”动画，如图 12.1.12 所示。

② 设置其开始时间为“与上一动画同时”，持续时间设置为 2 秒，延迟时间约为上一动画的持续时间，设置为 2 秒。并设置其重复播放直到幻灯片末尾。

③ 设置其退出动画。选中烟花，单击“动画”选项卡，在“高级动画”选项组中，打开

“添加动画”下拉菜单，选择“更多退出动画”，在弹出的“添加退出效果”对话框中选择“向外溶解”选项，然后单击“确定”按钮。

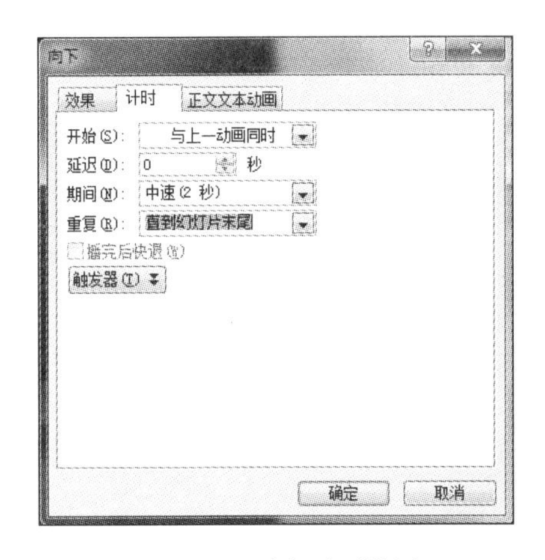

图 12.1.11　重复动画设置

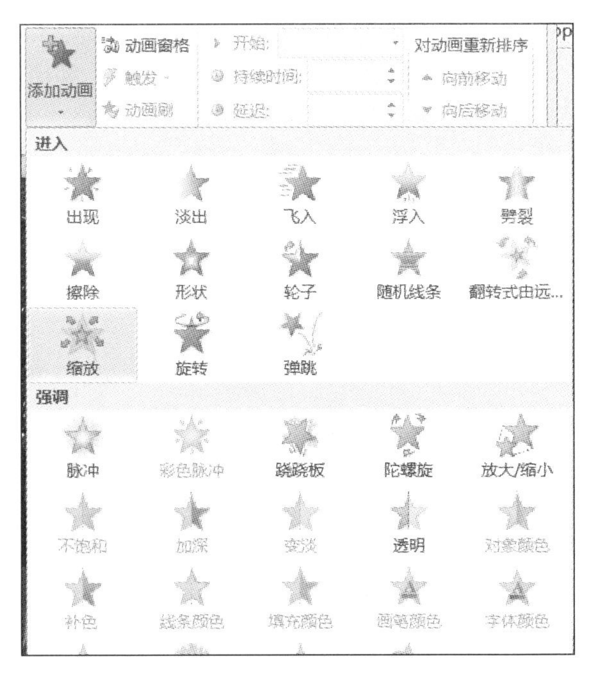

图 12.1.12　设置缩放动画

④ 设置该退出动画的开始时间为“与上一动画同时”，持续时间设置为 2 秒，延迟时间设置为 2 秒。这样，一个烟花的出现到消失的动画就设置完成了。并设置其重复播放直到幻灯片末尾。

⑤ 复制以上的烟花和椭圆，修改其颜色和大小，然后摆放在幻灯片不同的位置（可以通过设置其延迟时间的不同，让烟花在不同的时间绽放）。

实验 12.2　制作工作报告演示文稿

【实验目的与要求】

（1）熟练掌握在幻灯片中添加各种对象的方法。

（2）熟练掌握母版的编辑方法。

（3）掌握幻灯片的切换动画设置方法。

【实验内容与步骤】

任务：新建一个演示文稿，命名为“工作报告”，该幻灯片共五张，每张幻灯片的编辑要求如下。

第一张：标题。如图 12.2.1 所示，图中的“讲台”图片需要自己在网络中下载或用其他图片替代。第一张幻灯片的切换效果选择“棋盘”。标题（“蓝光集团人力资源体系月度例会”和“恒康药业工作报告”）从右上侧飞入幻灯片，紧接着副标题（“北京恒康科技药业股份有限公司”和“二零一三年七月二十一日”）从下侧浮出。公司标志 HENKANG 用艺术字完成。

图 12.2.1　第一张幻灯片效果图

第二张：目录。如图 12.2.2 所示，第二张的切换动画设置为“随机线条”，每个目录项分别设置从右侧飞出。

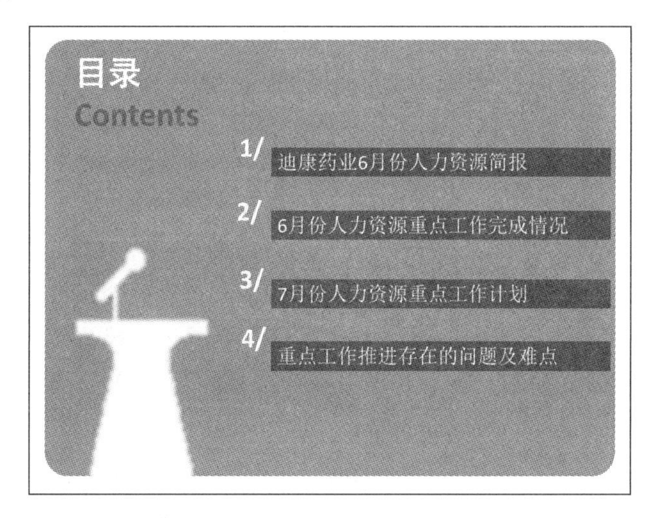

图 12.2.2　第二张幻灯片效果

第三张：基础人事数据及简要人力分析。如图 12.2.3 所示，该幻灯片的切换动画设置为“涡流”，幻灯片中插入如图 5.2.3 所示的图表，图表中心插入如图 5.2.3 所示的剪贴画。图表的动画效果设置为“缩放”，然后图表下方的说明文字设置为“浮入”，方向向上。

第四张：重点工作分享。如图 12.2.4 所示，该页的切换方式选择“平移”，方向是“自底部”。三张图片分别设置“轮子”“劈裂”和“弹跳”的进入动画，开始时间第一张图片设置为“单击时”，其余两张均设置为“上一动画之后”（幻灯片中图片请先从网络中下载）。

第五张：六月份人力资源重点工作。如图 12.2.5 所示，该页的切换动画设置为“飞过”，效果为“放大”。幻灯片中的表格设置“螺旋飞入”动画，单击时开始。

整套演示文稿中除了标题页和目录页，均插入页脚和页码。页脚内容如图 12.2.3 的页面下方所示，为“恒康公司工作报告”，并添加两条蓝色的细线，页码放在右下角。

从第三张到第五张，为每张的顶部添加蓝色的背景，并设置标题字体为白色、黑体、44 磅。

整套演示文稿编辑完毕后，将其保存为名为“工作报告”的模板。

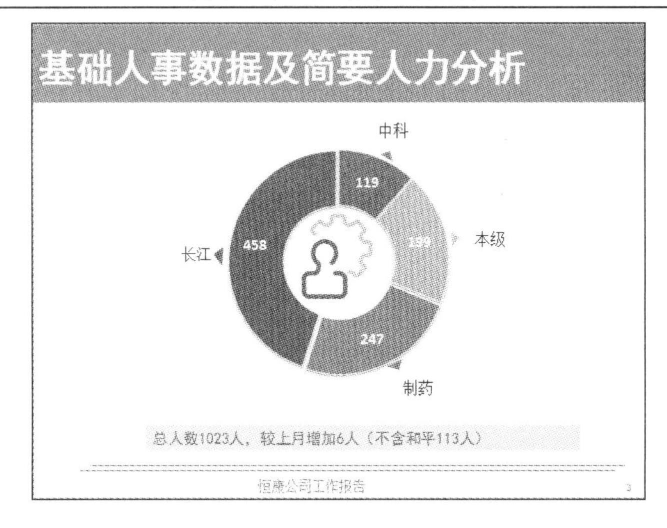

基础人事数据及简要人力分析
中科
119
本级
159
长江
458
247
制药
总人数1023人，较上月增加6人（不含和平113人）
恒康公司工作报告
3

图 12.2.3　第三张幻灯片效果

重点工作分享：哈弗领导力总经理班开班
主要内容/
来自各中心及分子公司经理级以上的近20名管理人员参加开班仪式并进行了领导力课程培训。
工作成果/
帮助公司核心管理人员进一步提升领导力和管理能力，保持空杯心态，不断归零再学习。
点击查看源网页
恒康公司工作报告
4

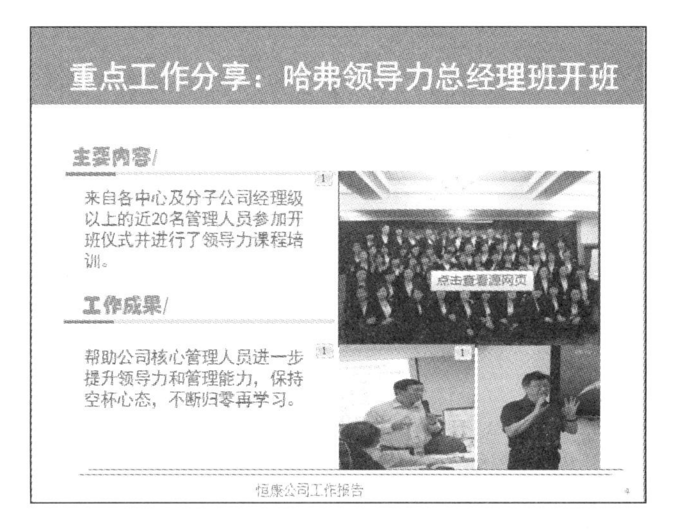

图 12.2.4　第四张幻灯片效果图

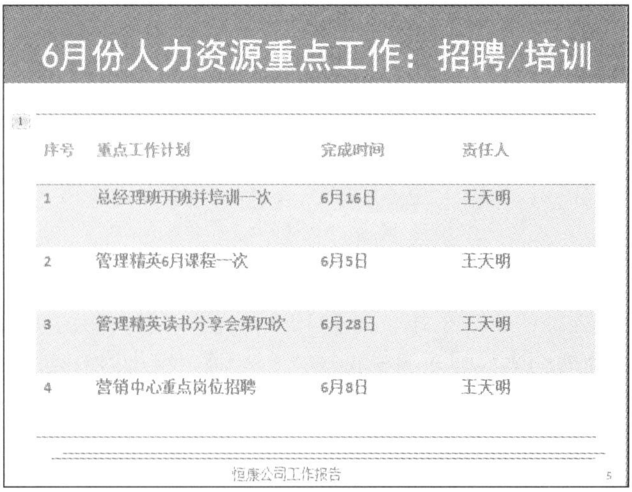

6月份人力资源重点工作：招聘/培训
序号 重点工作计划 完成时间 责任人
1 总经理班开班并培训一次 6月16日 王天明
2 管理精英6月课程一次 6月5日 王天明
3 管理精英读书分享会第四次 6月28日 王天明
4 营销中心重点岗位招聘 6月8日 王天明
恒康公司工作报告
5

图 12.2.5　第五张幻灯片效果图

操作步骤如下。

（1）编辑第一张幻灯片。

① 单击“文件”→“新建”→“空白演示文稿”→“创建”按钮，新建一个空白演示文稿。

② 在第一张幻灯片中的标题占位符中输入标题“恒康药业工作报告”，字体为华文琥珀、44 磅、蓝色。在副标题处输入“北京恒康科技药业股份有限公司　二零一三年七月二十一日”，字体为宋体、20 磅、灰色。再插入一个横排文本框，输入文字“蓝光集团人力资源体系月度例会”，字体为黑体、24 磅、蓝色。

③ 单击“插入”选项卡，在“文本”选项组中打开“艺术字”下拉菜单，选择第五行第五列的艺术字效果，此时，在幻灯片中弹出“请在此放置您的文字”占位符，在里面输入公司标志“HENKANG”，调整合适大小，移动到右上角。

④ 单击“插入”选项卡，在“图像”选项组中，单击“图片”按钮，弹出“插入图片”对话框，选中已经准备好的“讲台”图片，插入幻灯片中，并放置在左下角。再在“插图”选项组中打开“形状”下拉菜单，选择“标注”选项组中的“椭圆形标注”，分别画出三个椭圆形标注，放在讲台图片上方合适的位置。选中一个标注，单击“格式”选项卡，在“形状样式”选项组中，打开“形状填充”下拉菜单，设置其填充颜色为黑色，在“形状轮廓”下拉菜单中，设置其“无轮廓”，如图 12.2.6 所示。用同样的方法，分别为其他两个标注填充深灰色和浅灰色。

⑤ 选中输入的所有文字，包括艺术字，单击“格式”选项卡，在“排列”选项组中，单击“布局”按钮，如图 12.2.7 所示，选择“右对齐”选项。

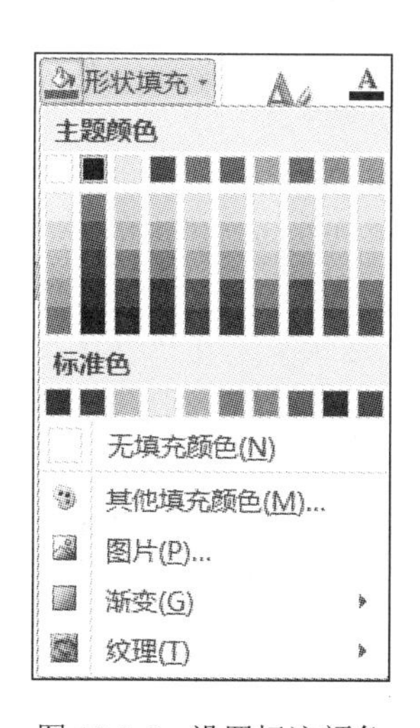

图 12.2.6　设置标注颜色

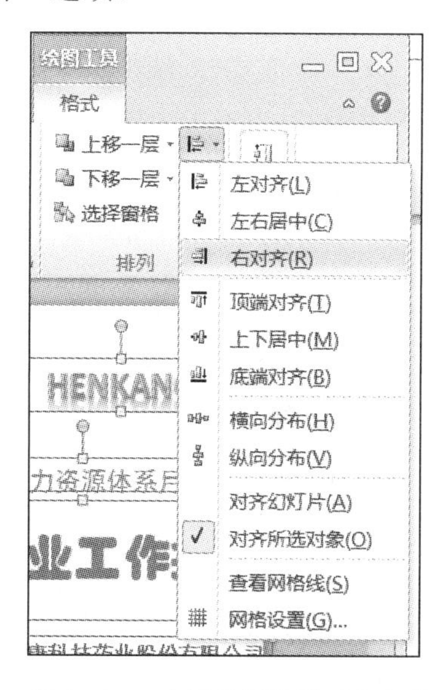

图 12.2.7　布局按钮设置对齐方式

⑥ 按住 Shift 键，同时选中标题“恒康药业工作报告”和“蓝光集团人力资源体系月度例会”，单击“动画”选项卡，在“动画”选项组中选择“飞入”动画，选择“效果选项”，在下拉菜单中选择“自右上部”选项。用同样的方法选中副标题，设置其动画效果为“浮入”，效果选项设置为“上浮”“整批发送”。

第一张幻灯片设置完毕，注意，切换效果待所有幻灯片制作完成后，统一进行设置。

（2）编辑第二张幻灯片。

① 单击“开始”选项卡，在“幻灯片”选项组中，单击“新建幻灯片”的下拉按钮，在弹出的下拉菜单中，选择“空白”版式，如图 12.2.8 所示。

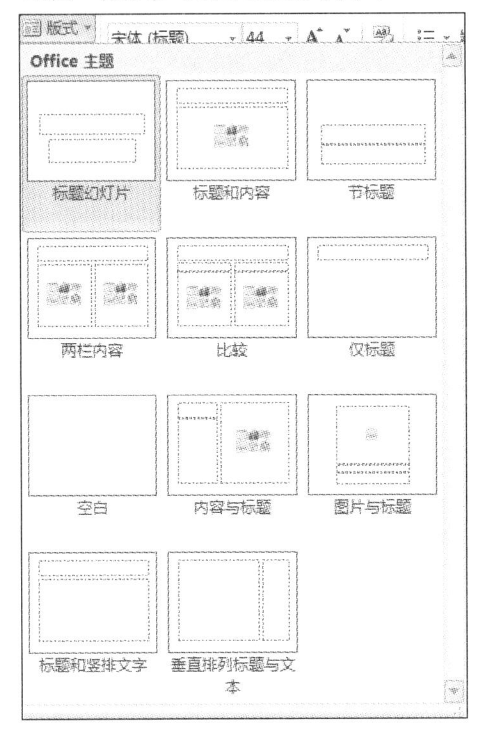

图 12.2.8　插入“空白”版式幻灯片

② 单击“插入”选项卡，在“插图”选项组中单击“形状”按钮，在弹出的下拉菜单中选择“矩形”选项组中的“圆角矩形”，然后在幻灯片中画出如图 12.2.9 所示的圆角矩形。并通过调整黄色控制点来设置圆角的弧度。选中矩形，在“格式”选项卡中的“形状样式”选项组中，设置其填充颜色为标准色中的浅蓝色，形状轮廓为“无轮廓”。

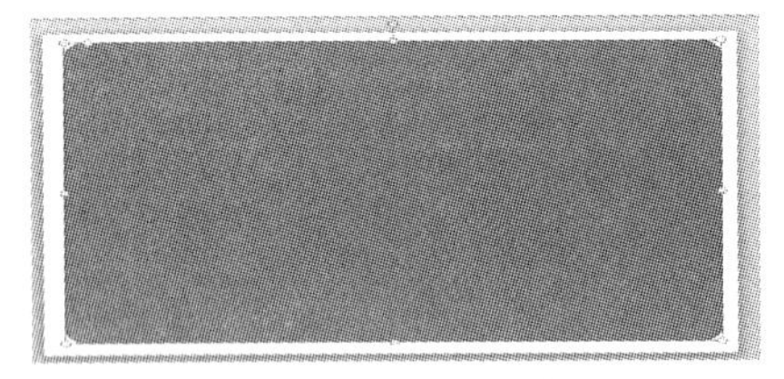

图 12.2.9　插入圆角矩形

③ 单击“插入”选项卡，在“文本”选项组中单击“文本框”下拉按钮，单击“横排文本框”按钮，在幻灯片中绘制文本框，并输入“目录”和“Contents”文字，分两排显示。设置“目录”为“黑体”“40 磅”“白色”，Contents 为“Calibri”“40 磅”“深蓝色”。并移动到页面左上角，如图 12.2.2 所示。

④ 单击“插入”选项卡，插入“讲台”图片，调整适当大小后放置在左下角。

⑤ 用第④步的方法插入横排文本框，注意，每一个目录项由两个文本框组成，一个文本框用来显示如“1/”的项目编号，另一个文本框用来显示目录内容。显示项目编号的文本框填充颜色设置为“无填充颜色”，字体为“宋体”“加粗”“32 磅”“白色”，显示目录内容的文本框填充颜色设置为“黑色”，字体为“宋体”“24 磅”“白色”，如图 12.2.10 所示。设置好一组目录选项后，按住 Shift 键，选中两个文本框，右击，将其组合。

⑥ 选中目录项，单击“动画”选项卡，在“动画”选项组中选择“飞入”选项，在效果选项中选择“自右侧”选项。

⑦ 然后复制出三个目录项，分别输入另外三个目录项。这样，另外三个目录项也拥有同样的动画效果和背景颜色。

图 12.2.10　目录项的制作效果

（3）插入第 3～5 张幻灯片，并设置其母版。

① 单击“开始”选项卡，在“幻灯片”选项组中，单击“新建幻灯片”下拉按钮，选择“仅标题”版式，连续插入三张幻灯片。

② 单击“视图”选项卡，在“母版视图”选项组中，单击“幻灯片母版”按钮，切换到幻灯片母版视图。

③ 在母版视图中，单击左侧幻灯片缩略图中的第七张幻灯片版式——“仅标题版式：由幻灯片 3-5 使用”，在该版式的幻灯片中，单击“插入”选项卡，在“插图”选项组中，单击“形状”下拉按钮，绘制一个矩形，并在“格式”选项卡下，单击“形状填充”下拉按钮，设置其填充颜色为“标准色浅蓝色”，在“形状轮廓”下拉菜单中，设置其“无轮廓”。并右击该矩形框，在弹出的快捷菜单中执行“置于底层”→“置于底层”命令，如图 12.1.11 所示。

④ 单击标题占位符，然后单击“开始”选项卡，在“字体”选项组中，设置其字体为“黑体”“44 磅”“白色”“左对齐”。

⑤ 单击“插入”选项卡，在“文本”选项组中，单击“页眉页脚”按钮，弹出如图 12.2.12 所示的“页眉和页脚”对话框，在该对话框中，选中“页脚”复选框，然后在其下的文本框中输入页脚内容“恒康公司工作报告”，然后再选中“幻灯片编号”复选框，如图 12.2.12 所示，单击“应用”按钮（注意，如果单击“全部应用”按钮，整套幻灯片都会设置其页脚和编号）。调整母版视图中，幻灯片母版下方“页脚”和“#”占位符的位置。

⑥ 单击“插入”选项卡，在“插图”选项组中打开“形状”下拉菜单，选择“直线”，在幻灯片下部，页脚的上方，绘制两条细线，再单击“格式”选项卡，在“形状样式”选项组中，单击“形状轮廓”按钮，设置其颜色为浅蓝色，并调整到合适的位置，如图 12.2.13 所示。

⑦ 单击幻灯片左下角的“普通视图”按钮，退出母版视图。这时，从第三张幻灯片到第五张幻灯片，每张的标题都设置了浅蓝色背景和相关的页脚及编号。

（4）编辑第三张幻灯片。

① 选中第三张幻灯片，单击“单击此处添加标题”占位符，输入标题“基础人事数据及简要人力分析”。

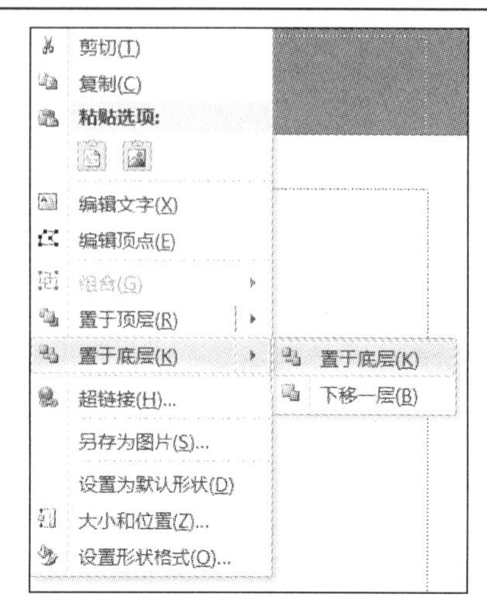

图 12.2.11　母版中插入矩形框并置于底层

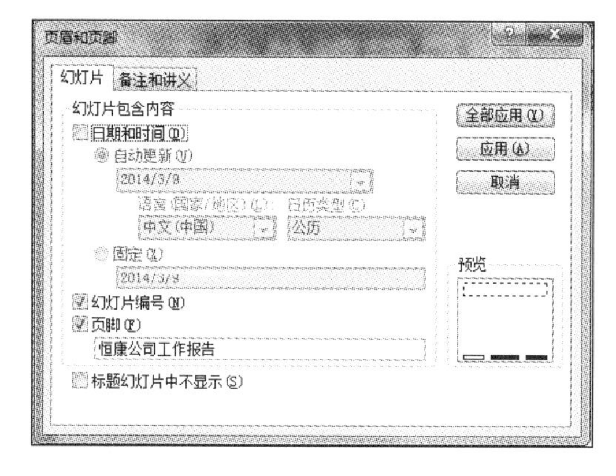

图 12.2.12　“页眉和页脚”对话框

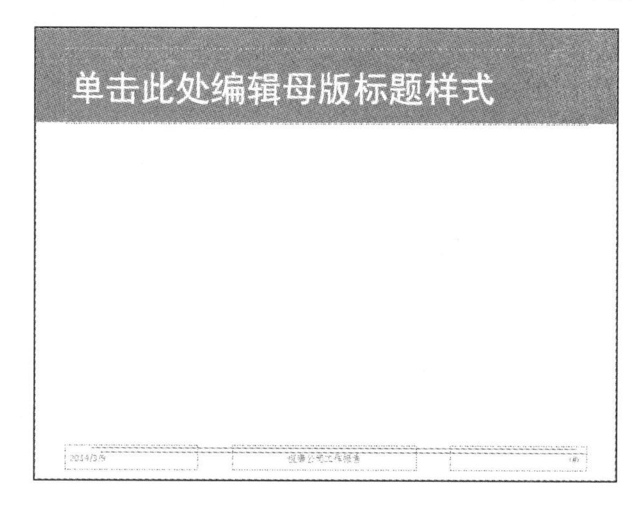

图 12.2.13　编辑幻灯片母版

② 单击“插入”选项卡，在“插图”选项组中，单击“图表”按钮，弹出如图 12.2.14 所示的“插入图表”对话框。单击该对话框中左侧的“圆环图”图标，在右侧的图形中选择“圆环图”，然后单击“确定”按钮。

图 12.2.14　“插入图表”对话框

③ 在弹出的 Excel 窗口中，输入如图 12.2.15 所示的数据，然后关闭 Excel 窗口，幻灯片上即可插入对应的圆环图。

	A	B	C	D	E	F
1		销售额				
2	中科	119				
3	本级	199				
4	制药	247				
5	长江	458				
6						
7						
8		若要调整图表数据区域的大小，请拖拽区域的右下角。				
9						

图 12.2.15　图表数据

④ 选中“圆环图”，单击“设计”选项卡，在“图表样式”选项组中，选择“样式 1”选项。右击图表，在快捷菜单中选择“添加数据标签”选项，再次右击图表，在快捷菜单中选择“设置数据系列格式”选项，弹出如图 12.2.16 所示的“设置数据系列格式”对话框。在该对话框中，单击“系列选项”选项卡，在“圆环图分离程度”中，设置分离度为 2%，然后单击“关闭”按钮。

⑤ 选中数据标签，设置其字体为“宋体”“18 磅”“加粗”“白色”。通过插入文本框的方法插入图例，然后删除原来的图例。图例和图表之间，用三角形连接，如图 12.2.17 所示。然后，在圆环图的圆心，插入如图 12.2.3 所示的剪贴画。为该图表图例和剪贴画添加“缩放”的动画效果。

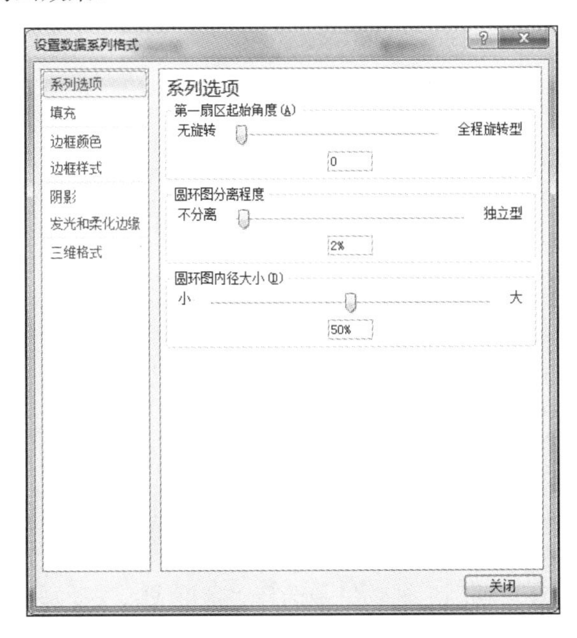

图 12.2.16　“设置数据系列格式”对话框

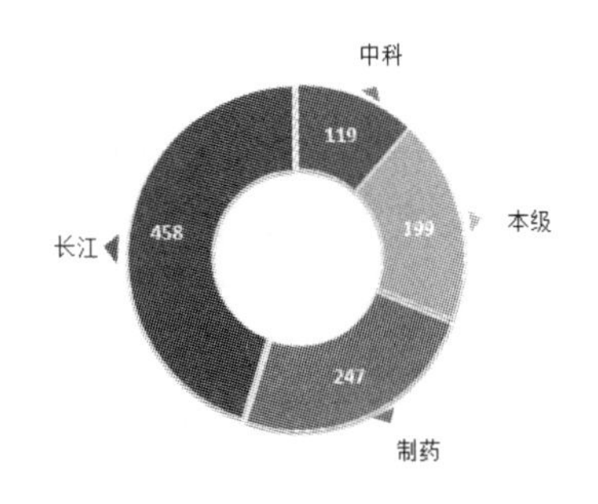

图 12.2.17　图表样式

⑥ 在图表的下方，插入文本框，文本框内容为“总人数 1023 人，较上月增加 6 人（不含和平 113 人）”，设置其填充颜色为浅灰色，添加“浮入”动画效果，方向为“上浮”。

（5）编辑第四张幻灯片。

① 选中第四张幻灯片，单击“单击此处添加标题”占位符，输入标题“重点工作分享：哈弗领导力总经理班开班”。

② 插入文本框，输入标题文本“主要内容/”，设置字体为“华文琥珀”“24 磅”“浅蓝色”调整到合适位置。在文本框下面，添加两个细长的矩形框，一个填充颜色设置为浅灰色，无轮廓；另一个填充颜色设置为浅蓝色，无轮廓。并调整其大小，放置在文本框下方，如图 12.2.18 所示。

图 12.2.18　设置矩形条

③ 在“主要内容”文本框下方，插入横排文本框，在其中输入如图 12.2.19 所示的内容。并设置其字体为“黑体”“20 磅”。设置好以上内容后，分别复制一份到下方，输入相应文字。

④ 单击“插入”选项卡，在“图像”选项组中单击“图片”按钮，插入相关图片（图片先在网络上下载）。连续插入三张图片，并将图片按如图 12.2.4 所示排列。

⑤ 选中第一张图片，单击“动画”选项卡，在“动画”选项组中单击“轮子”按钮，开始时间为“单击时”。用同样的方法，为第二张图片设置动画“劈裂”，为第三张图片设置动画“弹跳”，开始时间都为“上一动画之后”。

（6）编辑第五张幻灯片。

① 选中第五张幻灯片，单击“单击此处添加标题”占位符，输入标题“6 月份人力资源重点工作：招聘/培训”。

② 单击“插入”选项卡，在“表格”选项组中单击“表格”下拉按钮，拖出一个五行四列的表格。调整表格大小，输入如图 12.2.20 所示内容。

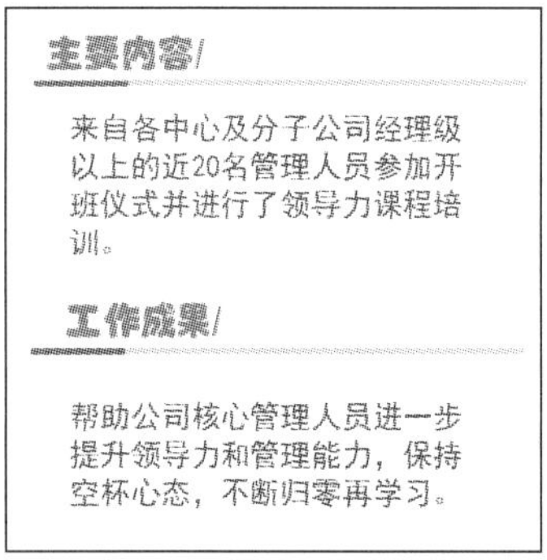

图 12.2.19　文本框内容

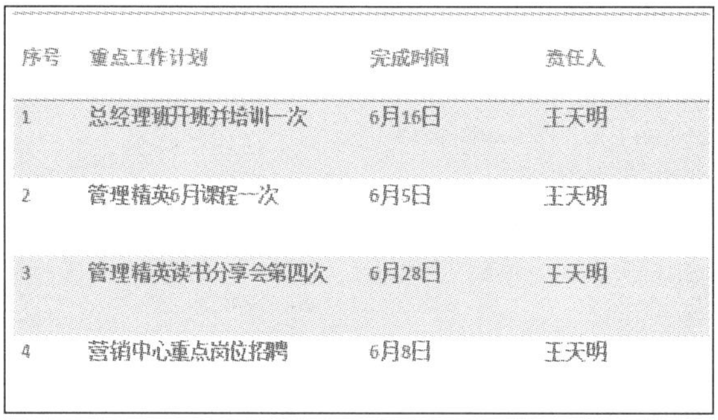

序号	重点工作计划	完成时间	责任人
1	总经理班开班并培训一次	6月16日	王天明
2	管理精英6月课程一次	6月5日	王天明
3	管理精英读书分享会第四次	6月28日	王天明
4	营销中心重点岗位招聘	6月8日	王天明

图 12.2.20　表格内容

③ 单击“表格工具-设计”选项卡，在“表格样式”选项组中，选择“浅色样式 1-强调 1”选项，如图 12.2.21 所示。

④ 选中表格，单击“动画”选项卡，在“动画”选项组中选择“螺旋飞入”动画。

⑤ 为所有幻灯片设置切换动画。单击幻灯片浏览视图，选中第一张幻灯片，单击“切换”选项卡，在“切换到此幻灯片”选项组中，单击“棋盘”按钮，为第一张幻灯片设置“棋盘”切换动画。选中第二张幻灯片，单击“随机线条”按钮，选中第三张幻灯片，单击“涡流”按钮，选中第四张幻灯片，单击“平移”按钮，选中第五张幻灯片，单击“飞过”按钮。

⑥ 单击“文件”选项卡，选择“另存为”选项，弹出如图 12.2.22 所示的“另存为”对话框。在该对话框的“保存类型”下拉菜单中选择“PowerPoint 模板”选项，然后输入模板名称“工作报告”，单击“保存”按钮。

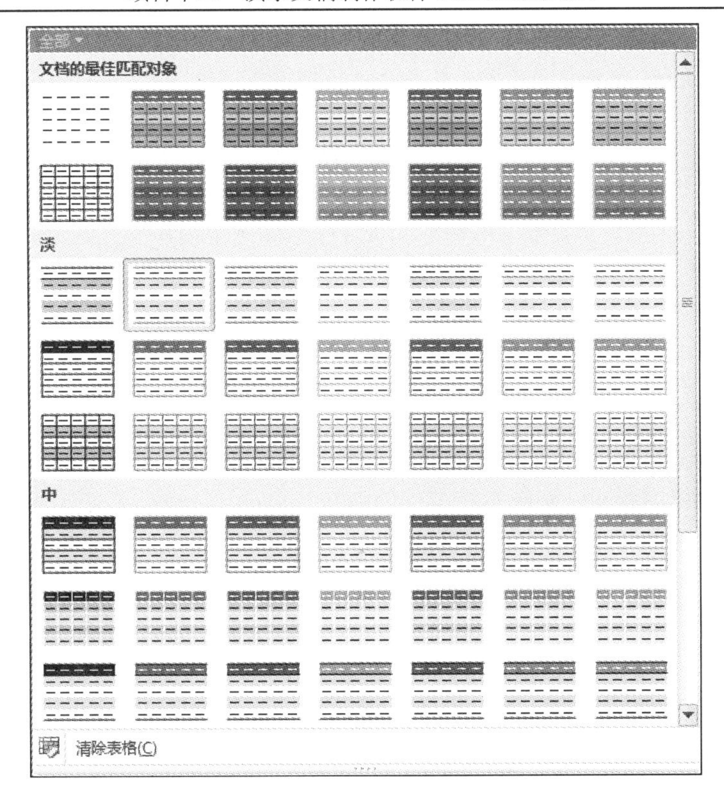

图 12.2.21　表格样式

⑦ 单击“保存”按钮，保存本演示文稿。

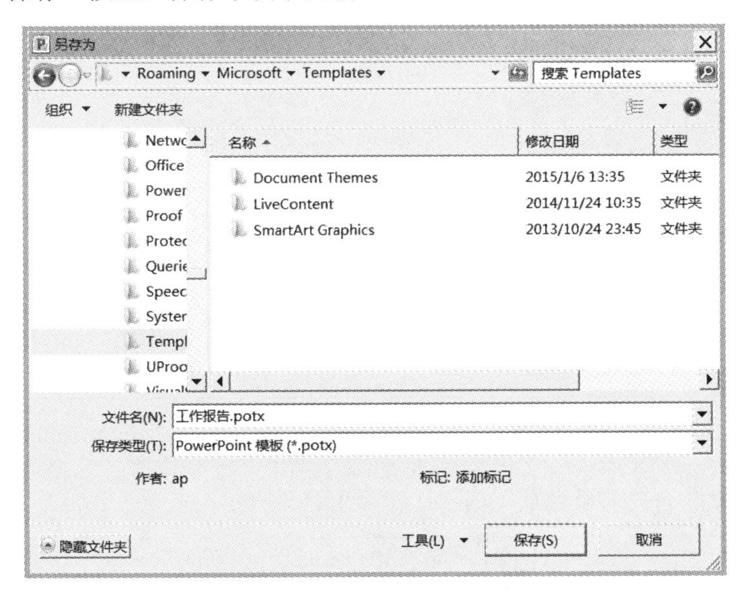

图 12.2.22　“另存为”对话框

项目十三　计算机网络与安全

实验 13.1　Windows 7 局域网内资源共享设置

【实验目的与要求】

（1）熟悉 Windows 环境下网络共享的相关配置。
（2）熟练掌握在局域网中实现资源共享的方法。
（3）掌握局域网中资源共享的权限设置。

【实验内容与步骤】

（1）打开控制面板，执行“网络和共享中心”命令，打开“网络和共享中心”窗口，如图 13.1.1 所示。

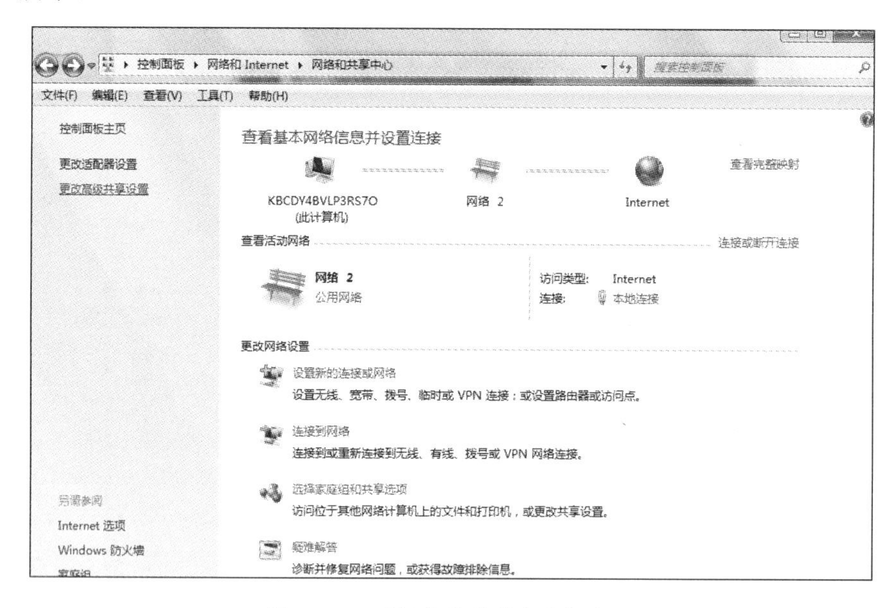

图 13.1.1　“网络和共享中心”窗口

（2）选择“更改高级共享设置”选项，如图 13.1.2 所示。

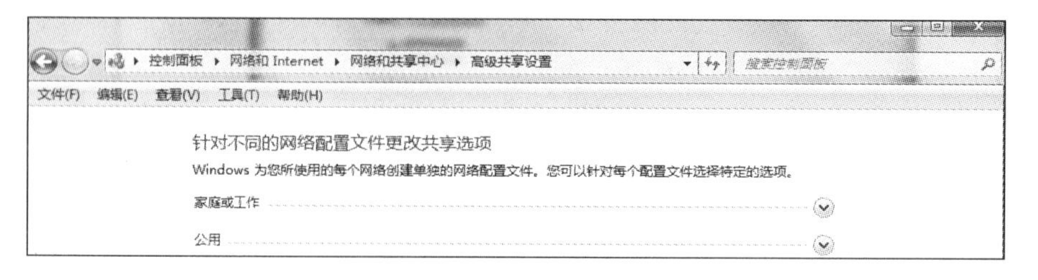

图 13.1.2　高级共享设置

（3）选择“家庭和工作”选项，在“密码保护的共享”区域中，单击“关闭密码保护共享”单选按钮，如图 13.1.3 所示。

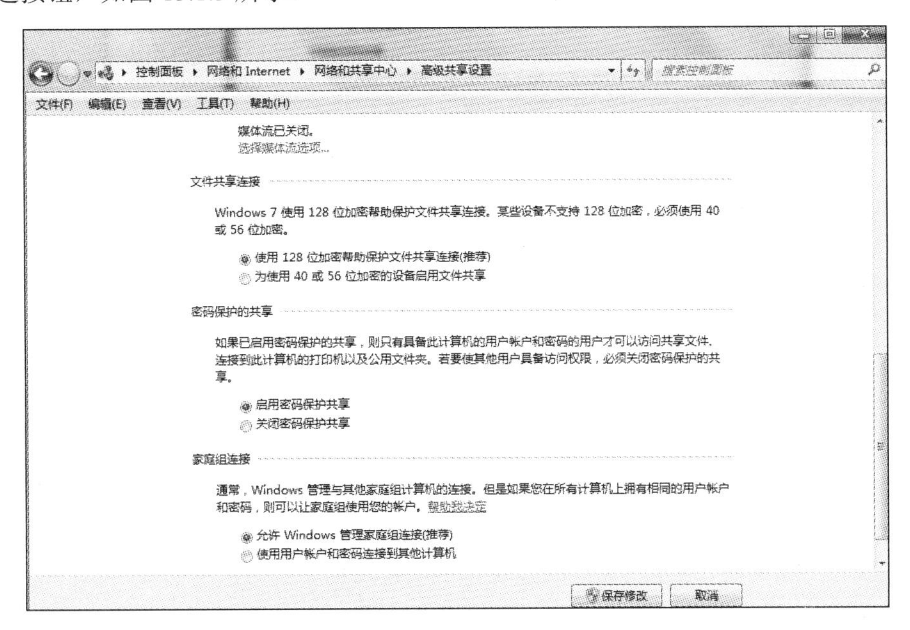

图 13.1.3 高级共享设置关闭家庭和工作密码共享

（4）同理也要关闭公用中密码保护共享，如图 13.1.4 所示，最后单击“保存修改”按钮。

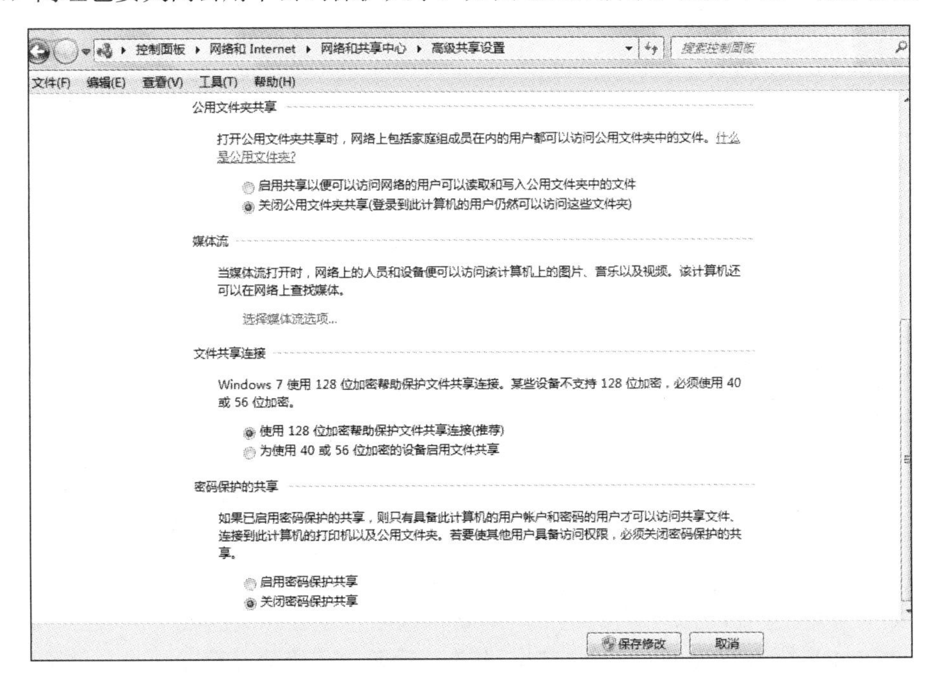

图 13.1.4 高级共享设置关闭公用密码共享

关闭这些共享访问的主要目的是在局域网中实现资源相互访问。

（5）下面介绍如何实现资源共享，如果要实现整个盘共享，设置如图 13.1.5 所示，右击 F 盘，在弹出的菜单中执行“共享”→“高级共享”命令即可。

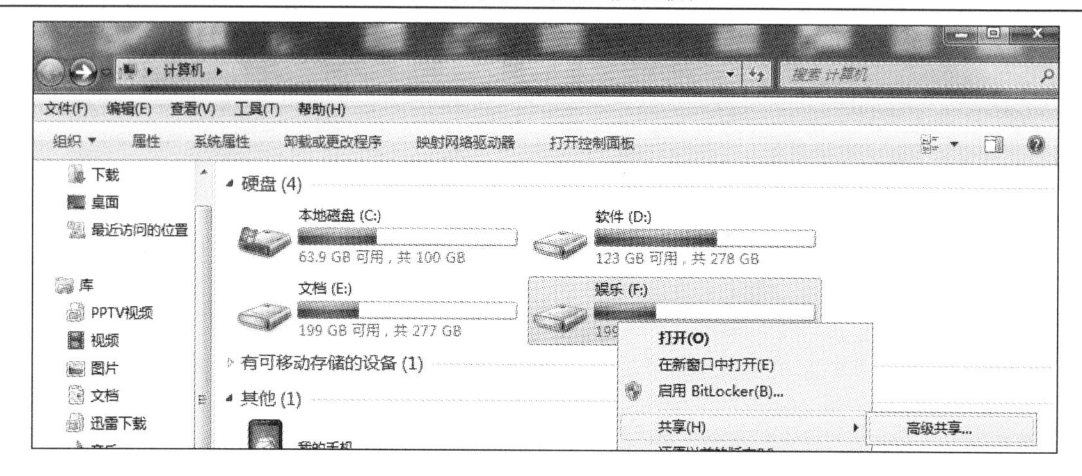

图 13.1.5　F 盘的共享

（6）此时看到的是 F 盘的属性，在“属性”对话框中选择“共享”选项卡，出现如图 13.1.6 所示的界面，在未设置之前 F 盘是不能共享的，单击“高级共享”段中“高级共享”图标。

（7）在“高级共享”对话框中选中“共享此文件夹”复选框，表示可以共享 F 盘，设置用户数量限制为 20，用户数量指同时可以供多少用户访问所设置的文件夹，一般此数值不要设置过大，以防止对被访机器造成影响，如图 13.1.7 所示。

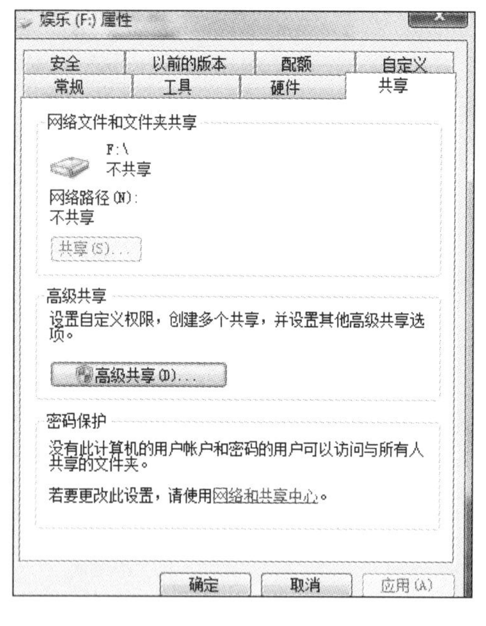

图 13.1.6　F 盘属性

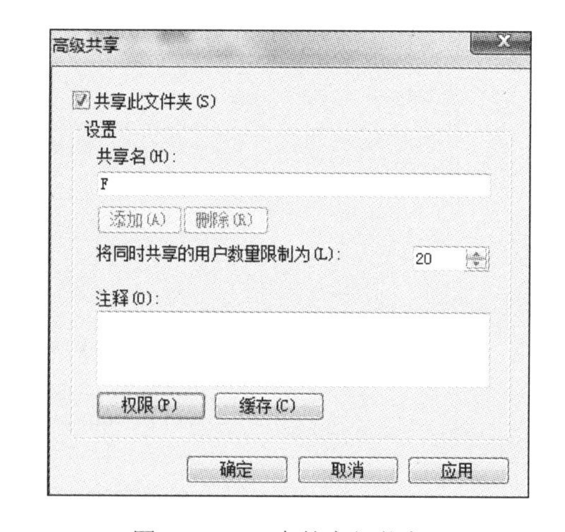

图 13.1.7　F 盘的高级共享

（8）如果用户根据自己文件夹的特点，对访问权限都进行相关的限制，单击“权限”按钮，如图 13.1.8 所示，权限可以完全控制、更改、读取，一般情况设置读取，只能让访问者读文件，不能写。

（9）最后可以打开网络，就出现相应共享的计算机资源，如图 13.1.9 所示。

这样用户可以在局域网中自由地访问其他计算机的资源。

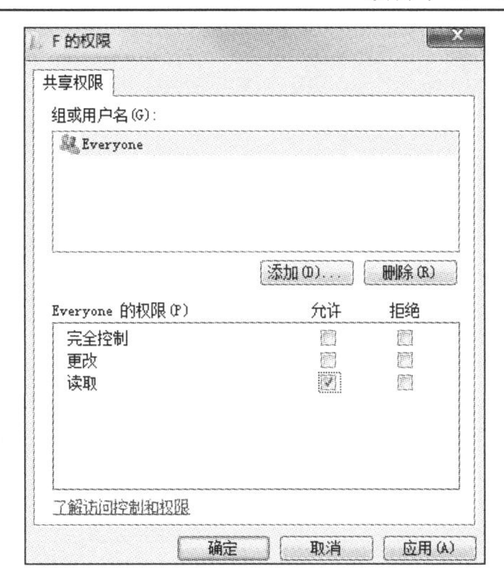

图 13.1.8　共享文件夹的权限管理

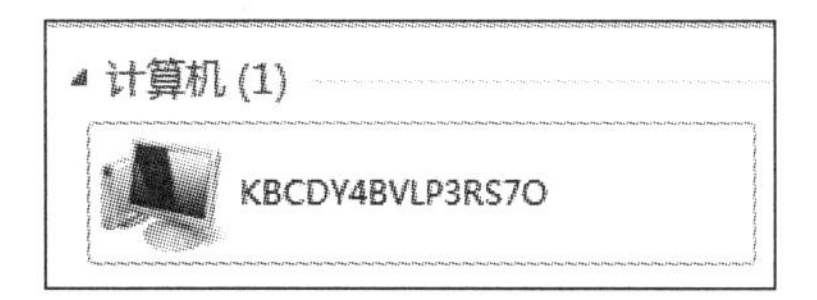

图 13.1.9　共享的计算机名

实验 13.2　Windows 7 系统 IIS 配置服务器

【实验目的与要求】

（1）熟悉在 Windows 7 系统中的 IIS 配置。

（2）熟练 IIS 服务器中物理路径的设置。

（3）掌握访问本机地址的方法。

【实验内容与步骤】

（1）进入 Windows 7 的控制面板，执行“程序和功能”命令，“打开或关闭 Windows 功能”选项，如图 13.2.1 所示。

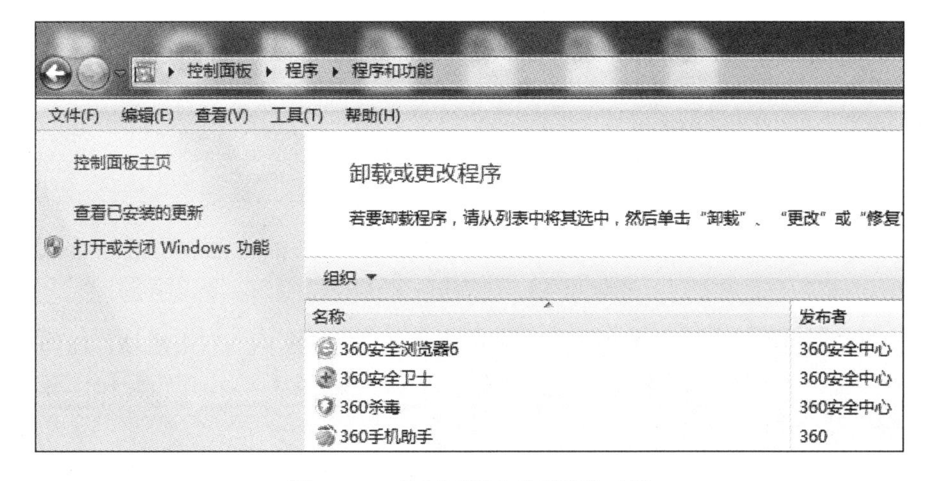

图 13.2.1　控制面板中的程序和功能

（2）在控制面板，程序和功能选项中，选择安装 Windows 功能的选项菜单，把 Internet 信息服务的所有组件全部勾起来，如图 13.2.2 所示。

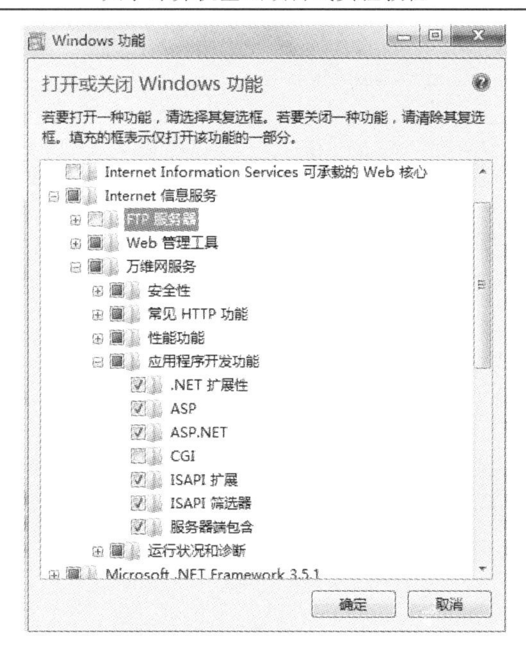

图 13.2.2　Windows 功能设置

（3）安装完成后，打开控制面板，执行“系统和安全”→“管理工具”命令，单击“Internet 信息服务（IIS）管理器”图标，如图 13.2.3 所示。

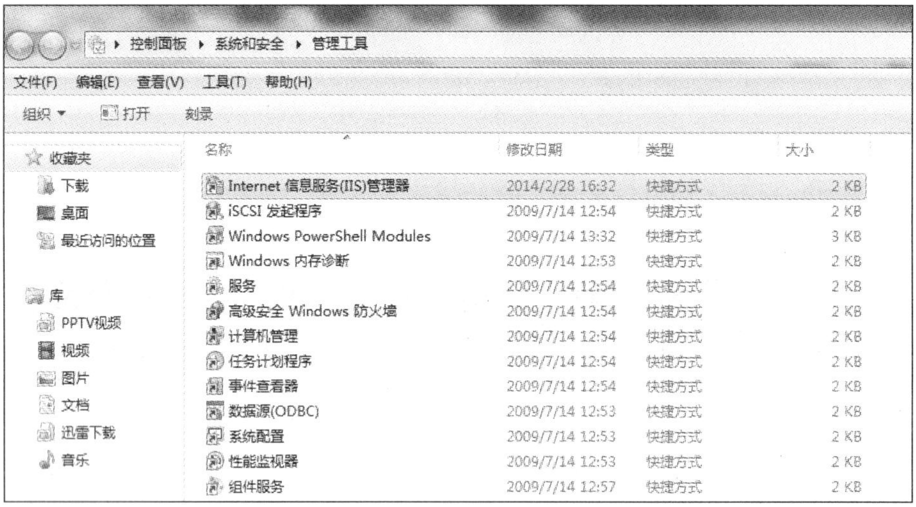

图 13.2.3　管理工具中的 IIS

（4）打开 IIS 管理器，进入管理页面，展开右边的个人 PC 栏，右击网站，在弹出的快捷菜单中选择添加网站，在弹出来的对话框中添加自己的网站名称、物理路径（选择你的网站目录），如图 13.2.4 所示。

记得设置网站文件夹的安全项，添加一个 Everyone 用户，设置所有权限控制即可，最后单击“确定”按钮。

（5）双击 IIS 中的 ASP 图标，发现父路径是没有启用的，在“启用父路径”下拉列表框中选择 True 选项开启，如图 13.2.5 所示。

图 13.2.4　Web 主页

图 13.2.5　ASP 相关设置

（6）右击 ASP 图标，在弹出的菜单中执行“管理网站”→“高级设置”命令，如图 13.2.6 所示，可以修改网站的目录，选择“绑定”选项，可以修改网站的端口。双击 IIS 中的默认文档，设置网站的默认文档，如图 13.2.6、图 13.2.7、图 13.2.8 所示。

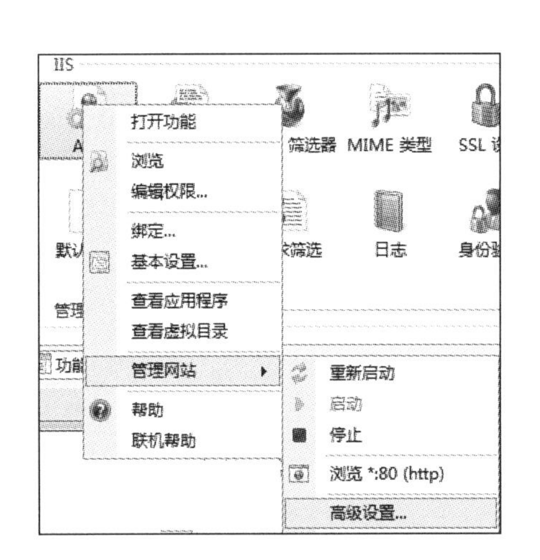

图 13.2.6　ASP 的高级设置

图 13.2.7　设置物理路径

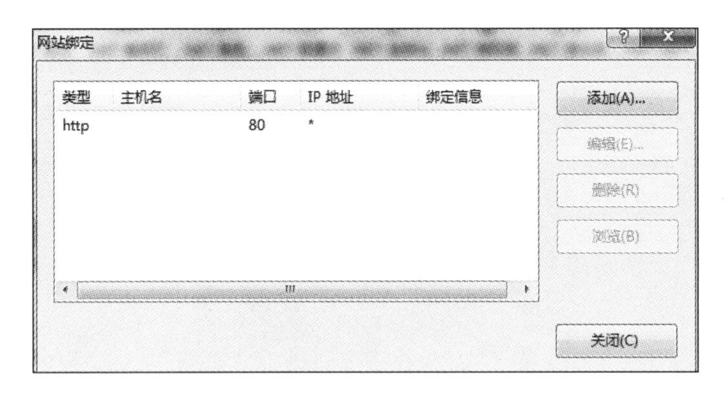

图 13.2.8　网站绑定

（7）在浏览器的地址栏里面访问自己的 IP 就可以打开刚才添加的网站。

第三部分　拓　展　篇

项目十四　系 统 维 护

实验 14.1　安装操作系统

【实验目的与要求】

学会通过光盘或 U 盘安装 Windows 操作系统。

【实验内容与步骤】

任务 1：BIOS 的进入方法。

基本输入输出系统（Basic Input Output System，BIOS）是固化到计算机主板上的只读存储器（Read-Only Memory，ROM）芯片中的一组程序，用于设置和控制计算机的最底层硬件，如更改系统启动盘顺序、设置开机密码等。在安装操作系统时，无论是从 U 盘还是光盘进行安装，都需要进入 BIOS 更改系统启动盘顺序。

不同的主板进入 BIOS 有不同的方法，通常在开启计算机或重启计算机后出现的画面中有进入 BIOS 的按键提示。目前台式 PC 进入 BIOS 常见的方法如下。

（1）Award BIOS：开机时按 Delete 键进入。

（2）AMI BIOS：开机时按 Delete 或 Esc 键进入。

（3）Phoenix BIOS：开机时按 F2 键进入。

笔记本电脑根据品牌的不同，进入 BIOS 的方法也有所不同，其中惠普、索尼、戴尔、三星、华硕等品牌的笔记本电脑开机时按 F2 键进入。东芝笔记本电脑开机时按 Esc 键然后按 F1 键进入。

任务 2：使用安装光盘在台式 PC 上安装操作系统。

1）设置启动盘顺序

计算机默认的第一启动盘都是从硬盘启动计算机系统，在使用光盘安装操作系统时，需要将第一启动盘修改为从光驱（DVD-ROM）启动。可以通过 BIOS 中的 Boot Sequence 修改启动计算机系统时的盘符顺序，也可以通过快速启动设置界面进行启动盘顺序的设置。

（1）通过 BIOS 设置启动盘顺序。

① 这里以联想品牌台式机为例。将操作系安装光盘放入计算机，重新启动计算机时，按 F1 键，进入 BIOS 设置界面，如图 14.1.1 所示。

② 利用键盘上的上、下、左、右方向键，选中 StartUp 项，进入如图 14.1.2 所示的界面。

③ 使用键盘上的方向键选中 1st Boot Device，按 Enter 键，弹出选择启动盘界面，如图 14.1.3 所示，选中第三项（DVD-ROM），按 Enter 键，即将系统的第一启动盘设置为从光驱启动。按 F10 键保存设置并退出 BIOS。

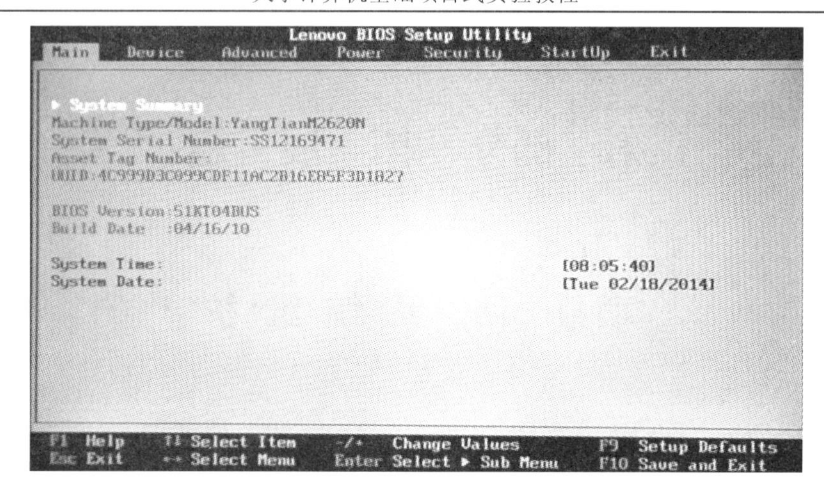

图 14.1.1　BIOS 设置界面

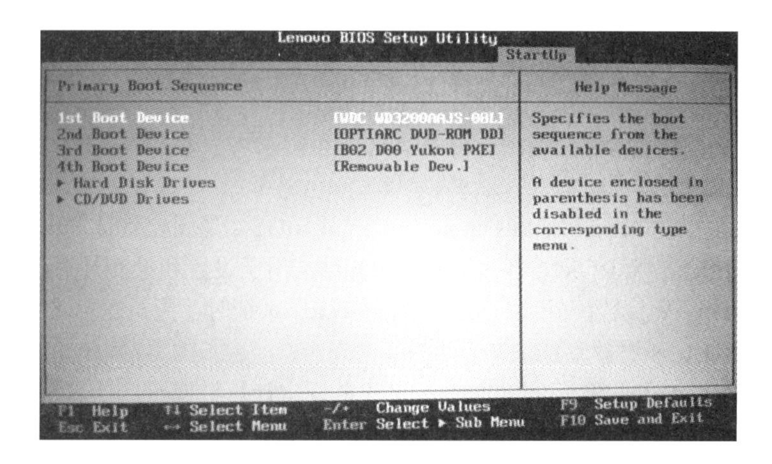

图 14.1.2　Primary Boot Sequence 设置界面

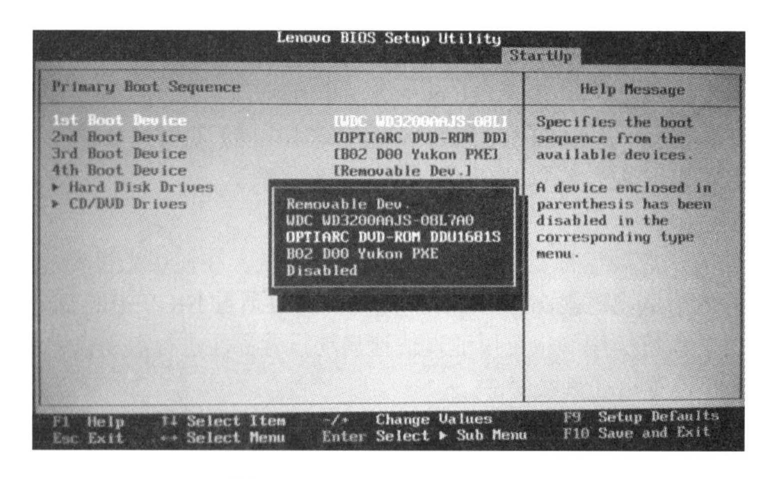

图 14.1.3　1st Boot Device 设置

（2）通过快速启动设置界面设置启动盘顺序。

对于启动盘顺序的设置也可以不用进入 BIOS。将操作系统安装光盘放入计算机，重新启动计算机时按 F12 键进入快速启动设置界面（不同品牌的计算机进入快速启动界面的按键有所不同），如图 14.1.4 所示。通过使用键盘上的方向键选中 DVD-ROM 项，按 Enter 键确定后，再按 Esc 键退出，即完成了将光驱设置为第一启动盘的操作。

2）安装操作系统

（1）设置从光驱引导后，系统将进入 Windows 7 的安装启动界面，如图 14.1.5 所示。

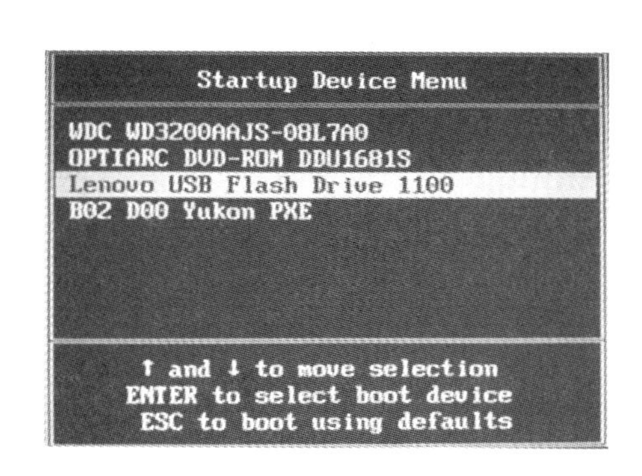

图 14.1.4　快速启动设置界面

图 14.1.5　Windows 7 的安装启动界面图

（2）进入对“要安装的语言”“时间和货币格式”“键盘和输入方法”的选择界面，如图 14.1.6 所示，完成设置后单击“下一步”按钮。

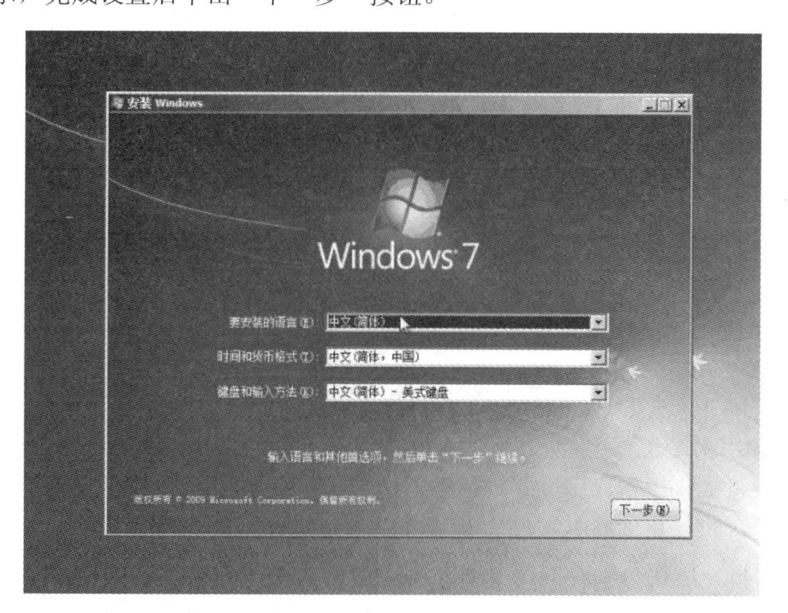

图 14.1.6　输入语言和其他首选项界面

（3）进入“阅读许可条款”界面后，选中“我接受许可条款”前的复选框，单击“下一步”按钮，如图 14.1.7 所示。

（4）进入选择安装类型界面。如果硬盘上已经装有一个或多个操作系统，那么在安装 Windows 7 前有必要选择，是升级更新到 Windows 7，还是全新安装一个 Windows 7。通常人们都会选择全新安装一个操作系统，从硬盘上选择一个合适的分区开始安装。即选择“自定义（高级）”选项，如图 14.1.8 所示。

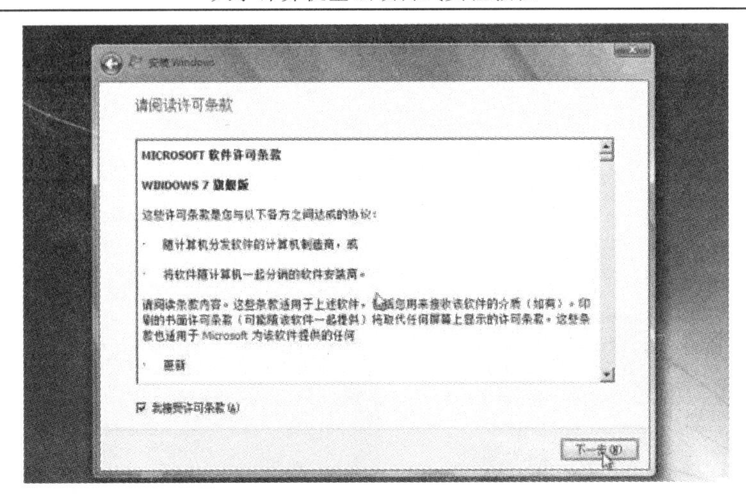

图 14.1.7　“阅读许可条款“界面

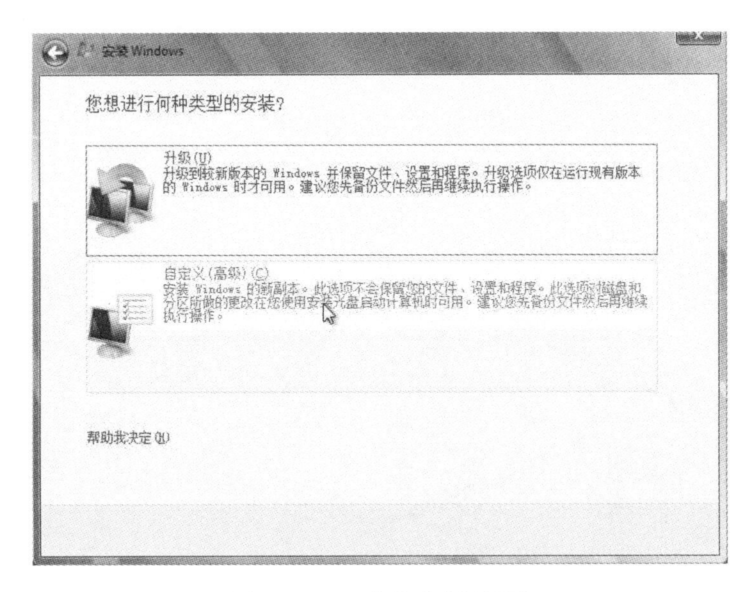

图 14.1.8　安装类型选择界面

（5）出现安装位置选择界面，如图 14.1.9 所示。在这里选择安装系统的分区，如果要对硬盘进行分区或格式化操作，则选择“驱动器选项（高级）”选项，可以进行新建分区、删除分区，以及对分区进行格式化等操作。如果不需要进行格式化分区等操作，可直接选择要安装操作系统的分区。操作系统一般都安装在 C 盘，Windows 7 会自动分配 200MB 左右的空间作为 Windows 7 的引导盘，如图 14.1.9 所示的分区 1。图 14.1.9 中的分区 2 为系统的 C 盘。选择好安装系统的分区后，单击“下一步”按钮。

（6）进入 Windows 7 的安装界面，开始安装操作系统，如图 14.1.10 所示。安装期间计算机会重新启动以完成更新注册表设置，安装过程中不需要进行任何操作，这里需要等待几十分钟的时间。

（7）完成安装后，安装程序将会重新启动计算机，为首次使用计算机做准备。重启后用户需要对 Windows 7 进行相关的基本设置。首先系统会进入设置用户名和计算机名的界面，要求用户为自己创建一个用户账号并为计算机设置名称。输入完成后单击“下一步”按钮。

创建账户以后需要为账户设置一个密码。也可以直接单击“下一步”按钮，不设置密码，这样计算机以后启动时就不需要输入账户密码，直接进入操作系统。

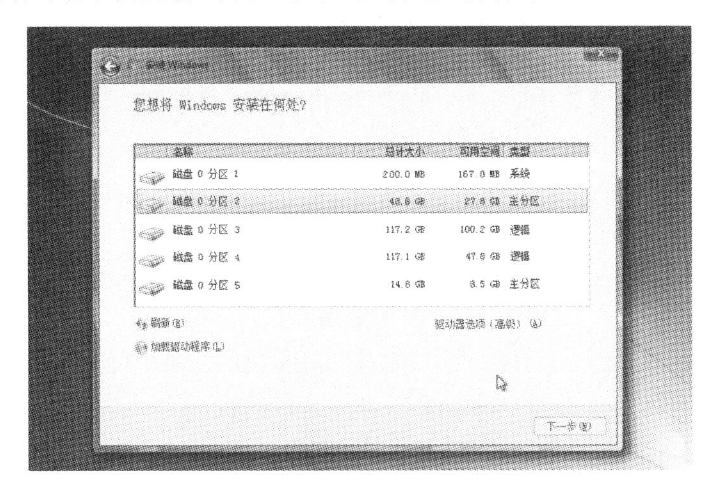

图 14.1.9　安装系统的分区选择界面

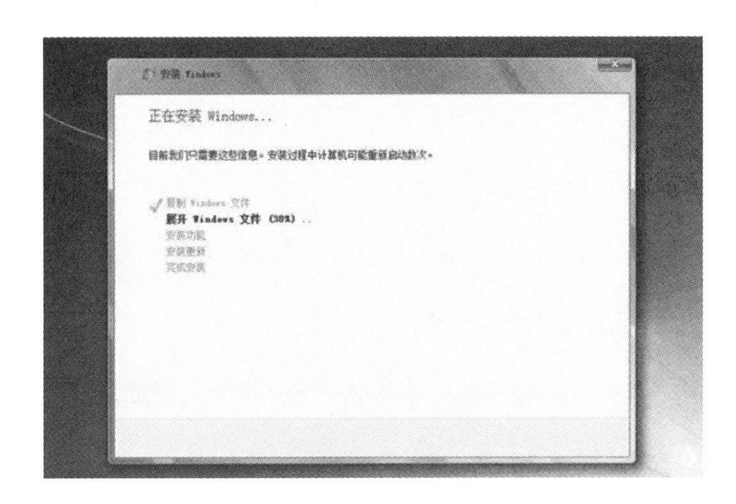

图 14.1.10　Windows 7 安装界面

（8）输入 Windows 7 的产品序列号，这里也可以直接单击“下一步”按钮，等安装完成后再激活 Windows 7。选择 Windows 自动更新的方式，选择“使用推荐设置”可以更好地保证 Windows 系统的安全。

（9）设置计算机的日期和时间。通过下拉列表可选择时区，日期和时间设置完成后，单击“下一步”按钮。

（10）设置计算机当前网络所处位置。有家庭网络、工作网络和公用网络三个选项，根据自己的实际情况进行选择。完成设置后，进入欢迎界面，登录系统后进入系统桌面。如果系统需要安装驱动，可以到官网中下载最新的驱动进行安装。

任务 3：使用 U 盘在台式 PC 上安装操作系统。

对于没有光驱的计算机，无法使用光盘安装操作系统，用户可以自己制作一个 Windows 7 安装 U 盘。U 盘携带方便，并且安装速度快。使用 U 盘安装操作系统，首先需要将 Windows 7 光盘 ISO 镜像文件转换为 U 盘启动。

（1）制作U盘启动盘。

在制作U盘启动盘之前，需要准备好以下工作。

① 一个容量不小于4GB的U盘。U盘的容量至少要大于所准备的Windows 7镜像文件。

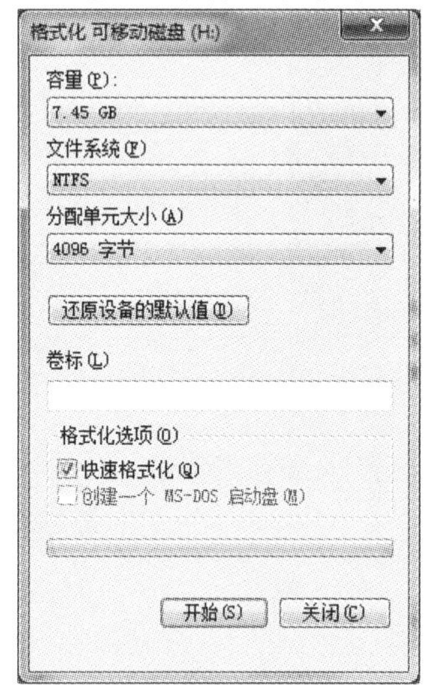

图 14.1.11　格式化U盘

② Windows 7光盘ISO镜像文件，用户可以到网上进行下载。

③ 制作U盘启动盘的工具软件。这里使用微软发布的一款自动转换工具Windows 7 USB/DVD Download Tool，用户可到网上进行下载。

在计算机上安装好Windows 7 USB/DVD Download Tool软件后，进行以下操作。

① 将U盘接入计算机的USB接口，并对其进行格式化，如图14.1.11所示。“文件系统”的类型选择NTFS。单击“开始”按钮即开始进行格式化。

② 运行Windows 7 USB/DVD Download Tool软件，进入如图14.1.12所示的界面，选择ISO镜像文件所在位置。单击Browse按钮，选择之前准备好的Windows 7 ISO镜像文件，单击Next按钮。

③ 选择需要制作Windows 7启动盘的设备类型，单击USB device按钮，如图14.1.13所示。

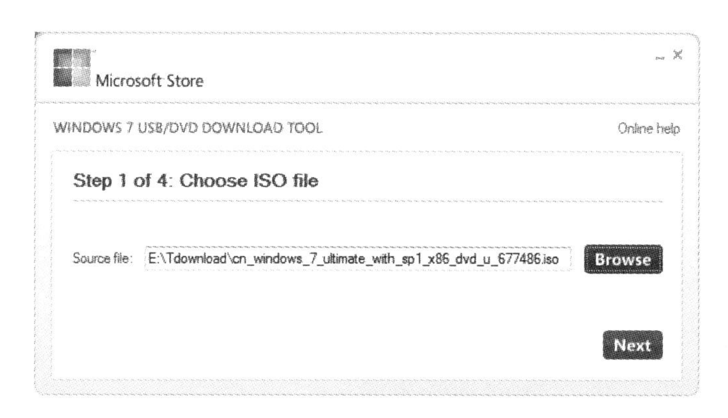

图 14.1.12　选择ISO镜像文件界面

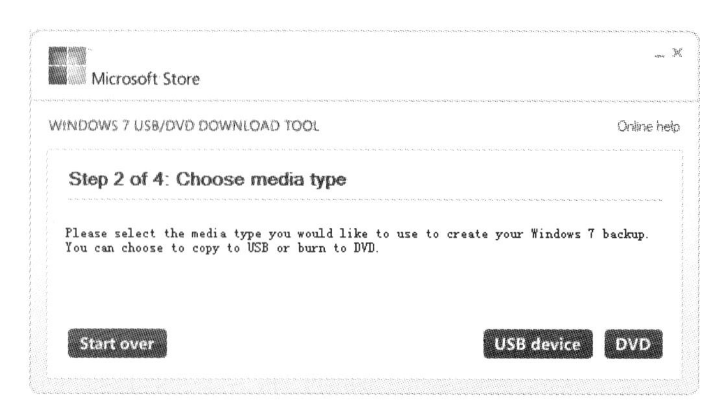

图 14.1.13　设备类型选择界面

④ 选择 USB 设备，通过下拉列表选择接入计算机的 USB 设备，单击 Begin copying 按钮，开始将镜像文件复制到 U 盘并转换为从 U 盘启动，如图 14.1.14 所示。

⑤ 制作完成后，单击软件右上角的关闭按钮，关闭该软件，如图 14.1.15 所示，U 盘启动盘制作完成。

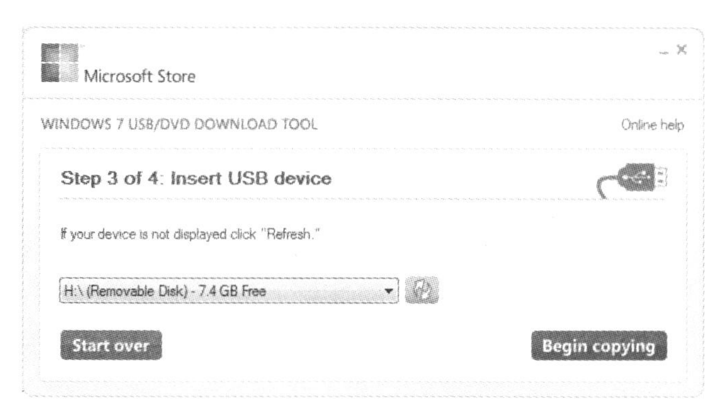

图 14.1.14　接入 USB 设备界面

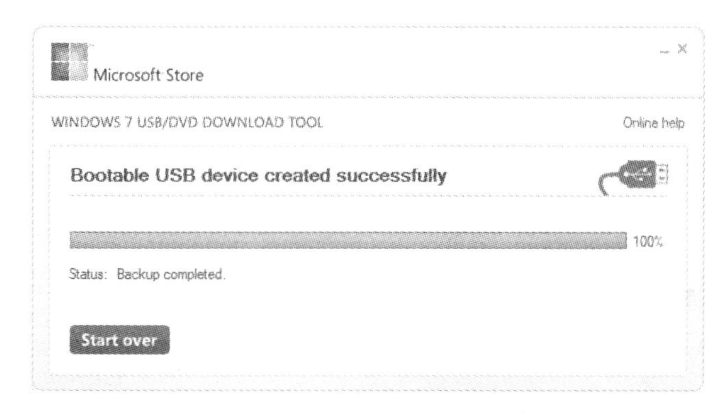

图 14.1.15　制作完成界面

（2）安装操作系统。

① 重新启动计算机按 F1 键进入 BIOS 设置界面，将第一启动盘设置为 Removable Dev，如图 14.1.3 所示。

② 或者重新启动计算机直接按 F12 键进入快速启动界面，选择 Lenovo USB Flash Drive 1100 选项，按 Enter 键后，再按 Esc 键，设置第一启动盘为从 USB 设备启动，如图 14.1.4 所示。

③ 设置好启动盘顺序后，进入系统安装界面，后面的操作和任务 2 中的安装过程相同。

任务 4： 使用光盘/U 盘在笔记本电脑上安装操作系统。

使用光盘/U 盘在笔记本电脑上安装操作系统的方法和台式机相同。唯一有区别的地方在于，进入 BIOS 或快速启动设置界面的按键会有所不同。不同厂商的 BIOS 设置界面和快速启动设置界面会有所不同，用户可根据界面上的提示进行相应的操作。

（1）设置启动盘顺序。

① 以联想的一款笔记本电脑为例，开机按 F2 键进入 BIOS 设置界面，通过键盘上的左、右方向键选择 BOOT 项，如图 14.1.16 所示。通过键盘上的上、下方向键选中 USB HDD 项（从 USB 设备启动），按 F5/F6 键让其处于第一启动位置，按 F10 键保存退出。如果要设置光驱为第一启动项，则选择 SATA ODD:Optiarc DVD RW AD-7585H。

② 设置启动盘顺序也可以不进入 BIOS 设置界面。开机按 F12 键进入快速启动设置界面，如图 14.1.17 所示，从快速启动设置界面中设置启动盘顺序。通过键盘上的上、下方向键选择 USB HDD 项，按 Enter 键即设置第一启动盘为 USB 设备。选择 SATA ODD:Optiarc DVD RW AD-7585H 项后按 Enter 键即设置第一启动盘为光驱。

（2）安装操作系统。

设置好启动盘顺序后，进入系统安装界面，之后的操作和任务 2 中的安装过程相同。

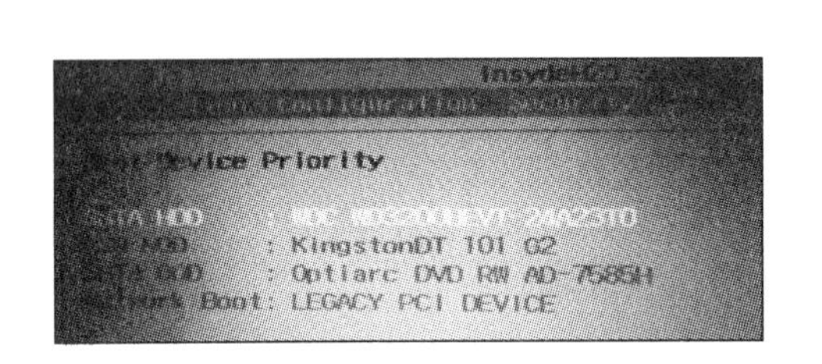

图 14.1.16　BIOS 中的 Boot Device Priority 界面

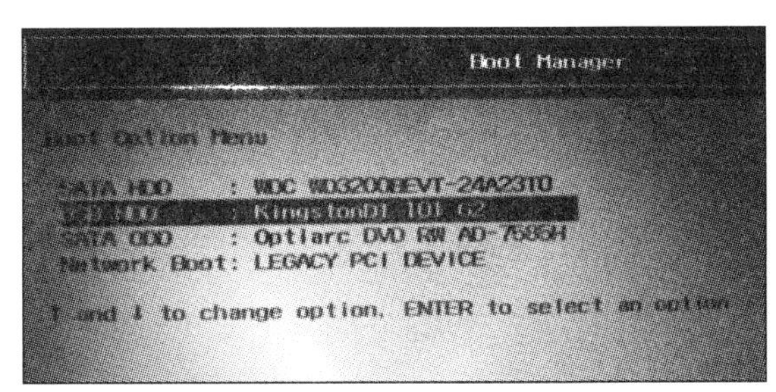

图 14.1.17　使用快速启动设置界面设置启动盘顺序

实验 14.2　克隆软件 Ghost

【实验目的与要求】

学会利用 Ghost 进行系统备份与还原。

【实验内容与步骤】

任务 1：利用 Ghost 对系统盘 C 盘进行备份。

使用 Ghost 软件可以对系统盘进行备份，如果系统出现严重问题无法通过硬盘启动，可以通过 Ghost 软件对系统盘的备份文件来还原系统。目前一款在 Windows 环境下运行的“一键 Ghost 硬盘版”应用程序，安装后可自动对硬盘进行备份，操作过程简单快捷。它具有的功能有一键备份系统、一键恢复系统、中文向导、Ghost、DOS 工具箱。使用“一键 Ghost 硬盘版”应用程序进行系统盘备份的操作步骤如下。

（1）软件的安装：通过网络下载“一键 Ghost 硬盘版.exe”应用程序，根据安装向导完成软件的安装。

（2）启动“一键 Ghost”，打开如图 14.2.2 所示的窗口。如果是首次备份，为了防止文件丢失和减少备份系统文件的容量，需要使用“个人文件转移工具”把“我的文档”“桌面”等个人文件夹从 C 盘转移到其他盘符。转移文件之前，必须先关闭所有正在运行的其他程序，然后单击“转移”按钮。

（3）在打开的文件转移窗口中（如图 14.2.1 所示），可以选择需要转移的文件、要转移的目标文件夹等操作，单击“转移”按钮，实现文件的自动转移。

（4）文件转移完成后，重新启动“一键 Ghost”软件，打开如图 14.2.2 所示的窗口。单击“备份”按钮，开始将 C 盘中的文件备份到（.gho）镜像文件中。软件会自动将备份文件存放到硬盘的其他盘符，用户不需要设置，备份完成后，为了保证备份文件的安全，所有的备份文件会被隐藏。如果需要恢复，软件会自动定位到备份文件。

图 14.2.1　个人文件转移窗口

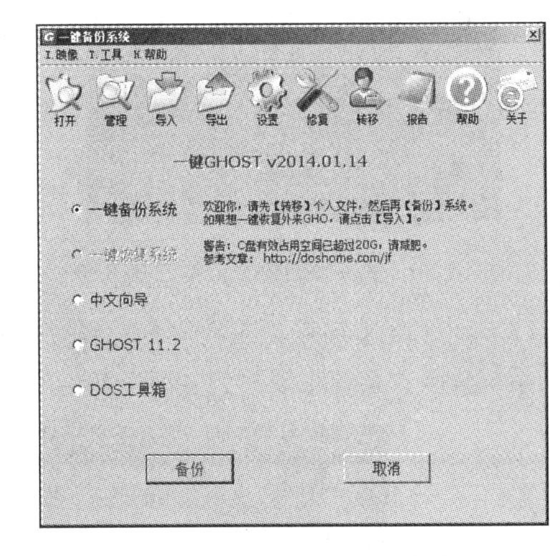

图 14.2.2　“一键 Ghost”主窗口

任务 2：使用 Ghost 还原系统。

如果系统出现了无法通过硬盘启动等严重问题，可通过生成的系统镜像文件来还原系统。

（1）系统开机后出现如图 14.2.3 所示的界面。通过按方向键“↓”选择“一键 Ghost”选项，然后按 Enter 键。

图 14.2.3　计算机系统启动界面

（2）出现 GRUB4DOS（多系统引导器）菜单选项，如图 14.2.4 所示，选择第一项 GHOST，按 Enter 键，启动“一键 Ghost”。

（3）选择 Ghost 运行模式，输入数字 1，按 Enter 键，从 DOS 完全模式运行 1KEY GHOST 11.2，如图 14.2.5 所示。

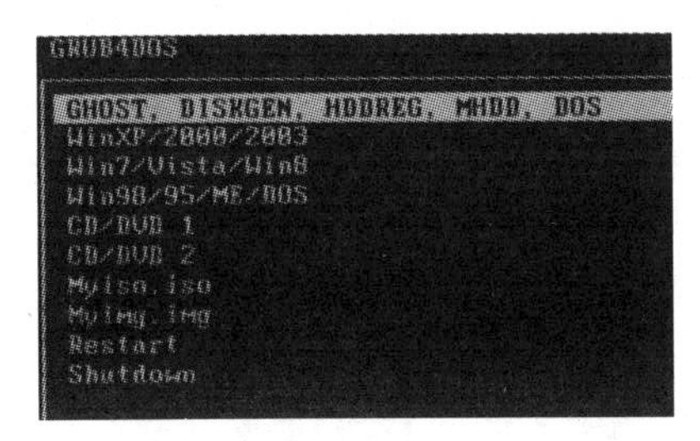

图 14.2.4　多系统引导器界面

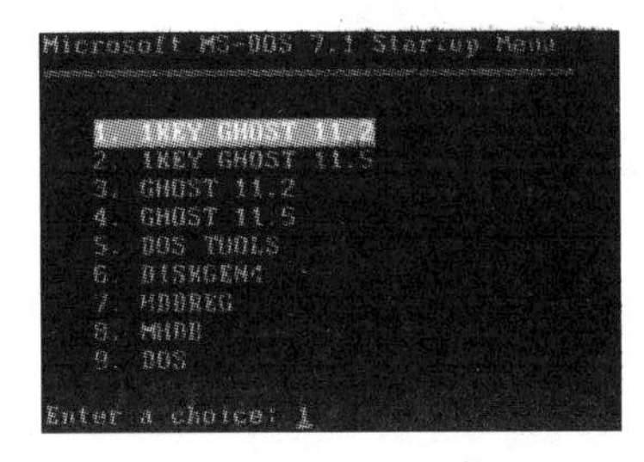

图 14.2.5　运行模式选择界面

(4)选择支持的设备类型，输入数字 1，按 Enter 键，支持 IDE/SATA 兼容模式，如图 14.2.6 所示。

(5) 出现“一键恢复系统”界面，按 K 键开始恢复系统，如图 14.2.7 所示。

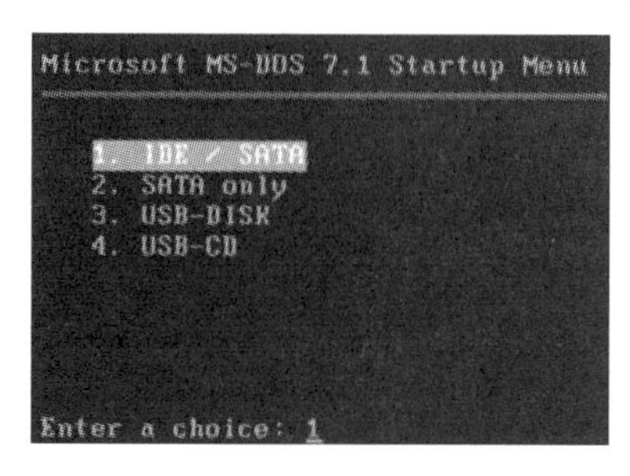

图 14.2.6　所支持的设置类型选择界面

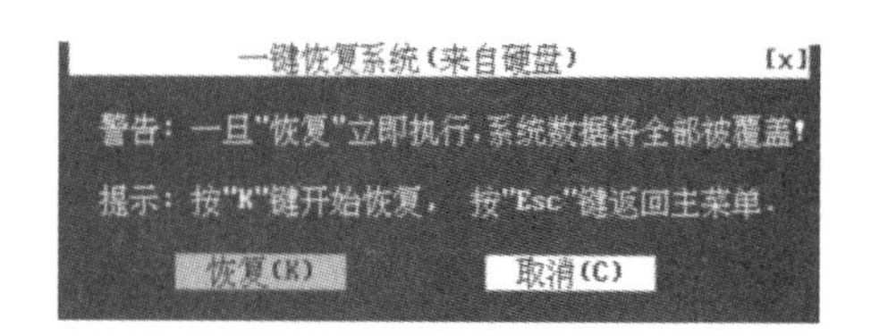

图 14.2.7　“一键恢复系统”界面

(6) 图 14.2.8 所示为系统恢复过程窗口，所备份的镜像文件数据开始快速地复制到被破坏的系统分区，系统将恢复到之前所备份的系统内容。

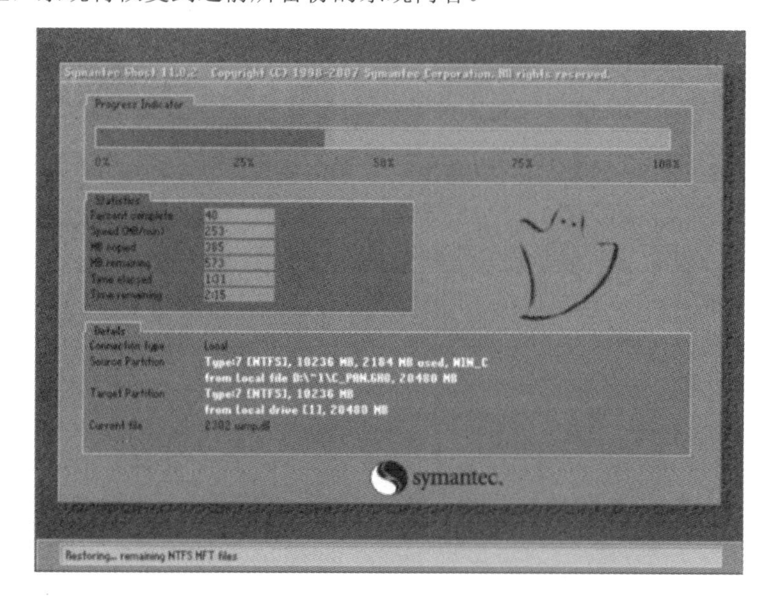

图 14.2.8　系统恢复界面

项目十五　信息检索与文献资料管理

实验 15.1　网络信息资源检索

【实验目的与要求】

（1）掌握互联网信息的基本检索技能。

（2）了解搜索引擎的高级技巧。

【实验内容与步骤】

任务 1：利用百度搜索引擎，查找最近一个月曾出现在搜狐网站上，标题中包含“大数据”“重庆”两个关键词的网页。

在万维网上查找信息，一般操作是在搜索引擎入口，直接输入检索词，得到检索结果。但这样的查询方式，结果往往成千上万，用户想要的信息容易被淹没在海量垃圾信息中。例如，在百度搜索引擎查询框中输入“大数据”“重庆”，查询结果如图 15.1.1 所示，相关结果达 77 30000 个，显然这样查询没有真正完成任务要求。其实，出现这样的情况，并非搜索引擎的不足，而是用户没能很好地驾驭它，没有掌握好搜索引擎的使用技巧。自然，每个搜索引擎都有自己的查询方法，充分熟悉其功能，熟练掌握搜索技能，才能既快又准又全地检索出结果。

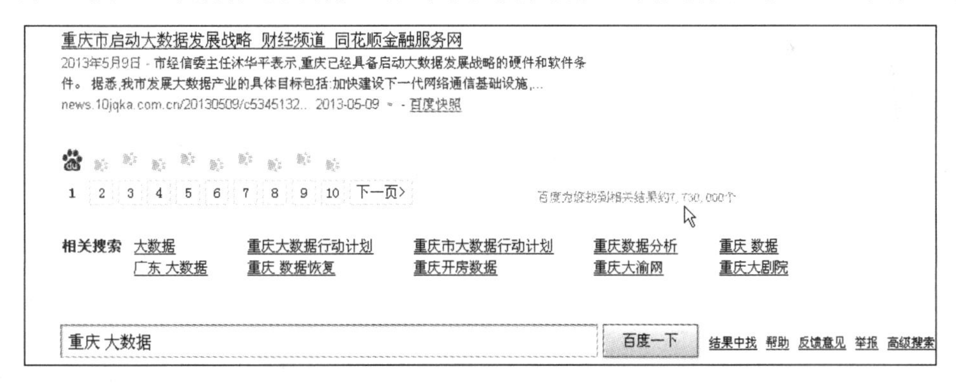

图 15.1.1　百度关键词搜索

（1）打开百度搜索引擎的主页。

（2）先在搜索框中输入“重庆”“大数据”；再单击“百度一下”按钮，得到结果如图 15.1.2 所示。

（3）搜索结果的下方最右端有“高级搜索”选项，单击打开高级搜索页面，根据任务要求，在“时间”下拉列表框中选择“最近一月”选项，关键词要求“仅网页的标题中”，指定网站是 sohu.com。

（4）再单击“百度一下”按钮，检索结果 15 个，如图 15.1.3 所示；如果有需要，可以逐个打开网页，浏览相关信息。

Bai du 百度　高级搜索

搜索结果	包含以下**全部**的关键词	重庆 大数据　百度一下
	包含以下的**完整关键词**	
	包含以下**任意一个**关键词	
	不包括以下关键词	
搜索结果显示条数	选择搜索结果显示的条数	每页显示10条
时间	限定要搜索的网页的时间是	最近一月
语言	搜索网页语言是	⊙ 全部语言 ○ 仅在简体中文中 ○ 仅在繁体中文中
文档格式	搜索网页格式是	所有网页和文件
关键词位置	查询关键词位于	○ 网页的任何地方 ⊙ 仅网页的标题中 ○ 仅在网页的URL中
站内搜索	限定要搜索指定的网站是	sohu.com　例如：baidu.com

©2014 Baidu

图 15.1.2　高级搜索

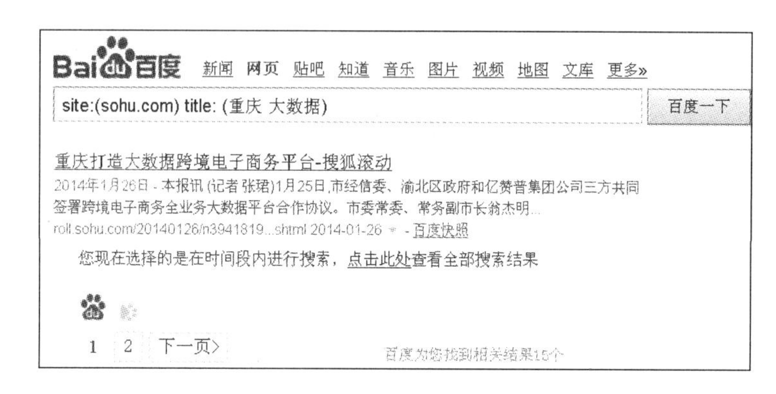

图 15.1.3　搜索结果

提示：高级搜索设置后，百度搜索框中两个关键词已经有了调整，表现为“site:(sohu.com) title: （重庆大数据）”。其中，“Site：”的意思是信息出处，“Title：”的意思是其后关键词要求在网页标题中出现。在网络信息检索中，要实现信息的查全率与查准率这两个要求，必须懂一些高级搜索技巧。以百度为例，有以下几个常用的提高效率的高级搜索技巧。

（1）搜索的关键词要求包含在标题中——intitle。互联网上很多类型的网页都具备某种相似的特征，例如，小说网页通常就有一个目录页，小说名称一般出现在网页标题中，而页面上通常有“目录”二字，单击页面上的链接，就进入具体的章节页，章节页的标题是小说章节名称；软件下载页，通常软件名称在网页标题中，网页正文有下载链接，并且会出现“下载”这个词等。intitle，表示后接的词限制在网页标题范围内。把查询内容范围限定在网页标题中，有时能获得良好的效果。使用的方式，是把查询内容中特别关键的部分用“intitle:”领起来。注意，“intitle:”和后面的关键词之间不要有空格。

（2）把搜索范围限定在特定站点中——site。用户如果知道某个站点中有自己需要找的东西，就可以把搜索范围限定在这个站点中，提高查询效率。使用的方式，是在查询内容的后面加上“site:站点域名”。例如，天空网下载软件就可以这样查询：msnsite:skycn.com。注意，“site:”后面跟的站点域名不要带“http://”；另外，“site:”和站点名之间不要带空格。

（3）把搜索范围限定在 url 链接中——inurl。网页 url 中的某些信息，常常有某种有价值的含义。于是，如果对搜索结果的 url 进行某种限定，就可以获得良好的效果。实现的方式是用“inurl:”后跟需要在 url 中出现的关键词。例如，找关于 CorelDraw 的使用技巧，可以这样查询：CorelDraw inurl:jiqiao。上面这个查询串中的CorelDraw可以出现在网页的任何位置，而jiqiao则必须出现在网页url中。注意，“inurl:”语法和后面所跟的关键词，不要有空格。

（4）精确匹配——双引号“”或书名号《》。如果输入的查询词很长，百度经过分析后，给出的搜索结果中的查询词，可能是拆分的。如果对这种情况不满意，可以尝试让百度不拆分查询词。给查询词加上双引号，就可以达到这种效果。书名号是百度独有的一个特殊查询语法。在其他搜索引擎中，书名号会被忽略，而在百度中，中文书名号是可被查询的。加上书名号的查询词有两层特殊功能，一是书名号会出现在搜索结果中；二是被书名号括起来的内容，不会被拆分。书名号在某些情况下特别有效果，例如，查名字很通俗和常用的那些电影或者小说如查电影“手机”，如果不加书名号，很多情况下出来的是通信工具——手机，而加上书名号后，《手机》结果就都是关于电影方面的了。

（5）搜索结果中不含特定查询词——减号“-”。在关键词的前面使用减号，也就意味着要求搜索结果去除特定查询词。例如，搜“雍正王朝”，希望结果是小说方面的，却查询得到了很多电视剧方面的网页，就可以这样定制查询：雍正王朝-电视剧。注意，前一个关键词和减号之间必须有空格，否则减号会被当成连字符处理，而失去减号的语法功能；减号和后一个关键词之间，有无空格均可。

（6）搜索特定类型的文档——filetype:。很多有价值的资料在互联网上并非普通的网页，而是以Word、Excel、PowerPoint、PDF、纯文本等格式存在。百度支持对Office文档（包括Word、Excel、PowerPoint）、Adobe PDF文档、RTF文档进行全文搜索。要搜索这类文档，很简单，在普通的查询词后面，加一个“filetype:”文档类型限定。“filetype:”后可以跟以下文件格式：DOC、XLS、PPT、PDF、RTF、ALL等；其中，ALL表示搜索所有这些文件类型。例如，查找网络上《论语》的纯文本电子书，就可以“论语 filetype:txt”，单击结果标题，直接下载该文档，也可以单击标题后的“HTML版”快速查看该文档的网页格式内容。

实验15.2 数字学术文献的检索

【实验目的与要求】

（1）掌握中国期刊全文数据库镜像。

（2）了解搜索学术文献相关使用。

【实验内容与步骤】

任务1：利用中国期刊全文数据库镜像，检索标题中包含“大数据”关键词的5篇最新学术文献的相关信息；通过摘要模式浏览，选择下载其中的1篇文献的全文。

CNKI即中国知识基础设施（China National Knowledge Infrastructure）工程。CNKI工程是以实现全社会知识资源传播共享与增值利用为目标的信息化建设项目，由清华大学、清华同方发起，始建于1999年6月。要完成本任务，主要是基于中国学术期刊网络出版总库的文献查询，它是世界上最大的连续动态更新的中国学术期刊全文数据库，该数据库以学术、技术、政策指导、高等科普和教育类期刊为主，内容覆盖自然科学、工程技术、农业、哲学、医学、人文社会科学等各个领域。截至2012年10月，收录国内学术期刊7900多种，其中创刊至1993年3500余种，1994年至今7700余种，全文文献总量3500多万篇。

（1）在浏览器中输入中国知网的网址：http://www.cnki.net，得到图 15.2.1。

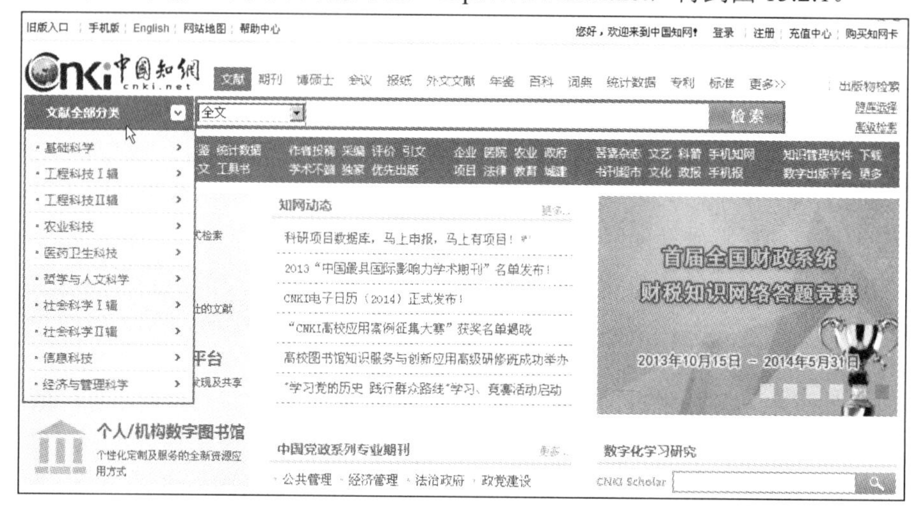

图 15.2.1　中图知网首页

（2）定位检索词在文献中的位置。中国知网首页界面前端有一个检索框，本任务的检索要求不复杂，可在检索框中直接查询。这其实是一种类似搜索引擎的入门级检索方式，检索者只需要输入所要找的检索词，单击“检索”按钮，就可查到与检索词相关的文献。但即使是入门级的检索，也需要定义检索词在文献中的正确位置，需要从“全文、主题、篇名……”等正确选择，如图 15.2.2 所示。

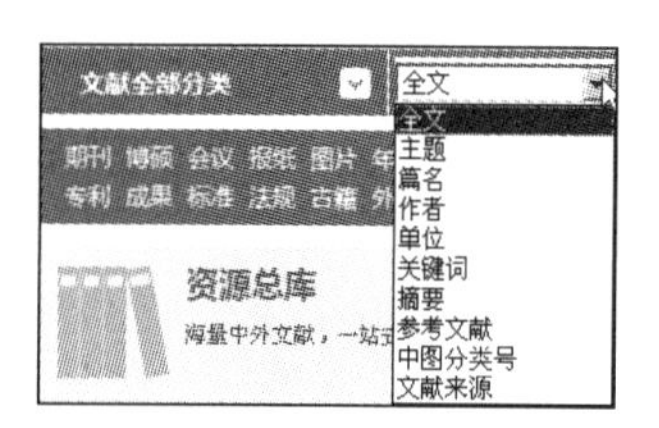

图 15.2.2　选择文献分类

（3）单击左上的“全文”下拉按钮，选择“主题”选项，在检索框中输入“大数据”，单击“检索”按钮，得到搜索结果，选择搜索结果左上角的“排序”→“发表时间”选项，得到最新发表的 5 篇文献，截图如图 15.2.3 所示，完成任务。

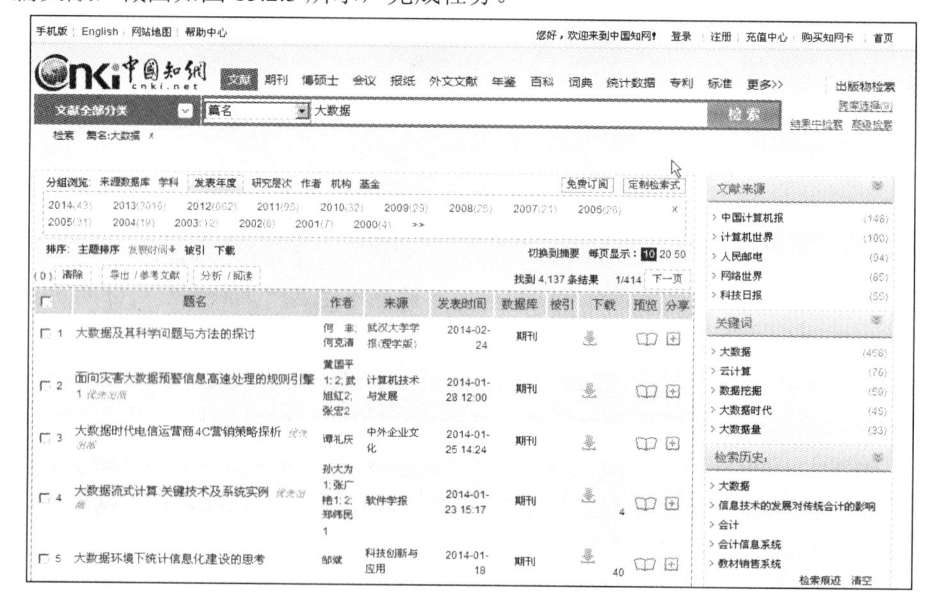

图 15.2.3　检索结果

（4）如果检索结果数量太多，用户可以在检索结果上端的“分组浏览”选择文献发表的时间（一般以年为单位）；还可以选择检索结果排序的方式，本任务要求是最新发表的文献，单击“发表时间”选项，得到最新 5 篇文献的相关信息。

（5）单击检索结果右上方位的“切换到摘要”模式，得到最新两篇文献的摘要信息如图 15.2.4 所示。

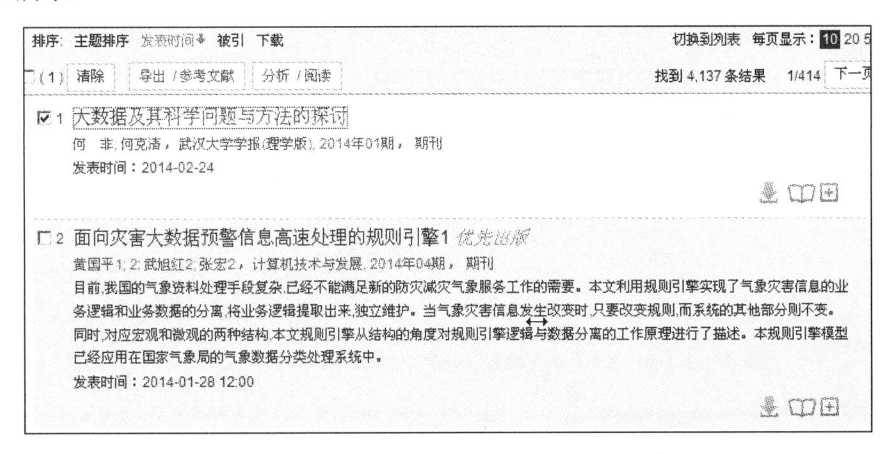

图 15.2.4　检索摘要信息

（6）下载全文。单击需要下载文献的标题，如第 2 篇文献，得到下载界面如图 15.2.5 所示。有 CAJ 下载或 PDF 下载的选项。

提示：CNKI 的下载是付费的，因此需要支付一定的费用，才能获取全文；即使下载全文后，也需要安装 CAJVIEWS 浏览器或 PDF 浏览器，才能打开全文，获取完整的学术信息。

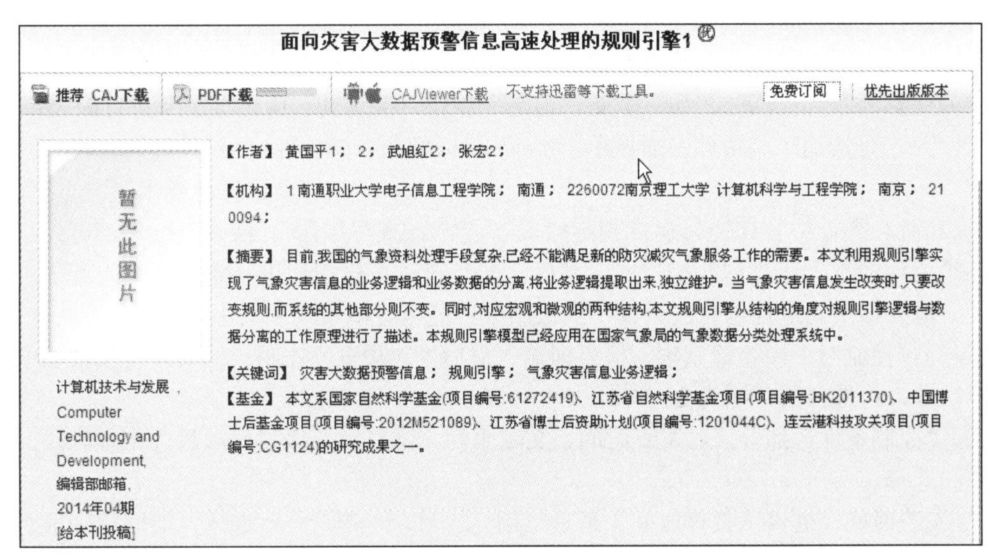

图 15.2.5　下载全文

任务 2：检索 2012～2013 年期间，在文献篇名中包含“大数据”相关的全部学术文献。

单击基本检索框右侧的“高级检索”按钮，如图 15.2.6；进入高级检索界面，选择检索词的位置为“篇名”，在检索控制条件中将发表时间定义为“2012 年 1 月 1 日”至“2013 年 12 月 31 日”，单击“检索”按钮，得到结果如图 15.2.6 所示。

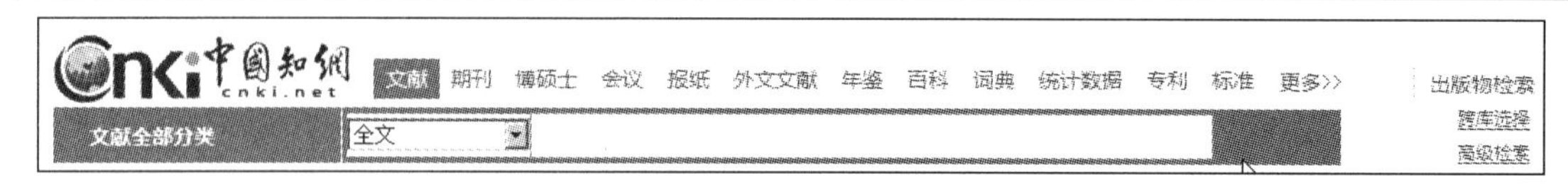

图 15.2.6　高级检索

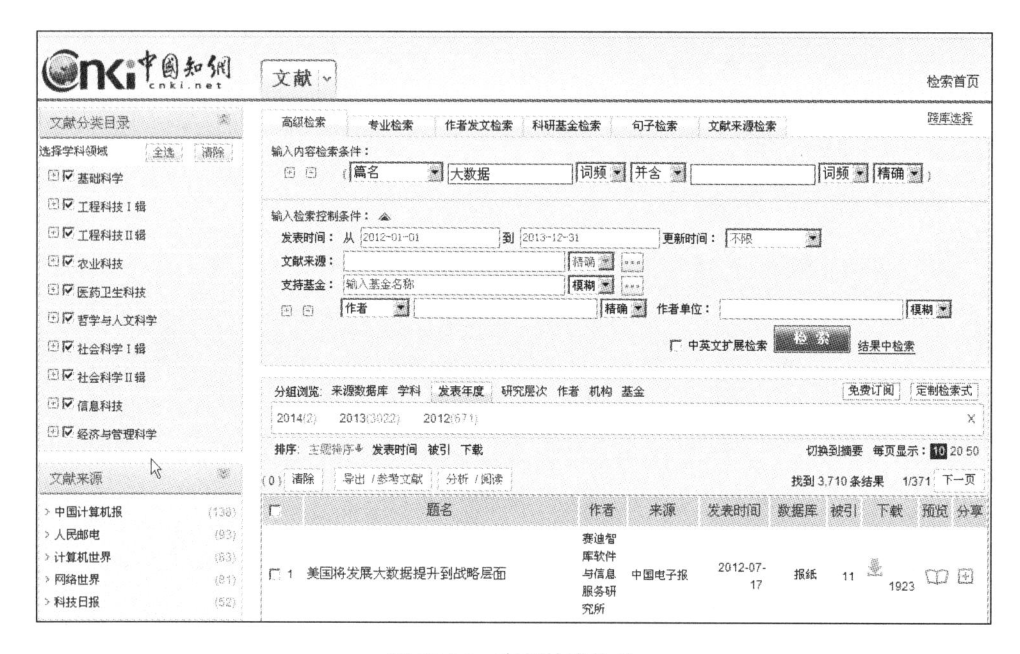

图 15.2.7　高级检索结果

提示：在 CNKI 高级检索界面里，用户可针对文献信息的内容检索条件、检索控制条件进行诸多的定制，选择最合适的检索策略，来查找相关文献。高级检索的常见条件如下。

（1）文献内容特征部分，如对全文、篇名、主题、关键词、中图分类号进行限制。

① “+”号增加限制条件。通过单击“+”图标增加多个条件（最多可增加至 4 项），提高查准率。

② 精确、模糊检索和逻辑运算判定检索项前、后的“并且”“精确”选项，可控制该检索项的检索词的逻辑运算和匹配方式。精确匹配是对输入检索词进行完全相同的查询，模糊匹配是对输入检索词进行包含的查询，查询结果可能包含检索词和其中的切分词。

③ 词频控制对于内容检索项，检索词输入框后“词频”可控制该检索词在检索项中出现的最少次数，可选择的范围为 2～9。

（2）“控制条件”部分，对发表时间、文献来源、国家及各级科研项目、作者等四部分进行限定和选择。

① 发表时间，提供了具体时间、最近一周、一月、半年、一年选项，能够精确地对时间范围进行限定；具体时间输入可通过日历表进行选择，将光标移至输入框时，系统自动弹出日历表。

② 文献来源，指在检索中限定文献的来源范围、出版媒体、机构或提供单位等。可直接在检索框中输入出版媒体、机构的名称关键词，也可以单击检索框后的“文献来源列表”按钮，跳转至“文献出版来源”检索界面进行检索，在检索结果中选择文献来源输入检索框中。此项限定功能提供了精确和模糊检索。

③ 国家及各级科研项目，指在检索中可限定文献的支持基金，可直接在检索框中输入基金名称的关键词，也可以点击检索框后的“基金列表”按钮，跳转至“科研基金检索”界面进行检索，在检索结果中选择基金输入检索框中。此项限定功能提供了精确和模糊检索。

④ 作者，指在检索中可限定文献的作者和作者单位。可通过单击“+”图标增加多个作者和作者单位（最多可增加至 4 个），扩大检索范围，提高查准率。此项限定功能提供了精确和模糊检索以及逻辑运算（并且、或者、不含）选项。

在高级搜索中，也提供了“在结果中检索”的进一步缩小检索范围的方式。

任务 3：检索以“大数据”为主题的被引用频率、下载量居前列的相关学术文献信息。

（1）在被引用方面居前列的 5 篇文献信息。

① 进入中国知网首页，在“数字化学习研究”特色功能区，如图 15.2.8 所示，选择打开“学术趋势搜索”。

② 在搜索框中输入“大数据”关键词，单击搜索按钮，如图 15.2.9 所示。

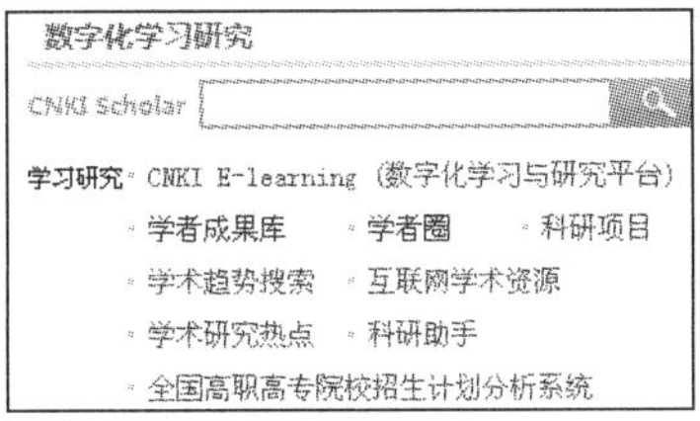

数字化学习研究
CNKI Scholar
学习研究 CNKI E-learning（数字化学习与研究平台）
学者成果库　学者圈　科研项目
学术趋势搜索　互联网学术资源
学术研究热点　科研助手
全国高职高专院校招生计划分析系统

图 15.2.8

图 15.2.9

③ 得到结果如图 15.2.10 所示，信息在“学术关注度”下，左边折线图为近年公开发表的相关学术文献情况，右边为全部年份“大数据”的相关热门被引文章，按被引频次从高到低排序，如图 15.2.10 所示。

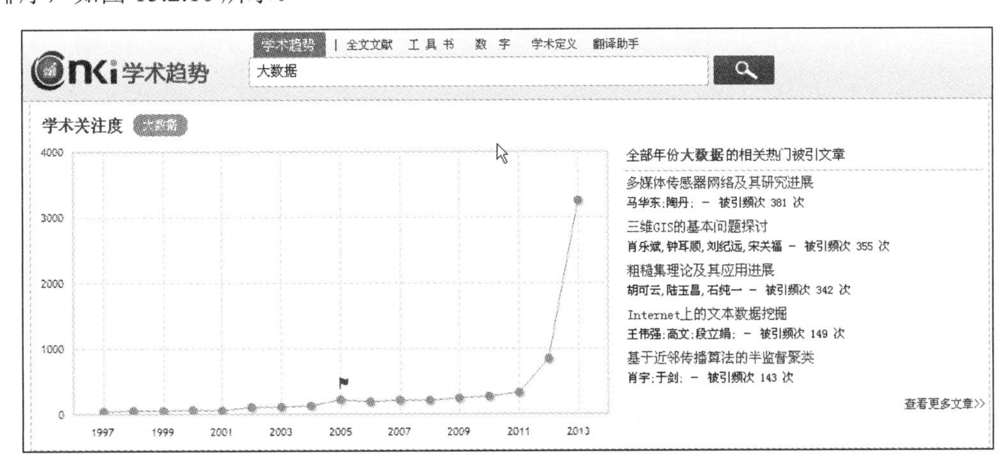

图 15.2.10

（2）最近一年内，下载量方面均居前列的 5 篇文献信息。

在学术趋势搜索框中，输入“大数据”关键词，在“用户关注度”的结果中，可得到需要的文献信息，如图 15.2.11 所示。

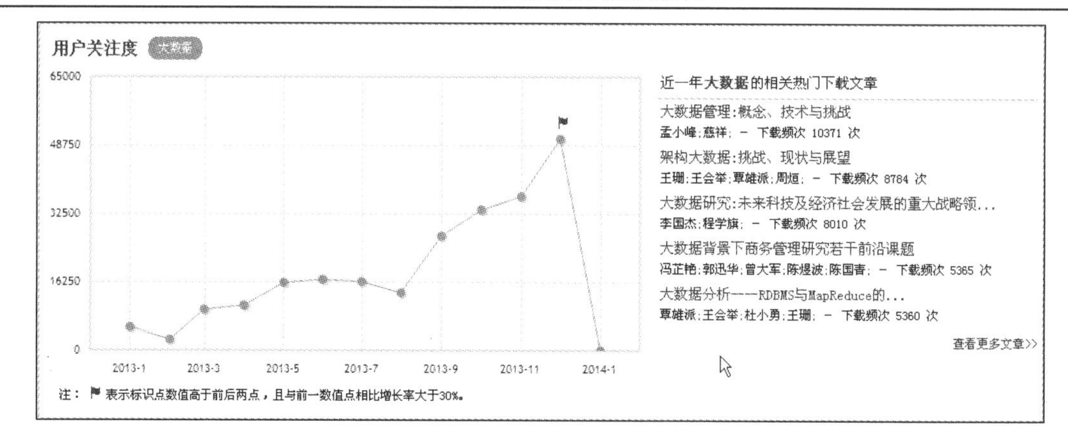

图 15.2.11

提示：CNKI 是全球信息量最大、最具价值的中文文献数据库，据统计，CNKI 网站的内容数量大于目前全世界所有中文网页内容的数量总和，可谓世界第一中文网；CNKI 收藏有期刊杂志、报纸、博士硕士论文、会议论文、图书、专利等的文献信息，其内容经过了深度加工、编辑、整合，以数据库形式进行有序管理，内容有明确的来源、出处，内容可信可靠；因此，CNKI 信息有较高的文献收藏价值和使用价值，可以作为学术研究、科学决策的依据，基于中国知网的学术文献信息检索的技巧，对于国内大学生，是很有必要掌握的技能。

项目十六　计算机网络与服务的构建

实验 16.1　Web 服务器的安装与测试

【实验目的与要求】

（1）熟悉在 Windows 7 系统中的 Web 服务器配置。

（2）熟练 Web 服务器中物理路径的设置。

（3）掌握添加新网站的方法。

【实验内容与步骤】

（1）右击网站，执行“添加网站”命令，如图 16.1.1 所示。

（2）进入“添加网站”页面，在“网站名称”文本框中可以输入相关内容，如“计算机网站”，如图 16.1.2 所示。

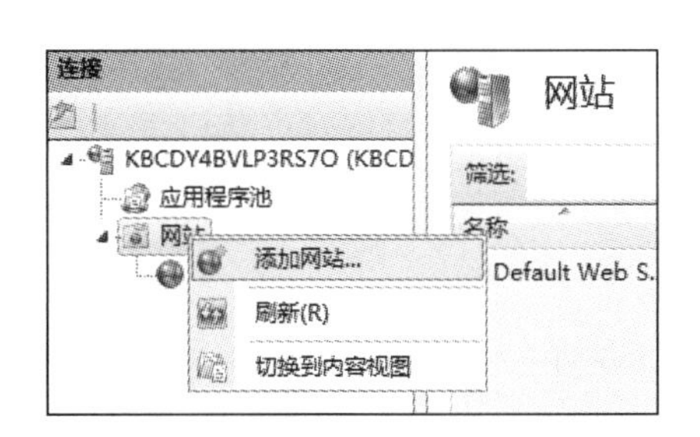

图 16.1.1　添加网站

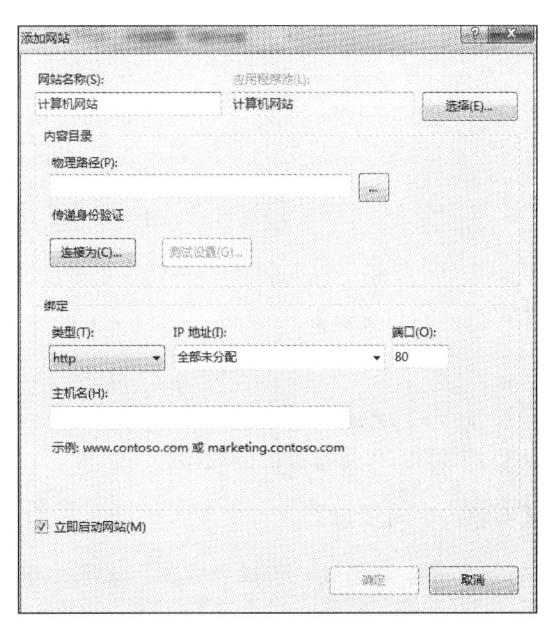

图 16.1.2　“添加网站”页面

（3）单击物理路径后的…按钮，选择自己的物理路径，如图 16.1.3 所示。这里的路径是根据用户自己的需要来进行选择的，可以建立在任何盘任何文件下，这里没有限制。

（4）在网站绑定部分，可以选择相应的设置，包括 IP 地址和端口，如图 16.1.4 所示。

（5）单击下面的“确定”按钮，此时，在“网站”下就出现“计算机网站”这个标志，如图 16.1.5 所示。

（6）可以进入浏览器中输入相关内容，如图 16.1.6 所示。

图 16.1.3　选择相应的物理路径

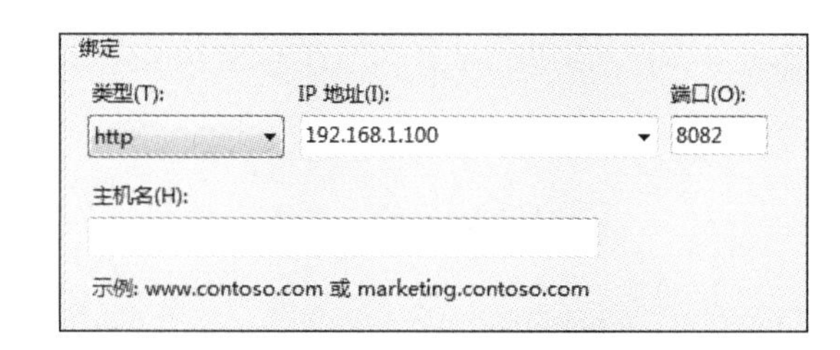

图 16.1.4　选择 IP 地址和端口

图 16.1.5　计算机网站

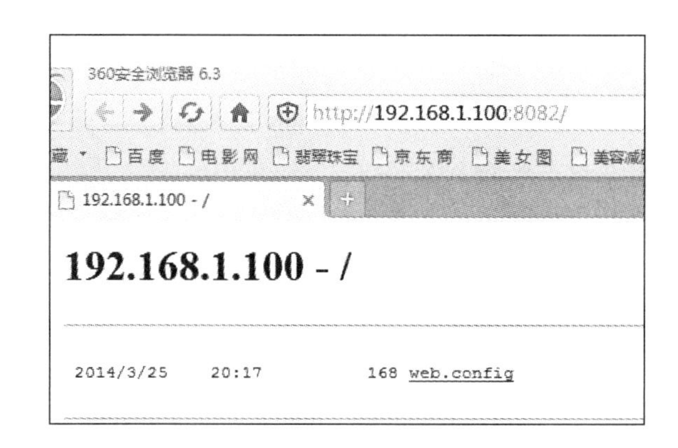

图 16.1.6　浏览器中相关输入

实验 16.2　FTP 服务器的安装与使用

【实验目的与要求】

（1）熟悉在 Windows 7 系统中的 FTP 配置。

（2）熟练 FTP 服务器中物理路径的设置。

（3）了解 FTP 服务器访问权限。

【实验内容与步骤】

（1）打开控制面板，选择“程序”选项，如图 16.2.1 所示。

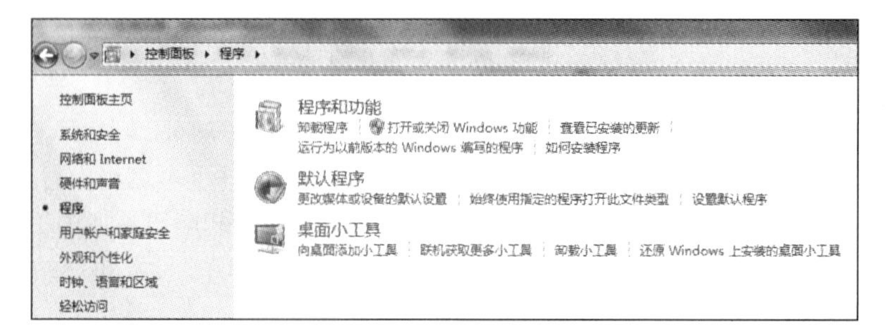

图 16.2.1　程序

（2）选择“打开或关闭 Windows 功能”选项，在“Windows 功能”窗口中选中“Internet 信息服务”中的“FTP 服务器”中“FTP 服务”和“FTP 扩展性”复选框，如图 16.2.2 所示。

图 16.2.2　打开或关闭 Windows 功能

（3）单击“确定”按钮，执行“控制面板”→“系统和安全”→“管理工具”→“Internet 信息服务（IIS）管理器”命令，如图 16.2.3 所示。

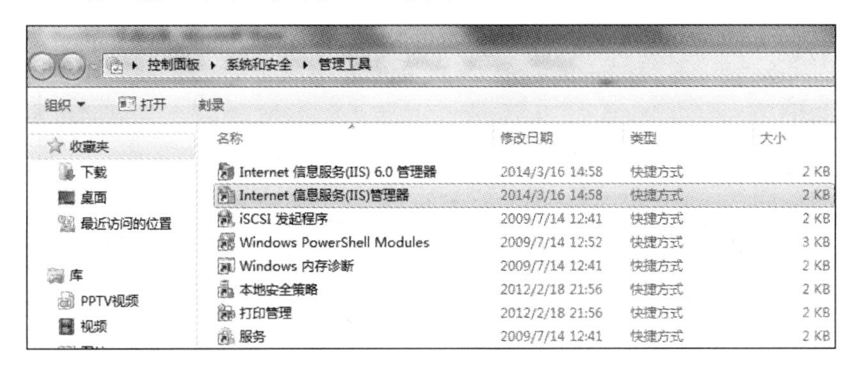

图 16.2.3　管理工具

（4）双击 Internet 信息服务（IIS）管理器，右击计算机名称，执行“添加 FTP 站点”命令，如图 16.2.4 所示。

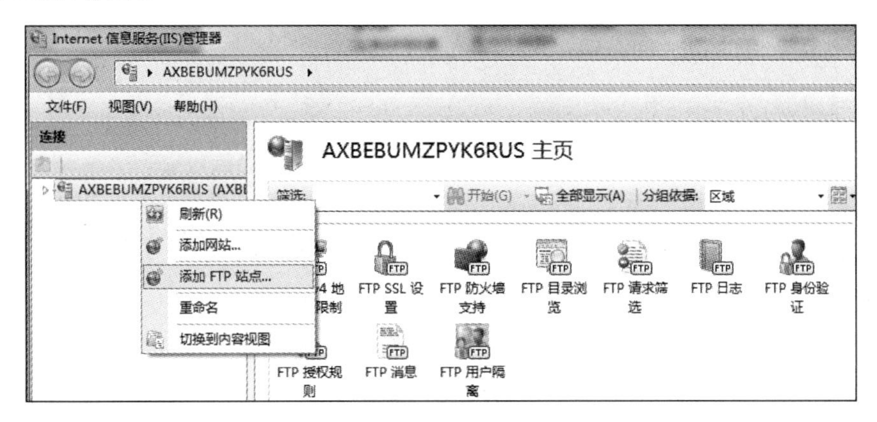

图 16.2.4　添加 FTP 站点

（5）“FTP 站点名称”文本框中输入 localhost，然后选择 FTP 目录物理路径，单击“下一步”按钮，IP 地址选“自己的 IP”选项，端口可以自己设，选中“自动启动 FTP 站点”复选框，“SSL”区域选中“允许”单选按钮，如图 16.2.5、图 16.2.6、图 16.2.7 所示。

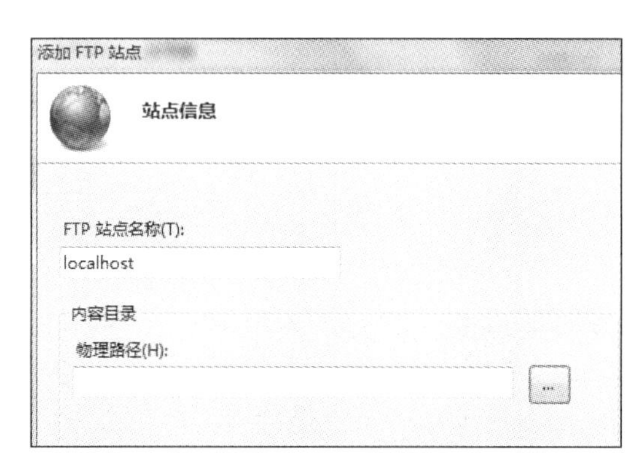

图 16.2.5　添加 FTP 站点名称

图 16.2.6　添加物理路径

图 16.2.7　绑定和 SSL 设置

（6）单击“下一步”按钮，“身份验证”选“匿名”选项，“允许访问”选“匿名用户”选项，“权限”处选中“读取”或“写入”复选框，如图 16.2.8 所示，单击“完成”按钮。

（7）打开控制面板，执行“系统和安全”→“允许程序通过防火墙”命令，选中“FTP”服务器及后面两个复选框，如图 16.2.9 所示。

现在在 Windows 7 系统下通过自带的 IIS 搭建的匿名 FIP 就已成功，可以通过输入 FTP 的地址来进行数据的上传与下载。

图 16.2.8　身份验证和授权信息

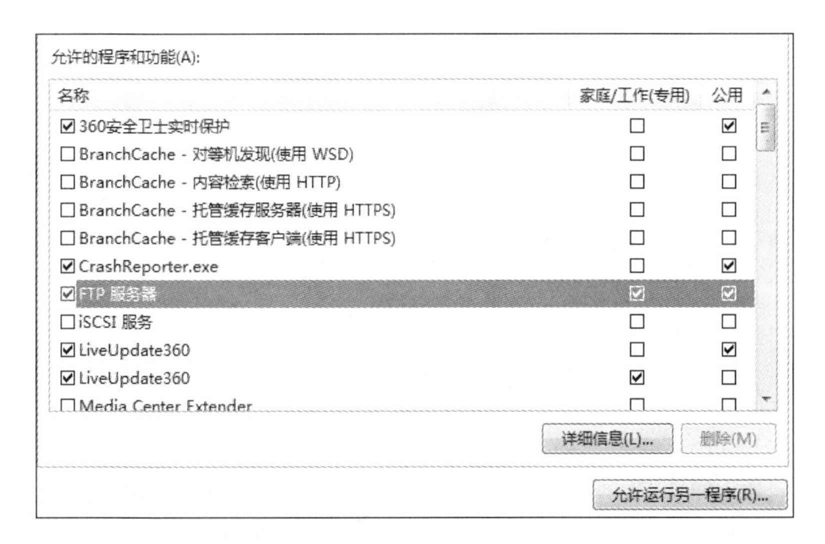

图 16.2.9　防火墙相关设置

实验 16.3　网络故障检测命令

【实验目的与要求】

（1）熟悉在 Windows 7 系统中 cmd 命令的使用。

（2）熟练在 Windows 7 环境下测试本机地址。

（3）掌握如何测试一个网站是否连通。

【实验内容与步骤】

（1）使用 ping 命令诊断本地 TCP/IP 是否安装正常，检测方法如下：从计算机“开始”菜单中找到 cmd 命令，打开 Windows 启动，在搜索程序和文件中输入 cmd，如图 16.3.1 所示。

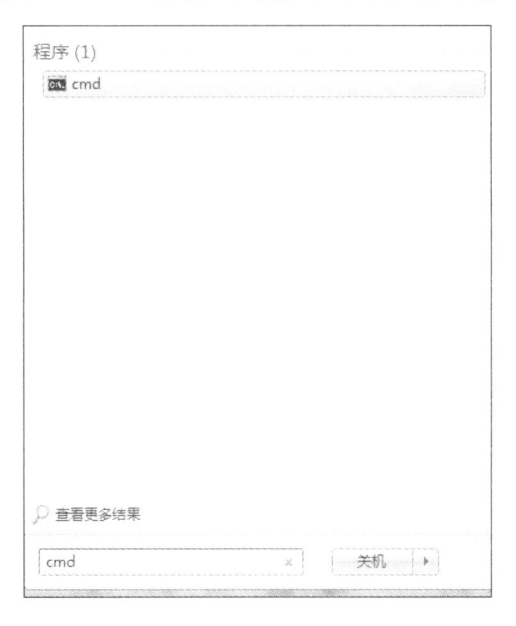

图 16.3.1　cmd 命令

（2）单击 cmd 命令后，进入相关操作框，如图 16.3.2 所示。

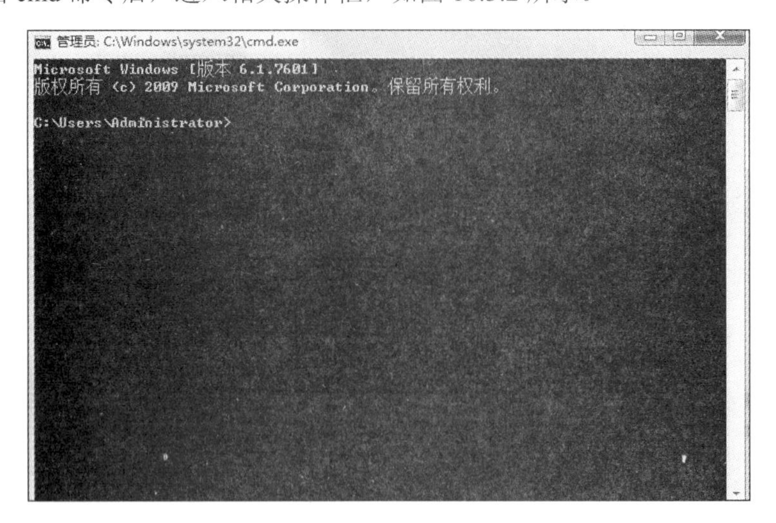

图 16.3.2　cmd 操作框

（3）输入 ping 命令，输入 ping 127.0.0.1，然后按 Enter 键即可开始检查本地 TCP/IP 是否安装正常，如图 16.3.3 所示。

检测结果显示，可以正常响应，至此可以说明本地 TCP/IP 网络协议安装是正常的，其实这一步，一般都正常，除非没有安装好网卡或驱动，又或者网卡出故障了。

（4）下面还可以使用 ping 命令查看计算机的 IP 地址、子网掩码和网关地址等与网络有关的信息，方法是继续输入:ipconfig /all，然后再按 Enter 键确认检测，如图 16.3.4 所示。

```
管理员: C:\Windows\system32\cmd.exe
Microsoft Windows [版本 6.1.7601]
版权所有 (c) 2009 Microsoft Corporation。保留所有权利。

C:\Users\Administrator>ping 127.0.0.1

正在 Ping 127.0.0.1 具有 32 字节的数据:
来自 127.0.0.1 的回复: 字节=32 时间<1ms TTL=128
来自 127.0.0.1 的回复: 字节=32 时间<1ms TTL=128
来自 127.0.0.1 的回复: 字节=32 时间<1ms TTL=128
来自 127.0.0.1 的回复: 字节=32 时间<1ms TTL=128

127.0.0.1 的 Ping 统计信息:
    数据包: 已发送 = 4, 已接收 = 4, 丢失 = 0 (0% 丢失),
往返行程的估计时间(以毫秒为单位):
    最短 = 0ms, 最长 = 0ms, 平均 = 0ms
```

图 16.3.3　ping 本地地址

```
管理员: C:\Windows\system32\cmd.exe
   主机名  . . . . . . . . . . . . . : AXBEBUMZPYK6RUS
   主 DNS 后缀 . . . . . . . . . . . :
   节点类型  . . . . . . . . . . . . : 混合
   IP 路由已启用 . . . . . . . . . . : 否
   WINS 代理已启用 . . . . . . . . . : 否
   DNS 后缀搜索列表  . . . . . . . . : cqrz.edu.cn

以太网适配器 本地连接:

   连接特定的 DNS 后缀 . . . . . . . : cqrz.edu.cn
   描述. . . . . . . . . . . . . . . : Atheros AR8132 PCI-E Fast Ethernet Contro
ller (NDIS 6.20)
   物理地址. . . . . . . . . . . . . : 48-5B-39-24-9D-2A
   DHCP 已启用 . . . . . . . . . . . : 是
   自动配置已启用. . . . . . . . . . : 是
   本地链接 IPv6 地址. . . . . . . . : fe80::3d23:74c2:f5c3:27e2%13(首选)
   IPv4 地址 . . . . . . . . . . . . : 172.20.205.35(首选)
   子网掩码  . . . . . . . . . . . . : 255.255.255.0
   获得租约的时间  . . . . . . . . . : 2014年3月16日 15:48:22
   租约过期的时间  . . . . . . . . . : 2014年3月16日 21:48:22
   默认网关. . . . . . . . . . . . . : 172.20.205.254
   DHCP 服务器 . . . . . . . . . . . : 180.84.200.6
   DHCPv6 IAID . . . . . . . . . . . : 306731833
   DHCPv6 客户端 DUID  . . . . . . . : 00-01-00-01-1A-B5-BC-F8-48-5B-39-24-9D-2A
```

图 16.3.4　ipconfig 使用

以上本地连接信息中，有些也比较重要，如图 16.3.4 中的 IPv4 地址代表本地 IP 地址，默认网关为路由器地址等。这些在一些如固定本地 IP、查看路由器地址等方面都是有用的。

（5）最后介绍如何 ping 网址，也就是检测计算机与互联网是否是联通的，方法是在以上命令操作中，需要 ping 的网址，看看计算机能够访问该网站，以 ping 百度为例：在命令框中输入 ping www.cqrz.edu.cn -t 然后按 Enter 键确认，如图 16.3.5 所示。

```
管理员: C:\Windows\system32\cmd.exe - ping www.cqrz.edu.cn -t

C:\Users\Administrator>ping www.cqrz.edu.cn -t

正在 Ping www.cqrz.edu.cn [180.84.200.1] 具有 32 字节的数据:
来自 180.84.200.1 的回复: 字节=32 时间<1ms TTL=62
来自 180.84.200.1 的回复: 字节=32 时间<1ms TTL=62
来自 180.84.200.1 的回复: 字节=32 时间=1ms TTL=62
来自 180.84.200.1 的回复: 字节=32 时间<1ms TTL=62
来自 180.84.200.1 的回复: 字节=32 时间<1ms TTL=62
来自 180.84.200.1 的回复: 字节=32 时间<1ms TTL=62
来自 180.84.200.1 的回复: 字节=32 时间=1ms TTL=62
来自 180.84.200.1 的回复: 字节=32 时间<1ms TTL=62
来自 180.84.200.1 的回复: 字节=32 时间<1ms TTL=62
来自 180.84.200.1 的回复: 字节=32 时间=1ms TTL=62
来自 180.84.200.1 的回复: 字节=32 时间<1ms TTL=62
来自 180.84.200.1 的回复: 字节=32 时间=1ms TTL=62
来自 180.84.200.1 的回复: 字节=32 时间<1ms TTL=62
来自 180.84.200.1 的回复: 字节=32 时间=1ms TTL=62
来自 180.84.200.1 的回复: 字节=32 时间<1ms TTL=62
来自 180.84.200.1 的回复: 字节=32 时间<1ms TTL=62
来自 180.84.200.1 的回复: 字节=32 时间<1ms TTL=62
来自 180.84.200.1 的回复: 字节=32 时间<1ms TTL=62
来自 180.84.200.1 的回复: 字节=32 时间<1ms TTL=62
来自 180.84.200.1 的回复: 字节=32 时间<1ms TTL=62
来自 180.84.200.1 的回复: 字节=32 时间<1ms TTL=62
```

图 16.3.5　ping 网址

可以看到一切正常，也就是说，计算机跟网络是联通的，利用这种方法可以知道网络连接是否正常。

项目十七　多媒体信息处理

实验 17.1　使用 Image Optimizer 压缩图像

【实验目的与要求】

（1）使用 Image Optimizer 压缩单幅图像。

（2）使用 Image Optimizer 压缩批量图像。

【实验内容与步骤】

Image Optimizer 可以根据图像的色区“因色压缩”，也就是颜色少的区域多压缩，颜色多的区域少压缩，以此来换回在近似画质下更小的图像体积。

在使用 Image Optimizer 压缩图像时要根据不同图像，选用不同的目标文件格式。对于色彩较少的示意性图像，可以选择 GIF、PNG（推荐）的索引色彩格式进行存储；对于色彩丰富的照片类图像，尤其是过渡平缓的图像，选用 JPG 格式保存比较好。

任务 1：JPEG 文件压缩。

（1）单击工具栏上的“打开”按钮，打开一幅待压缩的图像。

（2）单击工具面板上的“压缩图像”按钮，弹出“优化”图像预览窗口和“压缩图像”控制面板，如图 17.1.1 所示。

图 17.1.1　“压缩图像”开始界面

（3）在“压缩图像”控制面板上选中 JPG 文件类型（默认选择的就是 JPG 格式）。

（4）取消选中控制面板中“额外颜色”“渐进”复选框。

提示：“额外颜色”复选框使文件能包含一些额外的色彩信息，质量也会稍好一些，但图像体积稍大；“渐进”复选框可以生成一个渐进的JPEG图像，在较慢的网络接入中，允许在浏览器上显示一个质量较低的JPEG图像，然后逐渐由模糊到清晰，显示质量逐渐提高。

（5）调整 JPEG 品质数值，以可接受的视觉效果为准来减小数值，一般情况下该数值为20～50。

（6）单击“自动压缩”按钮开始对图像进行自动压缩，如图17.1.2所示。

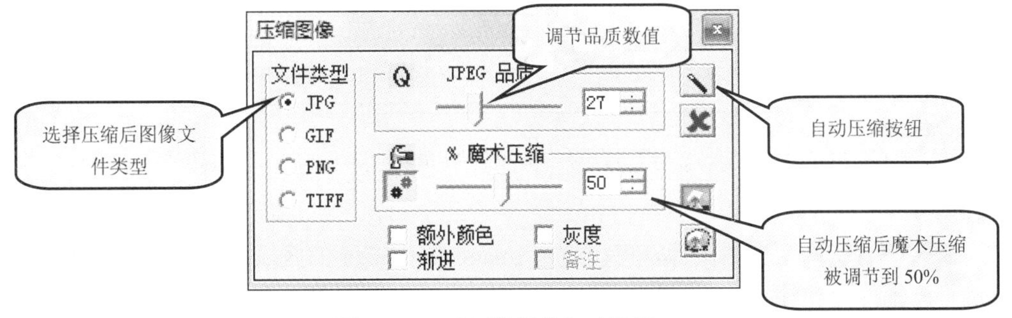

图17.1.2　“压缩图像”对话框

自动压缩完成后，在优化图像窗口的标题栏上可以看到优化后的图像文件大小和压缩比例，在主窗口的状态栏中还会显示图像的分辨率和网络传输速度等数据。

如果对效果不满意，可以手动调整魔术压缩比值，选择一个魔术压缩的平衡点。

（7）压缩完成后，执行“文件”→“优化另存为”命令，将优化的图像保存成JPEG文件。

通过比较可以发现，压缩后的图像品质没有太大的变化，但文件大小却从原来的2.19MB缩小至112KB。

提示：单击“魔术压缩”滑竿前的“切换额外和魔术压缩”按钮还能看到Image Optimizer的另一项压缩技术“额外压缩”。

魔术压缩并不把图像的每一部分都看成是同等重要的，而是通过扫描图像，保护细节丰富的区域，对于细节较少的区域则进行较多的压缩。

额外压缩即在标准压缩的基础上进一步压缩。与魔术压缩不同的是，额外压缩并不理会细节丰富和细节缺乏的分别，它将图像的每一部分都进行同等压缩，因此，额外压缩可以将图像压得更小，但压缩质量却远不如魔术压缩。

任务2：GIF、PNG图像压缩。

对于示意图、文字截屏图像等色彩较少的图像，GIF或PNG的压缩效果远好于JPG格式。一般情况下，PNG具有更高的压缩效率。

（1）打开一幅待压缩的图像，单击工具面板中的“压缩图像”按钮。

（2）在弹出的“压缩图像”控制面板中选择PNG格式（或GIF格式）类型。

（3）调节的“颜色数量”滑块，值为2～256，根据图像效果选择一个最佳平衡点。颜色数量越少，文件体积越小。

（4）对于有颜色渐变过渡的图像，可适当调整抖动参数。

提示：抖动是GIF、PNG压缩中的一项十分有用的技术，利用该技术可以模仿一些在调色板中无法找到的颜色，从而使得整个图像颜色与颜色之间的过渡更为自然，但这会增大文件的体积。

（5）单击“改善调色板”按钮Hi以改善图像质量。此操作只对某些图像有明显效果，大部分情况可以忽略，如图 17.1.3 所示。

（6）将优化的图像另存为 GIF（或 PNG）格式文件。

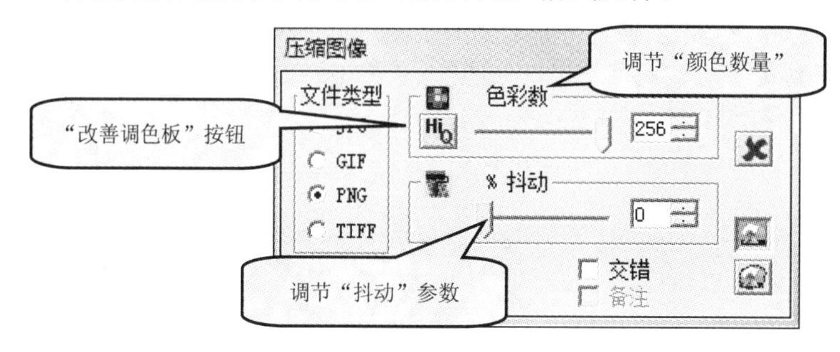

图 17.1.3　压缩 PNG 格式图像

任务 3：压缩区域图像。

对于一些有特殊要求的图像，可以使用 Image Optimizer 的区域压缩功能只对图像的部分区域进行压缩。需要注意的是，JPG 图像压缩中的“JPEG 品质”压缩和 GIF（PNG）图像压缩中的“颜色数量”压缩功能都只能应用于整幅图像，而不能仅应用于某个选定区域。

（1）打开一幅待压缩图像，单击工具面板中的“压缩图像”按钮。

（2）在弹出的“压缩图像”控制面板中选择 JPG 格式类型，单击控制面板右下角的“处理区域”按钮，弹出灰度图像的“压缩的区域”窗口，如图 17.1.4 所示。

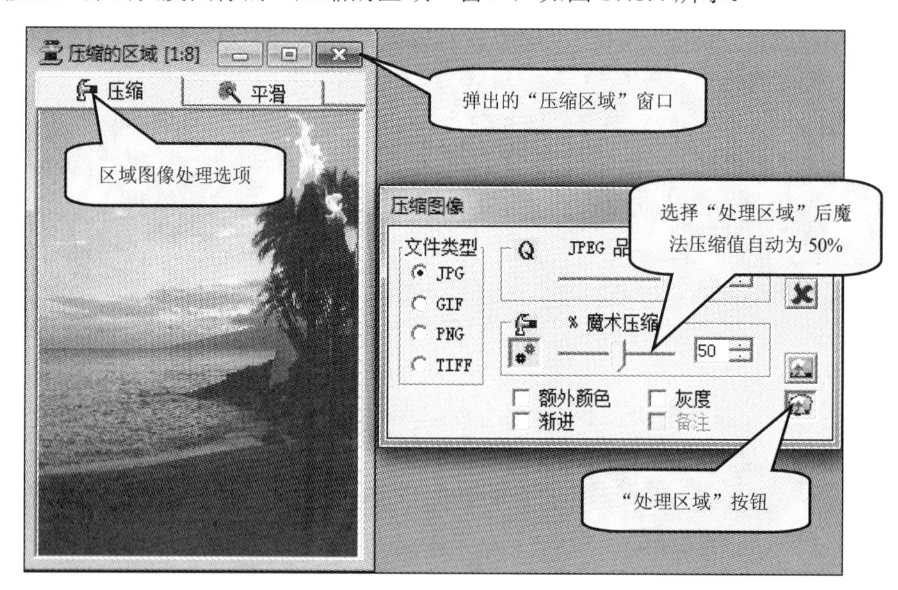

图 17.1.4　选择“处理区域”压缩功能

（3）调节“魔术压缩”或“额外压缩”的比值。若要保留细节，可以调节“魔术压缩”值；若不在乎细节，调节“额外压缩”值以获得更大的压缩率。

（4）根据压缩区域需要选择一个选区绘画工具，如矩形、徒手画、刷子、线条工具等，在区域压缩编辑模式窗口中绘出一个区域。当该区域变为红色时，表明该区域已按照刚才的设定被压缩了，并实时地在“优化”窗口中预览到压缩效果。

（5）若对压缩效果不满意，需要重新调整参数，可单击主窗口工具面板中的锁定区域工具按钮▣锁定当前区域，重新调整压缩参数，选中区域的压缩比会随着参数的调节而改变。

（6）若还想对某些区域进行平滑处理，可以在压缩区域窗口中单击“平滑”选项卡，“压缩图像”控制面板会变为平滑模式，调节平滑滑竿至合适位置，绘出平滑区域，区域颜色变为蓝色，表明该区域已被平滑。

提示：在使用 Image Optimizer 的压缩图像功能进行压缩优化时，是通过减去图像中的多余颜色信息来达到压缩效果的，其实利用改变图像的尺寸大小来达到图像的压缩优化也不失为一个好办法，使用工具面板中的修剪图像工具调整图像大小或裁剪图像的多余部分，图像文件大小会有很大的改变。

任务 4：使用 Image Optimizer 对批量图像文件进行压缩。

面对大批需要优化处理的图像，逐幅地进行压缩优化处理是件非常烦琐的工作。若对图像细部的质量要求不是太高，使用 Image Optimizer 的批处理功能可以将多幅图像按照统一的标准一次完成优化。

（1）单击工具栏上的“批量”按钮（或执行“文件”→“批量处理向导”命令），打开批处理向导窗口。

（2）单击“添加文件”或“添加文件夹”按钮将需要优化的图像添加进来，如图 17.1.5 所示。

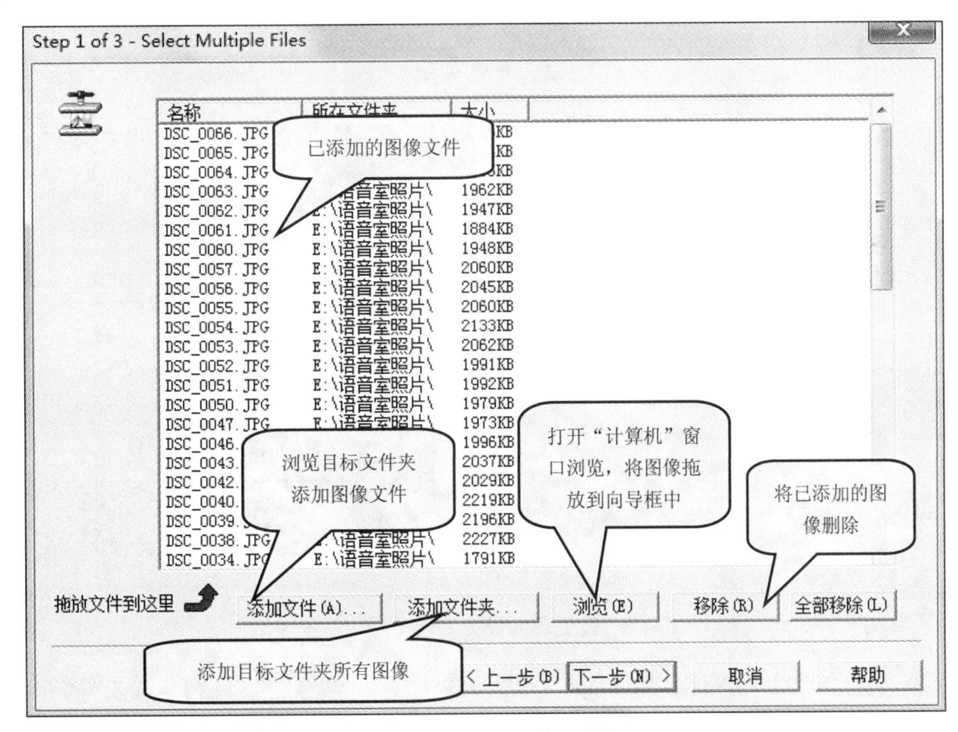

图 17.1.5　批处理向导第一步——选择多个文件

（3）设置优化操作选项，如图 17.1.6 所示。

（4）单击“下一步”按钮，窗口中列举出上一步所作的优化设置，确认无误后单击“优化”按钮开始压缩，当进度达到 100%时，单击“关闭”按钮完成压缩，如图 17.1.7 所示。

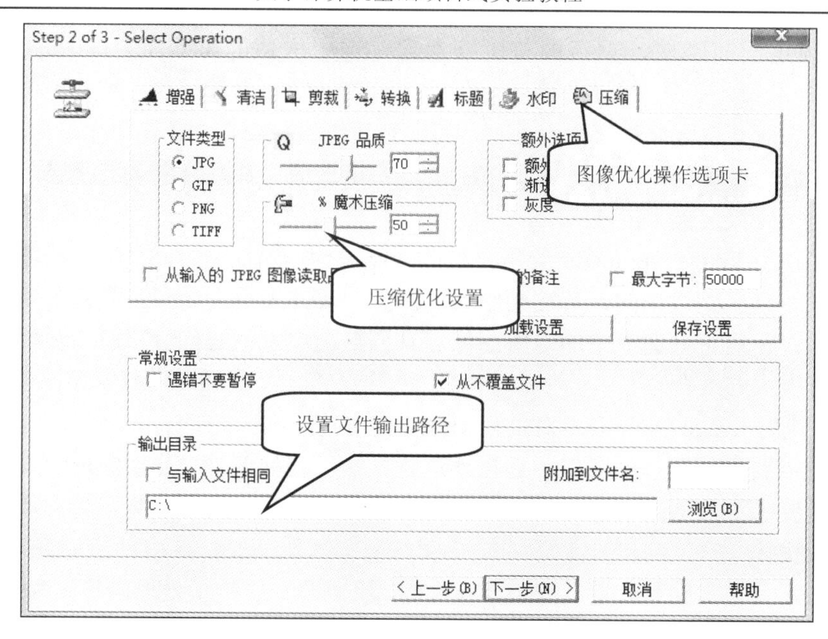

图 17.1.6　批处理向导第二步——选择操作

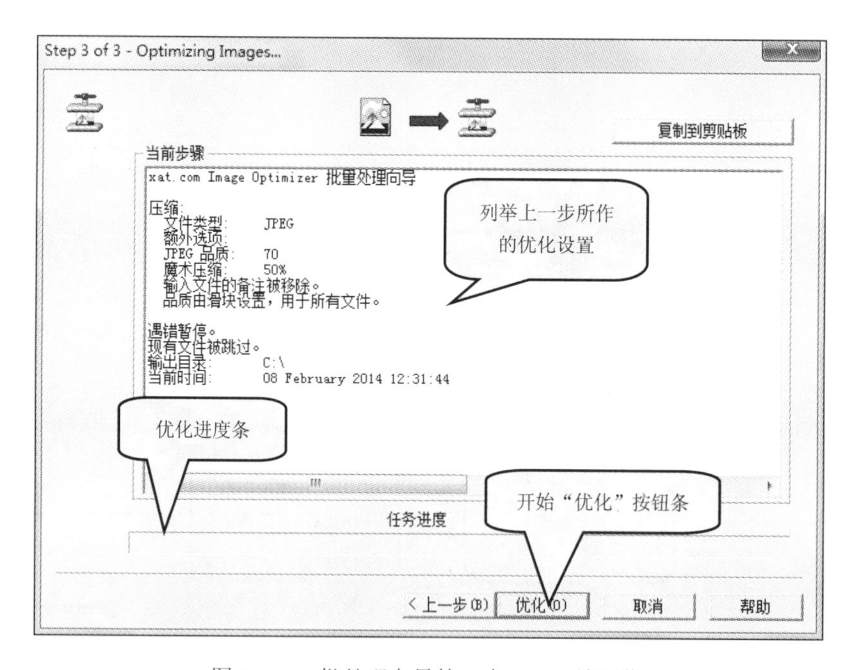

图 17.1.7　批处理向导第三步——压缩图像

实验 17.2　使用 Adobe Audition 编辑音频

【实验目的与要求】

（1）使用 Adobe Audition 录制音频。

（2）使用 Adobe Audition 对音频降噪。

（3）使用 Adobe Audition 合成多个音频。

【实验内容与步骤】

Adobe Audition（前身是 Cool Edit Pro）是 Adobe 公司开发的一款功能强大、效果出色的多轨录音和音频处理软件。它是一个非常出色的数字音乐编辑器和 MP3 制作软件，不少人把它形容为音频“绘画”程序。

任务 1：使用 Adobe Audition 录制音频。

（1）双击 Adobe Audition 的图标，打开程序，进入 Audition 的编辑界面，如图 17.2.1 所示。

需要注意的是，有的时候，尤其是第一次启动 Audition 的时候，会出现一些提醒用户设置临时文件夹的界面，这个时候可以一直单击“确定”按钮，直到出现编辑界面。

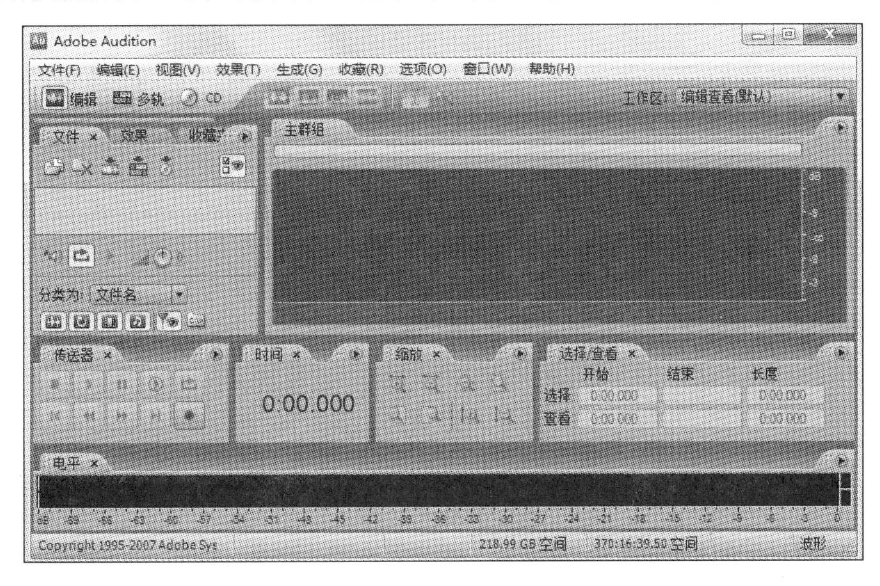

图 17.2.1　Adobe Audition 编辑界面

（2）进入编辑界面之后可以直接单击传送器调板上的录音键 ● 进行录音，弹出如图 17.2.2 所示的对话框。

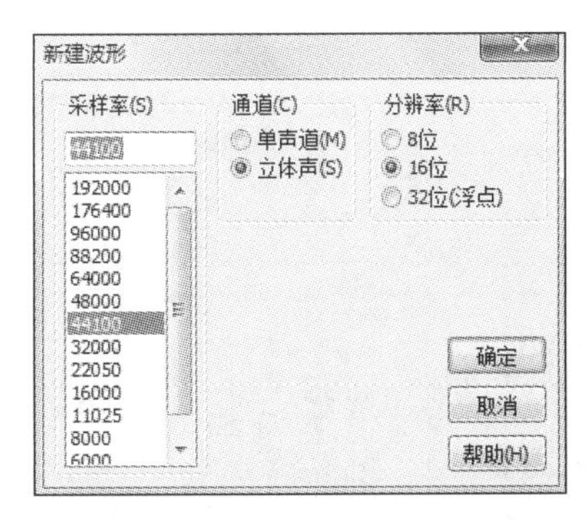

图 17.2.2　“新建波形”对话框

根据自己录音的需要，选择采样率和分辨率即可，选择完毕后，单击“确定”按钮进入录音界面，如图 17.2.3 所示，此时就可以开始录音了，在录音的同时可以从工作区看到声音的波形。

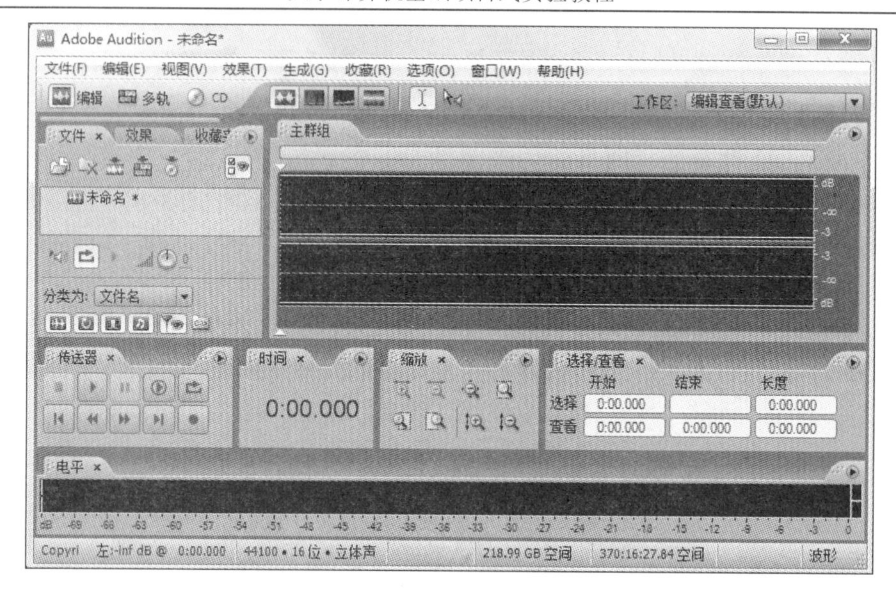

图 17.2.3　录音界面

（3）录音完毕的时候，再次单击录音键即可结束录音。此时就可以用传送器调板进行音频的重放，听听录制的效果。如果满意，执行“文件”→“另存为”命令即可。然后在弹出的窗口中，选择保存的位置，更改文件名之后，单击“保存”按钮。

提示：在开始录音之后，应该先录制 10s 左右的环境噪声，然后再开始录制自己的声音，这样可以方便后期进行降噪处理。

当然，也可以按照一般的步骤，执行“文件”→“新建”命令，然后会弹出图 17.2.2 所示的“新建波形”对话框，选择完之后，进入编辑界面，此时再单击传送器调板里的录音键，就可以开始录音了，之后的步骤和先前所讲一致。

任务 2：使用 Adobe Audition 对音频降噪。

对于录制完成的音频，由于硬件设备和环境的制约，总会有噪声生成，所以需要对音频进行降噪，以使得声音干净、清晰。

（1）对于在任务 1 中完成的录制音频，在音频的最前面，是录制的环境噪声，将环境噪声中不平缓的部分（也就是有爆点的地方）删除，如图 17.2.4 所示。

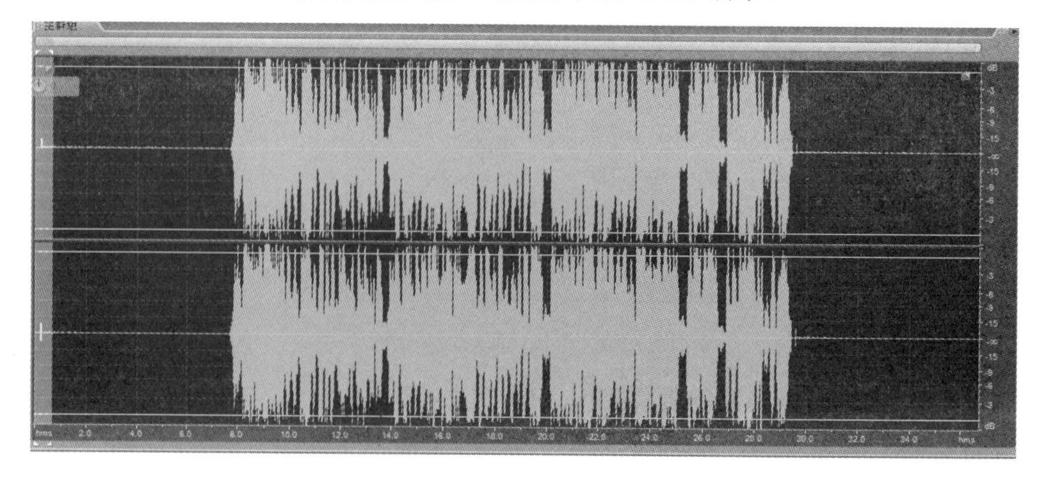

图 17.2.4　音频录制波形

（2）选择一段较为平缓的噪声片段，如图 17.2.5 所示。

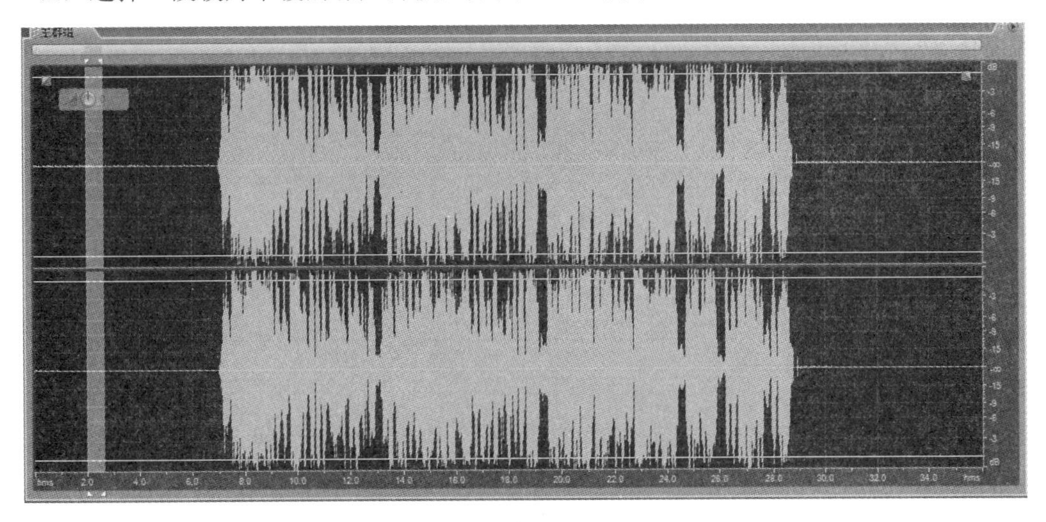

图 17.2.5　噪声片段选择

（3）在右侧素材框上，选择“效果”调板，执行“修复”→“降噪器”命令，如图 17.2.6 所示。

（4）双击打开降噪器，然后单击“获取特性”按钮，如图 17.2.7 所示。此时软件会自动开始捕获噪声特性然后生成相应的图形。

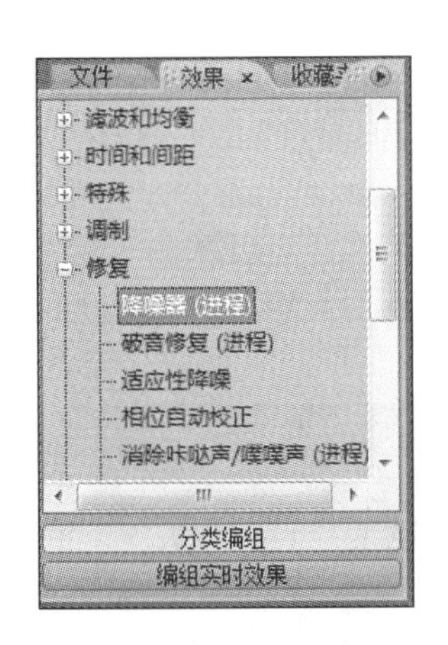

图 17.2.6　“效果”调板

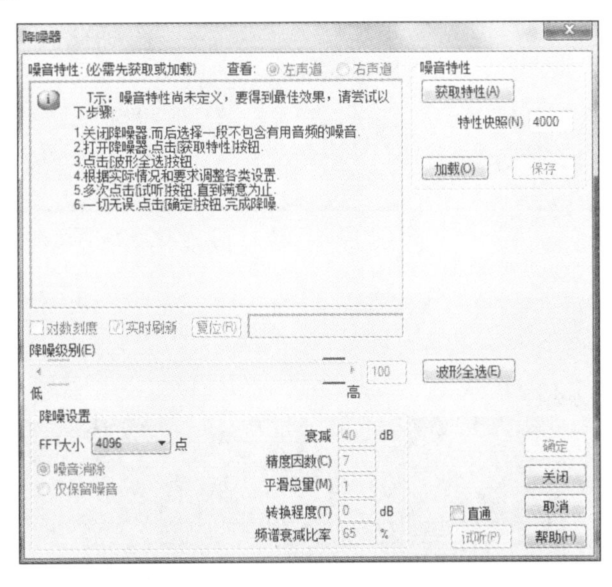

图 17.2.7　降噪器“获取特性”对话框

（5）捕获完成后，单击“保存”按钮，将噪声的样本保存。

（6）关闭降噪器，单击工作区，按 Ctrl+A 组合键全选波形，如图 17.2.8 所示。

（7）再次打开降噪器，单击“加载”按钮，将第（5）步保存的噪声样本加载进来。

（8）修改降噪级别。噪声的消除最好不要一次性完成，因为这样可能会使得录音失真，建议第一次降噪，将降噪级别调得低一些，如 10%，如图 17.2.9 所示。单击“确定”按钮后，软件会自动进行降噪处理。

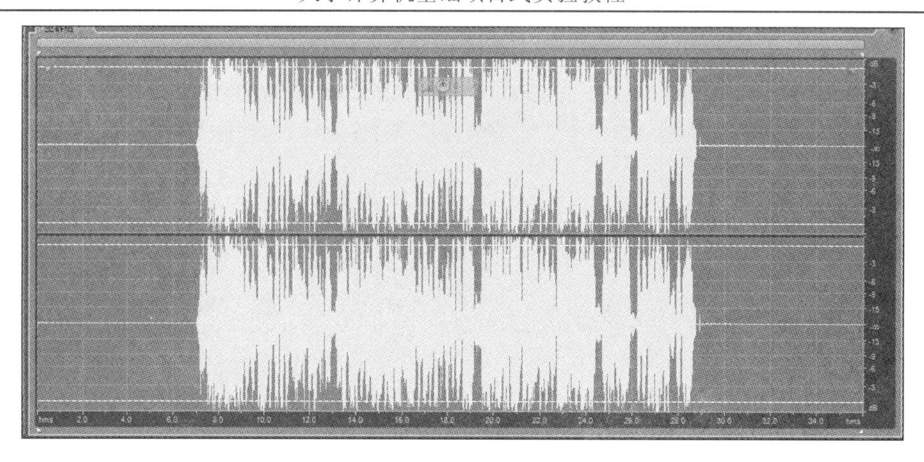

图 17.2.8　波形全选

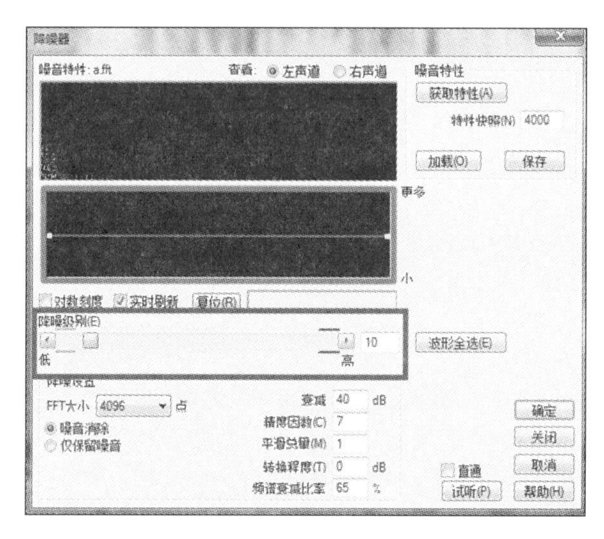

图 17.2.9　降噪器设置对话框

（9）完成第一次降噪之后，可以再次在噪声部分，重新进行采样，然后降噪，多进行几次，每进行一次将降噪级别提高一些，一般经过两三次降噪之后，噪声基本上就可以消除，如图 17.2.10 所示。

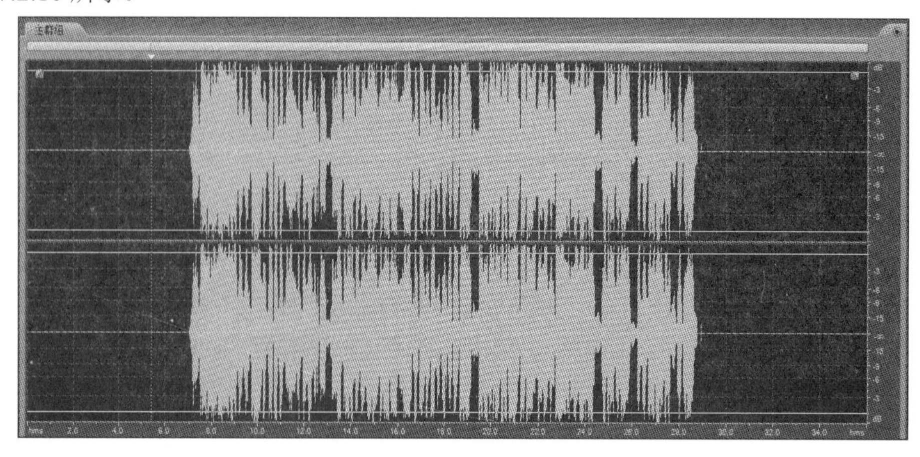

图 17.2.10　多次降噪后的波形

任务 3：使用 Adobe Audition 合成多个音频。

Adobe Audition 是一个专业音频编辑和混合环境，有时，需要将多个音频合成为一个音频（或从多个音频中抽取部分音频合成为一个音频）。

（1）进入 Audition 界面，选择“文件”→“打开”命令，载入即将编辑的单个音频，如图 17.2.11 所示。

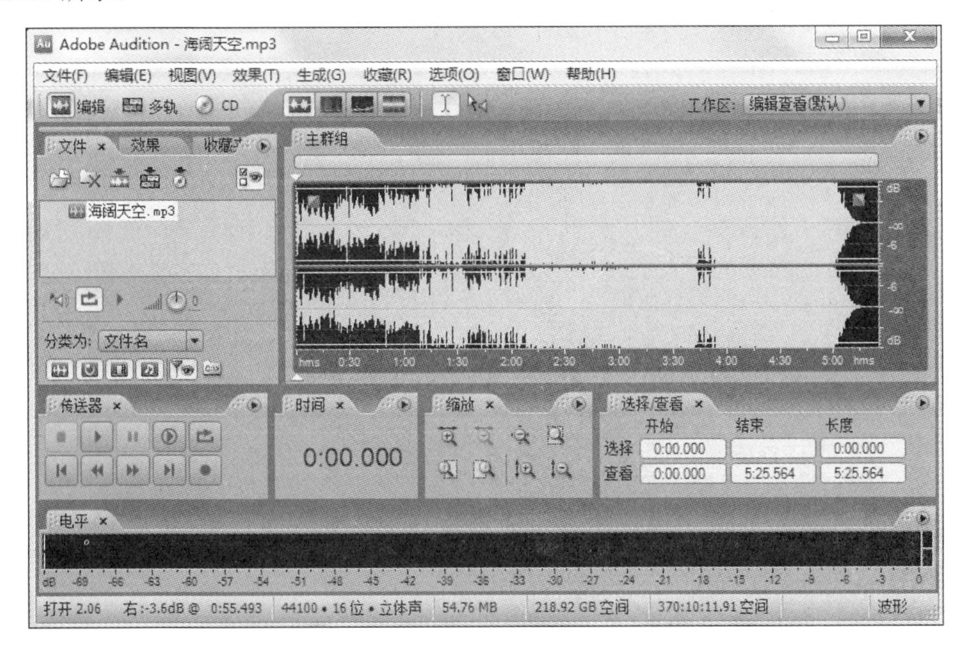

图 17.2.11　单个音频界面

（2）选择需要截取的时间段，可拖动鼠标选取需要抽取的音频段，也可在“选择/查看”面板上输入“开始”和“结束”时间，如图 17.2.12 所示。

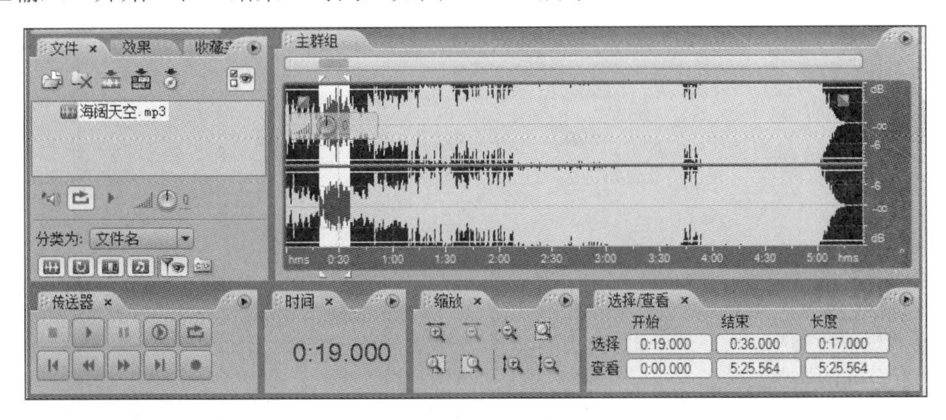

图 17.2.12　音频段抽取界面

（3）在主群组中右击，在弹出的菜单中选择“保存选区”选项，在弹出的对话框中选择保存类型和文件名即抽取了该段音频。

（4）再次通过执行“文件”→“打开”命令载入另一个音频，重复上述步骤，抽取部分音频保存即可。

（5）由于多个音频文件的编辑合成需要进入多轨模式进行。此时单击素材框上的“多轨”

按钮，可以进入多轨编辑模式，通过“文件”→“导入”命令将第（1）步～第（4）步截取的两段音频文件打开，如图 17.2.13 所示。

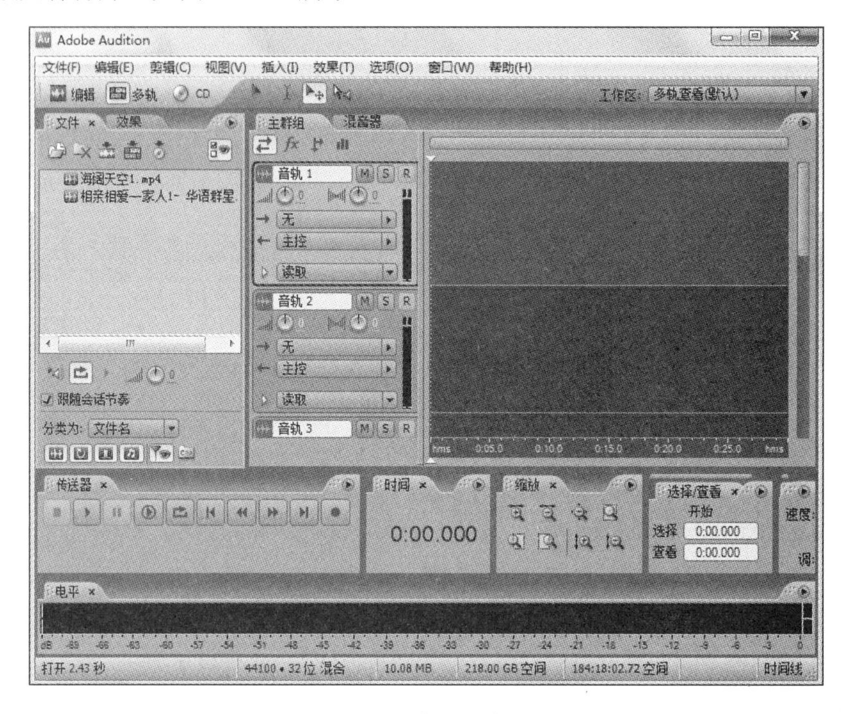

图 17.2.13　开启两段音频界面

（6）将两段截取的音频分别拖放到音频 1 和音频 2 的轨道上，利用工作区上方的移动选择工具对音频块进行移动，将音频对准。如图 17.2.14 所示。

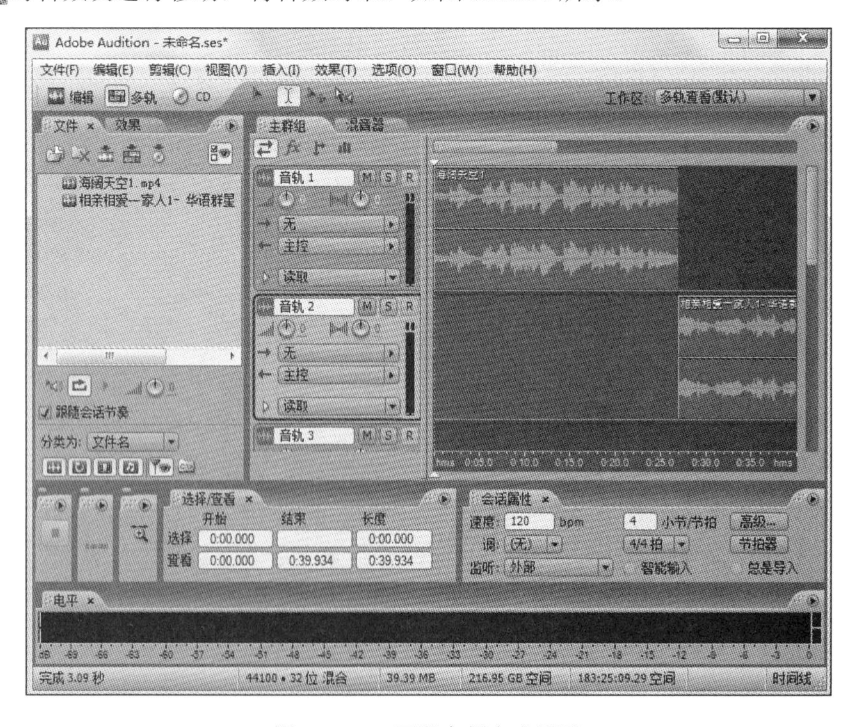

图 17.2.14　两段音频合成界面

对准完成之后，可以根据自己的需要对音频添加一些特效，这时只要选中需要添加特效的音频块，再在左侧素材框上选择效果调板，然后选择需要的效果双击打开，按照降噪类似的步骤就可以完成效果的添加。

（7）多轨音频完成编辑之后，要进行输出，执行“编辑”→“混缩到新文件”→“会话中的主控输出”命令，按照需要选择立体声或者单声道即可。

实验 17.3　使用会声会影剪辑视频

【实验目的与要求】

掌握利用会声会影剪辑视频的方法。

【实验内容与步骤】

会声会影（Corel VideoStudio）是应用最广泛的视频制作软件，其多变的特效帮助广大非专业人员制作出了高水平的视频。

任务：利用会声会影剪辑视频。

（1）先在会声会影的视频轨中打开需要剪辑的视频，如图 17.3.1 所示。

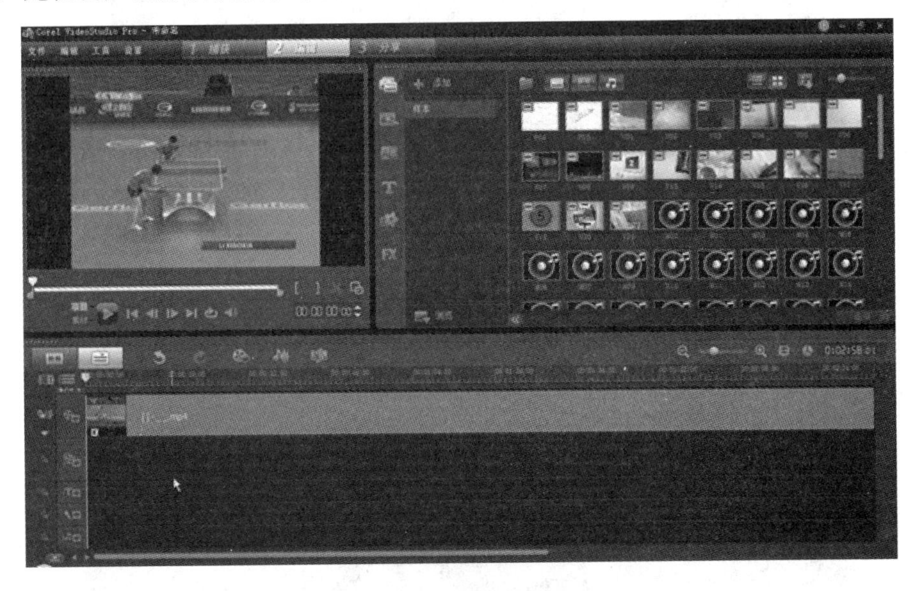

图 17.3.1　单个视频开启

（2）进入导览面板，把“滑轨”拖拽到合适的位置，再单击“按照飞梭栏的位置分割素材”小剪刀，标记好开始点，如图 17.3.2 所示。

（3）在导览面板中，同样拖拽“滑轨”到合适的位置，再单击按钮“按照飞梭栏的位置分割素材”，就标记好了视频素材的结束点，如图 17.3.3 所示。

（4）最后将不需要的视频删除掉即可。只需在轴视图中选择要删除的部分，右击执行“删除”命令即可，如图 17.3.4 所示。

至此，就成功完成了视频的剪辑工作。

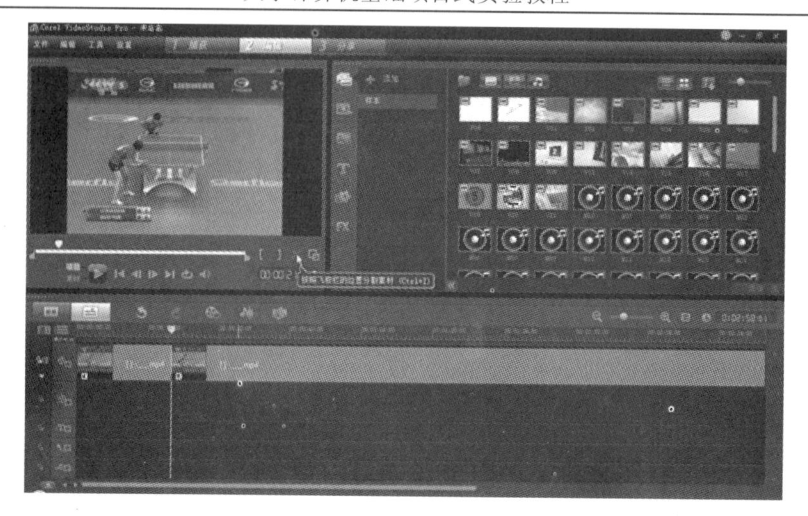

图 17.3.2　开始点标记

图 17.3.3　结束点标记

图 17.3.4　删除多余视频

实验 17.4　使用 Nero 11 刻录系统盘

【实验目的与要求】

掌握利用 Nero 11 刻录 DVD 数据光盘的方法。

【实验内容与步骤】

Nero 刻录软件是由德国公司出品的光盘烧录软件，它的功能相当强大且容易操作，适合各种层级的使用者来使用。

任务：利用 Nero 11 刻录 DVD 数据光盘。

（1）首先安装完成 Nero 11 以后，单击桌面上的 Nero 11 运行图标。一段欢迎界面之后，进入主界面，相比之前的 Nero 版本，Nero 11 的功能增加了许多，界面布局也进行了适当改变，如图 17.4.1 所示。

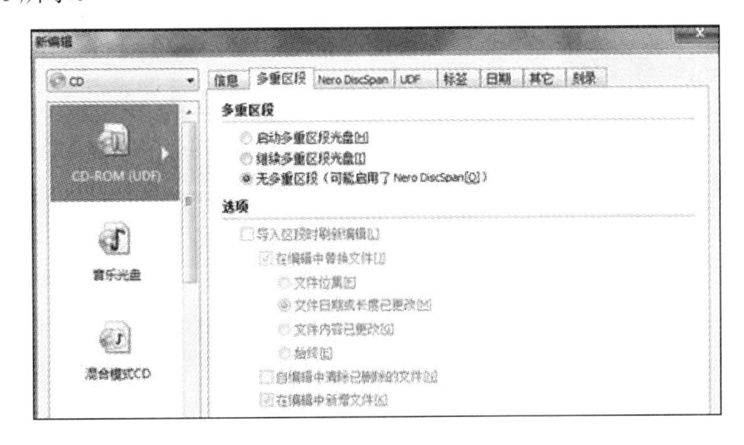

图 17.4.1　Nero 主界面

（2）首先选择磁盘的类型，可以选择 CD/DVD/蓝光，默认为 CD。由于将要刻录的是系统盘，进行 ISO 镜像文件的刻录，所以选择 CD-ROM(ISO)，如图 17.4.2 所示。

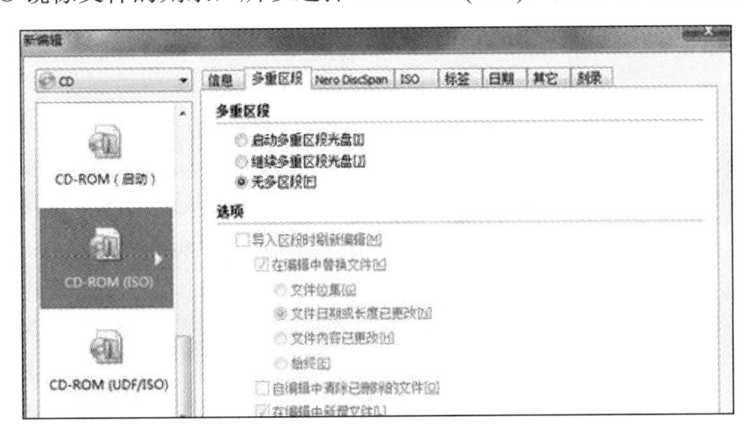

图 17.4.2　选择磁盘类型

（3）在“多重区段”选项卡里主要是“多重区段”的选择。“启动多重区段光盘”是指插入的光盘容量可能比较大，而系统的 ISO 文件就几百兆，会造成浪费，该功能就是这张盘可以反复刻录，但是每次刻录只保留最后一次刻录的信息。

“继续多重区段光盘”是指在此之前指定了是多重区段的光盘，在第二次刻录的时候选择“继续多重区段光盘”。

“无多区段”就是不启动多重区段，只能使用 1 次。如果是刻录系统盘，建议选择“无多区段”。

（4）单击“ISO”选项卡，此处数据模式默认选择“模式 1”；在“标签”选项卡里，选择“自动”选项，可设置欲刻录的光盘名称；在“日期”选项卡里，采用默认参数，不需要修改；在“其他”选项卡里选择“缓存软盘、光盘和网络驱动器中的文件”选项；在“刻录”选项卡里，选择“写入”选项即可。

（5）单击左下方的打开按钮，选择要刻录的 ISO 镜像文件，刻录界面仅显示 CD 映像文件，单击“刻录”选项，其他都默认即可，刻录完成后，光驱会自动弹出，如图 17.4.3 所示。

至此，就成功完成了系统盘的刻录工作。

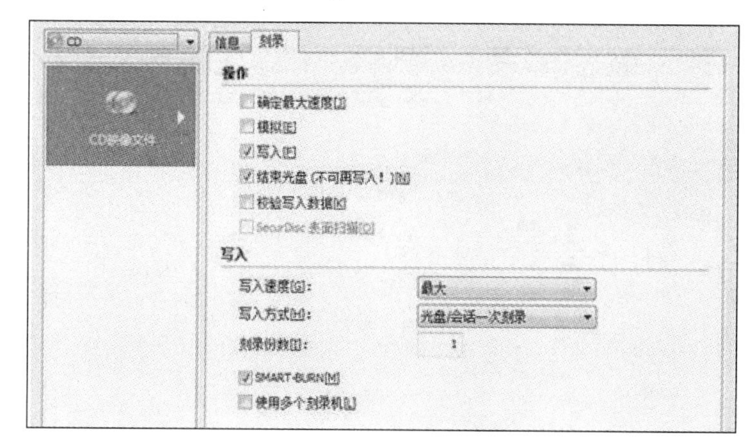

图 17.4.3　CD 映像文件操作界面

第四部分　基础知识习题篇

项目十八　计算机基础知识

一、单项选择题

1．在计算机运行时，把程序和数据一样存放在内存中，这是 1946 年由________所领导的研究小组正式提出并论证的。

A．图灵　　B．布尔　　C．冯·诺依曼　　D．爱因斯坦

2．计算机中运算器的主要功能是________。

A．算术运算和逻辑运算　　B．控制计算机的运行

C．分析指令并执行　　D．负责存取存储器中的数据

3．计算机的 CPU 每执行一个________，就完成一步基本运算或判断。

A．语句　　B．程序　　C．指令　　D．软件

4．计算机能按照人们的意图自动、高速地进行操作，是因为采用了________。

A．程序存储在内存　　B．高性能的 CPU

C．高级语言　　D．机器语言

5．磁盘驱动器属于________设备。

A．输入　　B．输出　　C．输入和输出　　D．以上均不是

6．以下描述________不正确。

A．内存与外存的区别在于内存是临时性的，而外存是永久性的

B．从输入设备输入的数据直接存放在内存

C．平时说的内存是指 RAM

D．内存与外存的区别在于外存是临时性的，而内存是永久性的

7．计算机的主机指的是________。

A．计算机的主机箱　　B．CPU 和内存储器

C．运算器和控制器　　D．运算器和输入/输出设备

8．下面关于 ROM 的说法中，不正确的是________。

A．CPU 不能向 ROM 随机写入数据

B．ROM 中的内容在断电后不会消失

C．ROM 是只读存储器的英文缩写

D．ROM 是只读的，所以它不是内存而是外存

9．微型计算机中的总线通常分为________三种。

A．数据总线、信息总线和传输总线　　B．数据总线、地址总线和控制总线

C．地址总线、运算总线和逻辑总线　　D．逻辑总线、传输总线和通信总线

10．计算机的软件系统可分为________。

A．程序和数据　　B．程序、数据和文档
C．操作系统与语言处理程序　　D．系统软件与应用软件

11．计算机应由 5 个基本部分组成，下面各项，________不属于这 5 个基本组成。
A．运算器　　B．控制器
C．总线　　D．存储器、输入设备和输出设备。

12．外存与内存有许多不同之处，外存相对于内存来说，以下叙述________不正确。
A．内存和外存都是由半导体器件构成的
B．外存的容量比内存大得多，甚至可以说是海量
C．外存速度慢，内存速度快
D．外存不怕停电，信息可长期保存

13．________不属于计算机的外部存储器。
A．软盘　　B．硬盘　　C．内存条　　D．光盘

14．信息处理进入了计算机世界，实质上是进入了________的世界。
A．二进制数　　B．十进制数　　C．模拟数字　　D．抽象数字

15．计算机系统是指________。
A．主机和外部设备　B．主机、显示器、键盘、鼠标
C．硬件系统和软件系统　　D．运控器、存储器、外部设备

16．计算机存储器单位 byte 称为________。
A．位　　B．字长　　C．机器字　　D．字节

17．USB 是一种________。
A．中央处理器　　B．通用串行总线接口
C．不间断电源　　D．显示器

18．CPU 能直接访问的存储器是________。
A．硬盘　　B．U 盘　　C．光盘　　D．ROM

19．“32 位微型计算机”中的 32 指的是________。
A．微型计算机型号　B．机器字长　　C．内存容量　　D．存储单元

20．获取指令、决定指令的执行顺序，向相应硬件部件发送指令，这是________的基本功能。
A．运算器　　B．输入/输出设备　C．内存储器　　D．控制器

21．用汇编语言编写的源程序必须进行________变为目标程序才能被执行。
A．编辑　　B．编译　　C．汇编　　D．解释

22．用高级语言 C++编写的源程序要执行，必须通过其语言处理程序进行________变成目标程序后才能实现。
A．编译　　B．汇编　　C．解释　　D．翻译

23．对于触摸屏，以下说法正确的是________。
A．输入设备　　B．输出设备
C．输入/输出设备　　D．不是输入也不是输出设备

24．在下面关于字符之间大小关系的说法中，正确的是________。
A．b>B>空格符　B．空格符>B>b　C．空格符>b>B　D．B>b>空格符

25．汉字系统中的汉字字库里存放的是汉字的________。

A．机内码　　B．输入码　　C．字形码　　D．国标码

26．在汉字库中查找汉字时，输入的是汉字的机内码，输出的是汉字的________。

A．交换码　　B．信息码　　C．外码　　D．字形码

27．十进制数 92 转换为二进制数和十六进制数分别是________。

A．01101100 和 61　　B．01011100 和 5C

C．10101011 和 5D　　D．01011000 和 4F

28．人们通常用十六进制而不用二进制书写计算机中的数，是因为________。

A．计算机内部采用的是十六进制　　B．十六进制的运算规则比二进制简单

C．十六进制数表达的范围比二进制大　　D．十六进制的书写比二进制方便

29．二进制数 10011010 转换为十进制数是________。

A．153　　B．154　　C．155　　D．156

30．有关二进制的论述，下面________是错误的。

A．二进制数只有 0 和 1 两个数码

B．二进制运算逢二进一

C．二进制数各位上的权分别为 2^i(i 为整数)

D．二进制数只有两位数组成

31．目前在微型计算机上最常用的字符编码是________。

A．汉字字型码　　B．8421 码　　C．ASCII 码　　D．EBCDIC 码

32．在计算机内，多媒体数据最终是以________形式存在的。

A．二进制代码　　B．特殊的压缩码　　C．模拟数据　　D．图形

33．在不同进制的 4 个数中，最大的一个数是________。

A．01010011 B　　B．67 O　　C．5F H　　D．78 D

34．在计算机中存储一个汉字信息需要________字节存储空间。

A．2　　B．1　　C．3　　D．4

35．十进制数 13 转换为等价的二进制数的结果为________。

A．1011　　B．1010　　C．1101　　D．1100

36．与二进制数$(10010111)_2$等价的八进制数、十进制数是________。

A．$(227)_8$ $(97)_{10}$　　B．$(151)_8$ $(97)_{10}$　　C．$(427)_8$ $(151)_{10}$　　D．$(227)_8$ $(151)_{10}$

37．哪种进制数的表示是错误的________。

A．1100B　　B．$(97)_8$　　C．1000H　　D．110000010D

38．十六进制数 3E 转换为二进制数的结果为________。

A．01111110　　B．00111001　　C．10111110　　D．00111110

39．物理器件采用晶体管的计算机称为________。

A．第一代计算机　　B．第二代计算机　　C．第三代计算机　　D．第四代计算机

40．计算机最早的应用领域是________。

A．CAD/CAM/CIMS　　B．数据处理　　C．过程控制　　D．科学计算

41．计算机辅助制造的简称是________。

A．CAD　　B．CAE　　C．CAM　　D．CBE

42．小明为家中的计算机安装了瑞星杀毒软件，该软件被安装到计算机的哪个硬件设备中________。

A．硬盘　　B．内存　　C．光盘　　D．CPU

43．目前，配 Pentium 4 CPU 的微型计算机属于计算机的________。

A．第一代产品　　B．第二代产品　　C．第三代产品　　D．第四代产品

44．计算机软件系统应包括________。

A．编辑软件和连接程序　　B．数据库软件和管理软件

C．程序和数据　　D．系统软件和应用软件

45．下列不属于计算机输入设备的是________。

A．鼠标　　B．话筒　　C．键盘　　D．打印机

46．智能机器人利用计算机来模拟人类思维而展开的系列活动，属于计算机应用中的________。

A．数值计算　　B．自动控制　　C．人工智能　　D．辅助教育

47．随机存储器（RAM）中存储的数据在断电后________。

A．部分丢失　　B．完全丢失　　C．不会丢失　　D．不一定丢失

48．在微型计算机内存储器中，不能用指令修改其存储内容的部分是________。

A．RAM　　B．DRAM　　C．ROM　　D．SRAM

49．计算机发展的总趋势是________。

A．智能化、多媒体化、网络化　　B．机械化、自动化、简单化

C．智能化、简单化、网络化　　D．人工化、网络化、复杂化

50．计算机能处理声音、动画、图像等信息，这种技术属于________。

A．网络技术　　B．多媒体技术　　C．人工智能技术　　D．自动控制技术

51．在微型计算机中，不属于微处理器功能的是________。

A．算术运算　　B．逻辑运算

C．控制和指挥各部分协调工作　　D．显示数据处理

52．家用计算机属于________。

A．巨型机　　B．中型机　　C．小型机　　D．微型机

53．计算机辅助设计的简称是________。

A．CAD　　B．CAI　　C．CPU　　D．CAM

54．微型计算机硬件系统中最核心的部件是________。

A．存储器　　B．输入/输出设备　　C．CPU　　D．UPS

55．计算机中，信息是以哪种形式存储的________。

A．二进制　　B．八进制　　C．十进制　　D．十六进制

56．在微型计算机中，外存储器通常使用 U 盘作为存储介质，U 盘中存储的信息在断电后________。

A．不会丢失　　B．完全丢失　　C．少量丢失　　D．大部分丢失

57．联想 启天 Pentium IV"微型计算机，其中 Pentium IV 所指的是________。

A．产品型号　　B．微型计算机商标

C．微型计算机名称　　D．微处理器型号

58．患者坐在家中，通过网上病情诊断的网站，获得医生对自己的病情诊断结果，这种应用属于________。

A．自动控制　　B．网络计算　　C．远程医疗　　D．虚拟现实

59．王老师有一个 80GB 的硬盘和一个 256MB 的 U 盘，那么硬盘的容量是 U 盘的________。

A．1 倍　B．32 倍　C．320 倍　D．1000 倍

60．微型计算机的硬件系统主要包括微处理器、输入设备、输出设备和________。

A．运算器　B．控制器　C．存储器　D．主机

61．以下设备属于输出设备的是________。

A．键盘　B．音箱　C．鼠标　D．扫描仪

62．下列内容中，属于硬件的是________。

A．程序　B．Word　C．Windows　D．硬盘

63．显示器是微型计算机的一种________。

A．输出设备　B．输入设备　C．存储设备　D．运算设备

64．衡量计算机运行速度的重要指标是________。

A．光驱速度　B．CPU 主频　C．硬盘容量　D．调制解调器

65．鼠标属于________。

A．输出设备　B．输入设备　C．控制设备　D．存储设备

66．RAM 是指________。

A．随机存储器　B．只读存储器　C．外存储器　D．磁盘存储器

67．ASCII 码是________。

A．美国信息交换标准码　B．二进制码

C．八进制码　D．十六进制码

68．在以下设备中，属于计算机输入设备的是________。

A．键盘　B．打印机　C．显示器　D．绘图仪

69．当前使用的计算机，其主要元器件是________。

A．大规模和超大规模集成电路　B．集成电路

C．电子管　D．晶体管

70．计算机的存储器可分为________。

A．软盘和硬盘　B．磁盘、磁带和光盘

C．内存储器和外存储器　D．RAM 和 ROM

71．首次提出“存储程序”设计思想的科学家是________。

A．J·W·莫奇利　B．比尔·盖茨　C．J·P·埃克特　D．冯·诺依曼

72．计算机中用于实施算术运算和逻辑判断的主要部件是________。

A．显示器　B．键盘　C．运算器　D．存储器

73．微型计算机的发展是以________发展为标志的。

A．主机　B．软件　C．中央处理器　D．控制器

74．计算机能直接处理的信息是________。

A．声音信息　B．文字信息　C．图像信息　D．二进制信息

75．下面不属于电子计算机外存储器的是________。

A．软盘　B．随机存储器　C．光盘　D．硬盘

76．计算机的发展至今已经经历了四代，其划分的依据是________。

A．计算机的体积　B．计算机的速度

C．计算机的存储容量　　D．制造计算机的主要元器件

77．以下哪种不属于计算机操作系统________。

A．Windows 系列　　B．UNIX 系列　　C．Word　　D．DOS

78．显示器性能指标中，1024×768 指的是显示器的________。

A．点数　　B．图像数　　C．分辨率　　D．显示数

79．下列选项中，都属于硬件的是________。

A．CPU、RAM 和 DOS　　B．ROM、运算器和 BASIC 语言

C．软盘、硬盘和光盘　　D．键盘、打印机和 WPS

80．家中新买计算机的配置为 Intel 奔腾 4　2.8GHz/256M/80GB/50X/15，其中通常用来表示内存大小的是________。

A．80GB　　B．256MB　　C．Intel 奔腾 4 2.8GHz　D．50X

81．光盘 CD-ROM 的特点是________。

A．只能读取信息，不能写入信息　　B．能够读取信息，也能写入信息

C．不能读取信息，也不能写入信息　　D．不能读取信息，能够写入信息

82．中央处理器的英文缩写是________。

A．ROM　　B．RAM　　C．IC　　D．CPU

83．在计算机上使用英语学习软件学习英语，是计算机在哪方面的应用________。

A．计算机辅助教学　　B．计算机数据处理

C．计算机自动控制　　D．计算机辅助设计

84．平时所说的计算机是指________。

A．PC　　B．CPU　　C．MP3 机　　D．计算器

85．CPU 的主要性能指标是________。

A．主频　　B．字节　　C．内存大小　　D．硬盘大小

86．在计算机中，1KB 是________。

A．1024B　　B．2B　　C．1000B　　D．512B

87．运算器和控制器的总称是________。

A．CPU　　B．ALU　　C．主机　　D．逻辑器

88．下列设备中，既能向主机输入数据又能接收主机输出数据的设备是________。

A．CD-ROM　　B．显示器　　C．U 盘　　D．光笔

89．现代的电子计算机都是采用冯 • 诺依曼原理，该原理的核心是________。

A．使用高级语言　　B．采用高速电子元件

C．存储程序与程序控制　　D．采用输入设备

90．在下列软件中，属于系统软件的是________。

A．自动化控制软件　　B．辅助教学软件

C．信息管理软件　　D．数据库管理系统

91．计算机存储容量的基本单位是________。

A．字节　　B．千字节　　C．兆字节　　D．千兆字节

92．管理、控制计算机系统全部资源的软件是________。

A．数据库系统　　B．应用软件　　C．字处理软件　　D．操作系统

93．以下属于系统软件的是________。

A．Word　B．Excel　C．Windows　D．PowerPoint

94．世界上第一台计算机的研制是源于________的需要。

A．数据处理　B．数据管理　C．数值计算　D．图像显示

95．断电会使原存信息丢失的存储器是________。

A．ROM　B．硬盘　C．RAM　D．软盘

96．在微型计算机中，byte 的中文含义是________。

A．二进制位　B．字　C．字节　D．双字

97．为了减少计算机病毒对计算机系统的破坏，应________。

A．尽量使用网络交换数据

B．尽可能用软盘启动计算机

C．定期进行病毒检查，发现病毒及时清除

D．使用没有写保护的软盘

98．内存储器包括哪两部分________。

A．ROM 和 RAM　B．硬盘和软盘　C．硬件和软件　D．磁盘和光盘

99．通常人们所说的一个完整的计算机系统应包括________。

A．主机、键盘、显示器　B．计算机及其外部设备

C．系统硬件和系统软件　D．硬件系统和软件系统

100．计算机中的一个________是由八个二进制位组成的。

A．字节　B．汉字　C．ASCII 码　D．字

101．在以下几种 CPU 中，档次最高的是________。

A．80586　B．Pentium II　C．Pentium III　D．Pentium 4

102．在计算机内部，传送、存储、加工处理的数据和指令都是________。

A．拼音简码　B．八进制码　C．二进制码　D．BCD 码

103．下面不属于电子计算机的输入设备的是________。

A．扫描仪　B．话筒　C．键盘　D．绘图仪

104．以下不属于信息范畴的是________。

A．考试成绩　B．天气预报　C．计算机病毒　D．股票价格

105．某工厂的仓库管理软件属于________。

A．应用软件　B．系统软件　C．工具软件　D．字处理软件

106．计算机具有强大的功能，但它不可能________。

A．高速准确地进行大量数值运算　B．高速准确地进行大量逻辑运算

C．对事件进行决策分析　D．取代人类的智力活动

107．对于英文字母、数字符号目前常用的是________。

A．GB-2312-80 码　B．机内码　C．ASCII 码　D．GB13000 码

108．下列换算中，错误的是________。

A．1KB=1024B　B．1MB=1024KB　C．1B=1024bit　D．1GB=1024MB

109．下列选项中，属于 RAM 特点的是________。

A．可以读也可以写　B．只能读不能写

C．只能写不能读　D．内容不能改写

110．存储器包括________。

A．ROM 和 RAM　　B．内存储器和外存储器
C．硬件和软件　　D．磁盘和光盘

111．世界上第一台电子计算机诞生于________。
A．1945 年　B．1954 年　C．1946 年　D．1947 年

112．《中华人民共和国计算机信息系统安全保护条例》________。
A．只是一般的道德规范　　B．具有法律性、权威性
C．不具有法律性　　D．以上都不对

113．计算机病毒对于操作计算机的人________。
A．只会感染，不会致病　　B．会感染致病，但无严重危害
C．不会感染　　D．产生的作用尚不清楚

114．1KB 的存储器可存放________。
A．1000 个英文单词　　B．26 个英文字符
C．1024 个汉字字符　　D．1024 个英文字符

115．媒体是指________。
A．表示和传播信息的载体　　B．各种信息的编码
C．计算机输入与输出的信息　　D．计算机屏幕显示的信息

116．计算机多媒体技术，是指计算机能接收、处理和表现________。等多种信息媒体的技术。
A．中文、英文、日文和其他文字　　B．硬盘、软件、键盘和鼠标
C．文字、声音和图像　　D．拼音码、五笔字型和全息码

117．音频与视频信息在计算机内是以________。表示的。
A．模拟信息　　B．模拟信息或数字信息
C．数字信息　　D．某种转换公式

118．如下________。不是多媒体技术的特点。
A．集成性　B．交互性　C．实时性　D．兼容性

119．如下________。不是图形图像文件的扩展名。
A．mp3　B．bmp　C．gif　D．wmf

二、填空题

1．计算机由 5 部分组成，分别为：________、________、________、________和输出设备。

2．运算器是执行________和________运算的部件。

3．计算机中系统软件的核心是________，它主要用来控制和管理计算机的所有软、硬件资源。

4．应用软件中对于文件的“打开”功能，实际上是将数据从辅助存储器中取出，传送到________的过程。

5．软件系统分为________软件和________软件。

6．没有软件的计算机称为________。

7．________是计算机唯一能直接执行的语言。

8．计算机中指令的执行过程可以用四个步骤来描述，它们依次是取出指令、________、执行指令和为下一条指令做好准备。

9．微处理器是把运算器和________作为一个整体，采用大规模集成电路集成在一块芯片上。

10．十进制数 57.2 D 分别转换成二进制数是________B、八进制数是________O、十六进制数是________H。

11．二进制数 110110010．100101B 分别转换成十六进制数是________H、八进制数是________O 和十进制数是________D。

12．汉字输入时采用________，存储或处理汉字时采用________，输出时采用________。

13．在非负的整数中，有________个数的八进制形式与十六进制形式完全相同。

14．二进制数右起第 10 位上的 1 相当于 2 的________次方。

15．2 字节二进制代码可表示________个状态。

16．40×40 点阵的一个汉字，其字形码占 ________字节，若为 24×24 点阵的汉字，其字形码占________字节。

17．字符 B 的 ASCII 码值为 42H，则可推出字符 K 的 ASCII 码值为________。

18．1KB 内存最多能保存________个 ASCII 码。

19．二进制数 100001011.1 等价的十进制数为________。

20．二进制数 101101011101 等价的十六进制数为________。

21．直接作用于人们的感觉器官，使人能直接产生感觉的一类媒体称为________。

22．多媒体技术的基本特征主要有多样性、集成性和________。

23．多媒体信息的数字化要经过三步处理，即取样、量化和________。

24．CPU 是计算机的核心部件，该部件主要由控制器和________组成。

25．微型计算机中最大最重要的一块集成电路板称为________。

26．总线包括地址总线、________总线 、控制总线三种。

27．计算机存储器包括内存储器和________。

28．CPU 的性能指标中，CPU 的时钟频率称为________。

29．光盘的读写设备是光盘________。

30．以微处理器为核心的微型计算机属于第________代计算机。

31．根据功能的不同，可将内存储器分为 RAM 和________两种。

32．计算机________系统包括计算机的所有电子、机械部件和设备，是计算机工作的物质基础。

33．计算机的内存比外存的存取速度________。

34．一组排列有序的计算机指令的集合称为________。

35．用高级语言编写的程序称为________。

36．源程序翻译后的机器语言程序称为________。

37．结构化程序设计的三种基本结构为顺序结构、选择结构和________结构。

38．用二维表格结构来表示实体和实体之间联系的模型称为________。

39．客观存在并可相互区别的事物称为________。

40．具有相同属性的实体的集合称为________。

41．在二维表中，从第二行起的每一行称为一个________，它对应存储文件中的一个具体记录。

42．二维表中垂直方向的每一列称为一个________，在文件中对应一个字段。

43．________是存储在计算机内的、有组织的、可共享的数据集合。

44．操作系统（Operating System，OS）是一种________软件。

45．要查找所有第一个字母为 A 且扩展名为 wav 的文件，应输入________。

46．汉字“中”的区位码为 5448，则它对应的国标码为________H。

47．在表示存储器的存储容量时，MB 中的 B 代表________。

48．未来的计算机将朝________、________、________与________的方向发展。

49．CPU 和内存合在一起称为________。

50．在内存储器中，只能读出不能写入的存储器称为________。

51．目前计算机语言可分为机器语言、________和高级语言三大类。

52．bit 的意思是________。

53．反映计算机存储容量的基本单位是________。

54．数字字符 1 的 ASCII 码的十进制表示为 49，那么数字字符 6 的 ASCII 码的十进制表示为________。

55．进位计数涉及两个基本问题：________与各数位的位权。

56．在计算机内部，一切信息的存放、处理和传递均采用________的形式。

57．在计算机内，二进制的________是数据的最小单位。

58．微型计算机中，I/O 设备的含义是________。

59．软盘、硬盘、光盘都是计算机的________。

60．总线通常分为三组，它们是数据总线、________、地址总线。

61．________是计算机系统的核心。

62．________是对计算机发布命令的“决策机构”。

63．基本 ASCII 码包含________个不同的字符。

64．微型计算机中常用的 CD-ROM 称为________光盘，它属于________存储器。

65．微型计算机系统常用的打印机有________、________和________三种。

66．磁盘驱动器是________设备，又是________设备。

67．ROM 中的信息只能________。断电后其中数据________。

68．剪贴板是________中的一个区域。

69．回收站是________中的一块区域。

三、判断题

1．计算机能直接识别汇编语言程序。　（　）

2．计算机掉电后，ROM 中的信息会丢失。　（　）

3．应用软件的作用是扩大计算机的存储容量。　（　）

4．字节是计算机中常用的数据单位之一，它的英文名字是 byte。　（　）

5．计算机发展的各个阶段是以采用的物理器件作为标志的。　（　）

6．只读存储器的英文名称是 ROM，其英文原文是 Read Only Memory。　（　）

7．计算机软件按其用途和实现的功能不同可分为系统软件和应用软件两大类。　（　）

8．键盘和显示器都是计算机的 I/O 设备，键盘是输入设备，显示器是输出设备。　（　）

9．输入和输出设备是用来存储程序和数据的装置。　（　）

10．RAM 中的信息在计算机断电后会全部丢失。（　　）
11．中央处理器和主存储器构成计算机的主体，称为主机。（　　）
12．主机以外的大部分硬件设备称为外围设备或外部设备，简称外设。（　　）
13．任何存储器都有记忆能力，断电之后，信息不会丢失。（　　）
14．通常硬盘安装在主机箱内，因此它属于主存储器。（　　）
15．运算器是进行算术和逻辑运算的部件，通常称为 CPU。（　　）
16．十六位字长的计算机是指能计算最大为 16 位十进制数据的计算机。（　　）
17．鼠标可分为机械式鼠标和光电式鼠标。（　　）
18．光盘属于外存储器，也属于辅助存储器。（　　）
19．计算机中分辨率和颜色数由显示卡设定，但显示的效果由显示器决定。（　　）
20．计算机处理音频主要借助于声卡。（　　）
21．计算机的中央处理器简称为 ALU。（　　）
22．CPU 的主要任务是取出指令、解释指令和执行指令。（　　）
23．CPU 主要由控制器、运算器和若干寄存器组成。（　　）
24．外存中的数据可以直接进入 CPU 进行处理。（　　）
25．第四代电子计算机主要采用中、小规模集成电路元件制造成功。（　　）
26．计算机的硬件系统由控制器、显示器、打印机、主机、键盘组成。（　　）
27．计算机的内存储器与硬盘存储器相比，内存储器存储量大。（　　）
28．计算机中的所有信息都是以 ASCII 码的形式存储在机器内部的。（　　）
29．文字信息处理时，各种文字符号都是以二进制数的形式存储在计算机中的。（　　）
30．第一代电子计算机的主要元件是晶体管。（　　）
31．在计算机中，1KB 大约可以存储 1000 个汉字。（　　）
32．目前的计算机是第五代。（　　）
33．一个完整的计算机系统应包括硬件系统和软件系统。（　　）
34．在计算机中，一字节由 8 个二进制位组成。（　　）
35．计算机能够直接识别和处理的语言是汇编语言。（　　）
36．计算机存储器中的 ROM 只能读出数据不能写入数据。（　　）
37．运算器的主要功能是进行算术运算，不能进行逻辑运算。（　　）
38．内存储器和外存储器相比的特点是容量小、速度快、成本高。（　　）
39．内存储器用来存储正在执行的程序和所需的数据。（　　）
40．如果按字长来划分，微型计算机可以分为 8 位机、16 位机、32 位机和 64 位机。（　　）
41．世界上不同型号的计算机工作原理都是冯·诺依曼提出的存储程序控制原理。（　　）
42．在一般情况下，外存中存放的数据在断电后不会丢失。（　　）
43．微型计算机中，运算器的另一名称是逻辑运算单元。（　　）
44．微型计算机内存储器是按字节编址的。（　　）
45．操作系统是用户与计算机之间的接口。（　　）
46．内存和外存相比，主要特点是存取速度快。（　　）
47．CPU 不能直接与外存打交道。（　　）
48．八进制数转换成二进制数的方法为每位八进制数用三位二进制数代替。（　　）

49．CPU 主要由运算器、控制器和一些寄存器组成。（ ）

50．微型计算机的主要性能指标有字长、时钟频率、运算速度、内存容量。（ ）

51．存储器的功能是计算机记忆和暂存数据。（ ）

52．内、外存储器的主要特点是内存由半导体大规模集成电路芯片构成，存取速度快、价格高、容址、容量小，不能长期保存数据。外存由电磁转换或光电转换的方式存储数据，容量高、可长期保存，但价格相对较低，存取速度较慢。（ ）

53．由二进制编码构成的语言是机器语言。（ ）

54．反映计算机存储容量的基本单位是字节。（ ）

55．在计算机内部，一切信息的存放、处理和传递均采用二进制的形式。（ ）

56．软盘、硬盘、光盘都是计算机的外存储器。（ ）

57．控制器是对计算机发布命令的“决策机构”。（ ）

58．Shift 是上档键，主要用于辅助输入字母。（ ）

59．存储器可分为 RAM 和内存两类。（ ）

60．机器语言是用一串 0、1 代码表示指令的高级语言。（ ）

61．微型计算机的微处理器主要包括 CPU 和控制器。（ ）

62．计算机在一般的工作中不能往 RAM 写入信息。（ ）

63．Windows 7 是计算机的操作系统软件。（ ）

64．计算机能直接执行的程序是高级语言程序。（ ）

65．计算机软件一般包括系统软件和编辑软件。（ ）

66．使用 CD-ROM 能把硬盘上的文件复制到光盘上。（ ）

67．第一台现代电子计算机是冯·诺依曼发明的。（ ）

68．存储器是用来存储数据和程序的。（ ）

69．一般情况下，主频越高，计算机运算速度越快。（ ）

70．计算机具有逻辑判断能力，所以说具有人的全部智能。（ ）

71．只能读取，但无法将新数据写入的存储器，是 RAM。（ ）

72．计算机及其外围设备在加电启动时，一般应先给外设加电。（ ）

73．计算机的性能主要取决于硬盘的性能。（ ）

74．计算机的核心是控制器。（ ）

75．计算机的硬件中，有一部件称为 ALU，它一般是指运算器。（ ）

76．像素数是显示器的一个重要技术指标。（ ）

77．在计算机中，用来执行算术与逻辑运算的部件是控制器。（ ）

78．第一代计算机的主要应用领域为数据处理。（ ）

79．存储器按所处位置的不同，可分为内存储器和硬盘存储器。（ ）

80．系统软件中最基本的是操作系统。（ ）

81．多媒体是以数字技术为核心的图像、声音等与计算机通信融为一体的信息环境的总称。（ ）

82．微型计算机系统最基本的输出设备是 CD-ROM。（ ）

83．计算机辅助测试的英文缩写是 CAT。（ ）

84．两个显示器屏幕尺寸相同，则分辨率也一样。（ ）

85．硬盘装在机箱内，属于内存储器。（ ）

86．“回收站”被清空后，“回收站”图标不会发生变化。（　　）

87．计算机软件系统分为系统软件和应用软件两大部分。（　　）

88．USB 接口只能连接 U 盘。（　　）

89．在系统软件中，必须首先配置操作系统。（　　）

90．一台微型计算机必须具备的输出设备是显示器。（　　）

91．微型计算机的性能主要取决于主板。（　　）

92．计算机软件系统通常分为系统软件和专用软件。（　　）

93．微型计算机中的 CPU 是由 ALU、控制器和寄存器组成的。（　　）

94．微型计算机能识别并能直接执行的语言是汇编语言。（　　）

95．没有装配软件系统的计算机不能进行任何工作，没有实际使用价值。（　　）

96．应用程序能像删除文件一样直接删除。（　　）

97．随机存储器又分为 DRAM 和 SRAM，当前 PC 使用最多的是 SRAM。（　　）

98．计算机在工作状态下想重新启动，可采用热启动，即同时按下 Ctrl、Delete、Alt 三个键。（　　）

99．把文字、图形、声音、活动图像集中在一起的计算机系统称为多媒体计算机。（　　）

100．硬盘性能的一个关键参数是转速，常用的有 5400r/min、7200r/min。（　　）

101．计算机主要应用于科学计算、数据处理、自动控制、计算机辅助设计、办公自动化和人工智能领域。（　　）

102．内存、外存、U 盘、Cache 这四种存储装置中，访问速度最快的是内存。（　　）

103．要使用外存储器中的信息，应先将其调入内存。（　　）

104．计算机重新启动的方法有两种：冷启动和热启动。（　　）

105．当处于大写锁定状态时，Shift 键会将大写转换成小写。（　　）

106．微型计算机配置高速缓冲存储器是为了解决 CPU 和内存储器之间速度不匹配问题。（　　）

107．汇编语言和机器语言都属于低级语言，之所以称为低级语言是因为用它们编写的程序可以被计算机直接识别执行。（　　）

108．管理和控制计算机系统全部资源的软件是应用软件。（　　）

109．CAD 系统是指利用计算机来帮助设计人员进行设计工作的系统。（　　）

110．屏幕保护可以保护计算机的显示器，延长显示器使用寿命。（　　）

111．如果直接切断电源，不仅会损伤软件系统还会损伤硬件系统。（　　）

112．文件是按一定格式建立在外存上的一批信息的有序集合。（　　）

113．CPU 芯片只有 Intel 公司一家生产商。（　　）

114．人们常说的扩内存指的是增加 ROM 芯片。（　　）

115．各种办公自动化软件属于系统软件。（　　）

116．目前计算机主要用于数值计算。（　　）

117．一字节所能表示的最大十进制数值是 256。（　　）

118．十进制数 58 转换成二进制数是 111010。（　　）

119．1MB 表示 1024×1024 字节。（　　）

120．个人计算机属于大型计算机。（　　）

四、多项选择题

1. 关于计算机的发展过程和基本知识，正确的是________。
   A. 目前计算机应用最广泛的领域是信息处理
   B. 计算机正朝着两极方向发展，即微型计算机和巨型计算机，前者代表计算机的应用水平，而后者代表国家的科技水平
   C. 随着计算机所用电子器件的变化，人们通常将计算机的发展划分为五个时代
   D. 从计算机诞生至今，计算机所使用的电子器件依次为晶体管、电子管、中小规模集成电路和大规模集成电路
2. 计算机的特点主要有________。
   A. 速度快、精度低　　B. 具有记忆和逻辑判断能力
   C. 能自动运行、支持人机交互　　D. 适合科学计算，不适合数据处理
3. 对计算机软件不正确的认识是________。
   A. 计算机软件不需要维护
   B. 受法律保护的计算机软件不能随便复制
   C. 计算机软件只要能复制得到的就不必购买
   D. 计算机软件应有必要的备份
4. 关于冯·诺伊曼体系结构，正确的是________。
   A. 世界上第一台计算机就采用了冯·诺伊曼体系结构
   B. 将指令和数据同时存放在存储器中，是冯·诺伊曼计算机方案的特点之一
   C. 计算机由控制器、运算器、存储器、输入设备、输出设备五部分组成
   D. 冯·诺伊曼提出的计算机体系结构，奠定了现代计算机的结构理论
5. 关于计算机的特点、分类和应用，正确的是________。
   A. 目前刚刚出现运算速度达到亿次每秒的计算机
   B. 巨型电子计算机对于大型计算机而言是一种运算速度更高、存储容量更大、功能更完善的计算机
   C. 气象预报是计算机在科学计算领域中的应用
   D. 大型计算机和巨型计算机仅体积大，其功能并不比微型计算机强
6. 下列属于计算机性能指标的有________。
   A. 字长　　B. 运算速度　　C. 字节　　D. 内存容量
7. 关于计算机硬件系统的组成，正确的说法是________。
   A. 计算机硬件系统由控制器、运算器、存储器、输入设备、输出设备五部分组成
   B. CPU 是计算机的核心部件，它由控制器、运算器组成
   C. RAM 为随机存储器，其中的信息不能长期保存，关机即丢失
   D. ROM 中的信息能长期保存，所以又称为外存储器
8. 关于计算机软件系统，正确的说法是________。
   A. 操作系统是软件中最基础的部分，它属于系统软件
   B. 计算机软件系统分为操作系统、语言处理系统、数据库管理系统
   C. 系统软件包括操作系统、编译软件、数据库管理系统和各种应用软件
   D. 文字处理软件、信息管理软件、辅助设计软件等都属于应用软件

9．关于计算机的组成，正确的说法是________。

A．键盘是输入设备，打印机是输出设备，它们都是计算机的外部设备

B．显示器显示键盘输入的字符时是输入设备，显示程序的运行结果时是输出设备

C．ROM BIOS 芯片中的程序都是计算机制造商写入的，用户不能更改其中的内容

D．打印机只能打印字符和表格，不能打印图形

10．系统总线是 CPU 与其他部件之间传送各种信息的公共通道，其类型有________。

A．数据总线　　B．地址总线　　C．控制总线　　D．信息总线

11．下面是关于解释程序和编译程序的论述，其中不正确的是________。

A．编译程序和解释程序均能产生目标程序

B．编译程序和解释程序均不能产生目标程序

C．编译程序能产生目标程序而解释程序则不能

D．编译程序不能产生目标程序而解释程序能

12．关于微型计算机，正确的说法是________。

A．外存储器中的信息不能直接进入 CPU 进行处理

B．系统总线是 CPU 与各部件之间输送信息的公共通道

C．光盘驱动器属于主机，光盘属于外部设备

D．家用计算机不属于微型计算机

13．鼠标的基本操作有________。

A．指向　　B．单击　　C．双击　　D．拖动

14．以下各项中，________不是第一代计算机的逻辑元件。

A．大规模和超大规模集成电路　　B．晶体管

C．电子管　　D．集成电路

15．________是微型计算机操作系统。

A．DOS　　B．UNIX　　C．VMS　　D．Windows

16．下面________是计算机高级语言。

A．PASCAL　　B．UNIX　　C．C　　D．BASIC

17．计算机软件分为________等几大类。

A．系统软件　　B．杀毒软件　　C．数据库软件　　D．应用软件

18．典型的计算机硬件结构主要包括________。

A．存储器　　B．运算器　　C．I/O 设备　　D．控制器

19．运算器的功能是________。

A．执行算术运算指令　　B．执行逻辑运算指令

C．执行地址分析指令　　D．执行数据分析指令

20．计算机不能直接识别和处理的是________。

A．汇编语言　　B．自然语言　　C．机器语言　　D．高级语言

21．下列设备中，________能作为计算机的输出设备。

A．打印机　　B．显示器　　C．绘图仪　　D．条形码扫描器

22．________是输入设备。

A．绘图仪　　B．鼠标　　C．键盘　　D．卡片阅读机

23．以下属于计算机的外存储器的有________。

A．打印机　B．硬盘　C．软盘　D．磁带

24．一台微型计算机的主要性能指标包括________。

A．价格的高低　B．CPU 的型号　C．硬盘的大小　D．内存空间大小

25．下列说法正确的是________。

A．存储器的内容是取之不尽的

B．从存储器某个单元取出其内容后，该单元仍保留原来的内容不变

C．存储器某个单元存入新信息后，原来保存的内容自动丢失

D．从存储器某个单元取出其内容后，该单元的内容将消失

26．中央处理器中不负责对指令进行译码分析的是________。

A．运算器　B．控制器　C．寄存器　D．内部总线

27．二进制数 1011．01 等于________。

A．十进制 11.25　B．十六进制 B.4　C．八进制 11.75　D．八进制 12.25

28．下列一组数中，比八进制 37 大的有________。

A．11011001B　B．75D　C．37D　D．2A7H

29．若正在编辑某个文件时突然停电，则________中的信息不会丢失。

A．软盘　B．RAM　C．ROM　D．硬盘

30．CPU 包含________部分。

A．寄存器　B．控制器　C．输出单元　D．运算逻辑单元

31．计算机辅助技术包括________。

A．计算机辅助教育　B．计算机辅助测试

C．计算机辅助管理　D．计算机辅助设计

32．以下________属于系统软件。

A．Windows　B．DOS　C．UNIX　D．WinWord

33．计算机的软件系统主要由________两部分组成。

A．数据库管理系统　B．系统软件　C．应用软件　D．字处理软件系统

34．多媒体计算机系统由________组成。

A．个人计算机　B．多媒体硬件系统

C．多媒体套件　D．多媒体软件系统

35．通常人们所说的计算机系统由________两部分组成。

A．软件系统　B．硬件系统　C．操作系统　D．I/O 系统

36．在计算机工作时，内存储器主要用来存储当前运行的________。

A．外设数量　B．操作者信息　C．程序　D．数据

37．在微型计算机操作中，想对系统进行热启动，且没有单独的复位键时，需按下________几个键。

A．Esc　B．Delete　C．Alt　D．Ctrl

38．电子计算机的发展特点是________。

A．体积越来越小　B．容量越来越大　C．精度越来越高　D．速度越来越快

39．下列存储器中，________是不能由 CPU 直接访问的。

A．RAM　B．ROM　C．磁带　D．磁盘

40．________属于应用软件。

A．操作系统　　B．编译程序

C．Excel 电子表格　　D．Word 文字处理系统

五、简答题

1．简述计算机的发展阶段和各个阶段的特点。

2．简述个人计算机的主要性能指标。

3．简述计算机的应用领域。

4．简述微型计算机的系统组成。

5．简述计算机的工作过程。

6．简述内存和外存的区别。

7．简述为什么要增加高速缓存。

8．简述软件的开发流程。

9．简述三种常见的逻辑数据模型及其特点。

项目十九　操作系统 Windows 7

一、单项选择题

1. 在下列操作系统中，属于分时系统的是________。
   A．UNIX　　B．MS DOS　　C．Windows 7　　D．Novell NetWare
2. 操作系统是对计算机硬件、软件进行________的系统软件。
   A．管理和控制　　B．汇编和执行　　C．输入和输出　　D．编译和链接
3. 在搜索文件或文件夹时，若用户输入“*．*”，则将搜索________。
   A．所有含有*的文件　　B．所有扩展名中含有*的文件
   C．所有文件　　D．以上全不对
4. Windows 7 操作系统中规定文件名中不能含有的符号是________。
   A．\ /:　*　?#　<　>　$　　B．\ /:　?　”　<　>　$
   C．\ /:　*　?　”　<　>|@　　D．\ /:　*　?　”　<　>|
5. 以下________文件称为文本文件或 ASCII 文件。
   A．以 exe 为扩展名的文件　　B．以 txt 为扩展名的文件
   C．以 com 为扩展名的文件　　D．以 docx 为扩展名的文件
6. 关于 Windows 直接删除文件而不进入回收站的操作中，正确的是________。
   A．选定文件后，按 Shift+Delete 组合键
   B．选定文件后，按 Ctrl+Delete 组合键
   C．选定文件后，按 Delete 键
   D．选定文件后，按 Shift 键，再按 Delete 键
7. 在 Windows 中，各应用程序之间的信息交换是通过________进行的。
   A．记事本　　B．剪贴板　　C．画图　　D．写字板
8. 要选定多个连续文件或文件夹的操作为：先单击第一项，然后________再单击最后一项。
   A．按住 Alt 键　　B．按住 Ctrl 键　　C．按住 Shift 键　　D．按住 Delete 键
9. 下列有关 Windows 菜单命令的说法，不正确的是________。
   A．带省略号…，执行命令后会打开一个对话框，要求用户输入信息
   B．前有符号√，表示该命令有效
   C．带符号▶，当鼠标指向时，会弹出一个子菜单
   D．带省略号…，当鼠标指向时，会弹出一个子菜单
10. 以下有关 Windows 删除操作的说法，不正确的是________。
    A．网络上的文件删除后不能恢复
    B．软盘上的文件删除后不能恢复
    C．超过回收站存储容量的文件不能恢复
    D．直接用鼠标将项目拖到回收站的项目不能恢复
11. 以下关于 Windows 快捷方式的说法正确的是________。

A．一个快捷方式可指向多个目标对象
B．一个对象可有多个快捷方式
C．只有文件和文件夹对象可建立快捷方式
D．不允许为快捷方式建立快捷方式

12．Windows 7 不包括以下哪种账户类型________。
A．来宾账户　　B．标准账户　　C．管理员账户　　D．高级用户账户

13．即插即用的含义是指________。
A．不需要 BIOS 支持即可使用硬件
B．Windows 系统所能使用的硬件
C．安装在计算机上不需要配置任何驱动程序就可使用的硬件
D．硬件安装在计算机上后，系统会自动识别并完成驱动程序的安装和配置

14．以下说法中最合理的是________。
A．硬盘上的数据不会丢失
B．只要防止误操作，就能防止硬盘上数据的丢失
C．只要没有误操作，并且没有病毒的感染，硬盘上的数据就是安全的
D．不管怎么小心，硬盘上的数据都有可能读不出

15．经常对硬盘上的数据进行备份，可能的原因是________。
A．可以整理硬盘上的数据，提高数据处理速度
B．防止硬盘上有坏扇区
C．恐怕硬盘上出现新的坏扇区
D．恐怕硬盘上出现碎片

16．选定要删除的文件，然后按________键，即可删除文件。
A．Alt　　B．Ctrl　　C．Shift　　D．Delete

17．如用户在一段时间________，Windows 将执行屏幕保护程序。
A．没有按键盘　　B．没有移动鼠标器
C．既没有按键盘，也没有移动鼠标器　　D．没有使用打印机

18．文件夹中不可存放________。
A．文件　　B．多个文件　　C．文件夹　　D．字符

19．在资源管理器中要同时选定不相邻的多个文件，使用________键+鼠标单击。
A．Shift　　B．Ctrl　　C．Alt　　D．F8

20．下面属于操作系统的是________。
A．Windows　　B．Office　　C．Internet Explorer　　D．Photoshop

21．在 Windows 系统及其应用程序中，菜单是系统功能的体现。若某菜单项文字呈灰色，则表示该功能________。
A．其设置当前无效　　B．用户当前不能使用
C．一般用户不能使用　　D．将弹出下一级菜单

22．在 MS DOS 和 Windows 系统中，进行查找操作时，可使用“*”代替所在位置的任意字符，称为通配符，其作用是________。
A．便于一次处理多个文件　　B．便于识别一个文件
C．便于给一个文件取名　　D．便于保存一个文件

23．如果一个文件的名称是 xyz．bmp，则该文件是________。

A．可执行文件　B．文本文件　C．网页文件　D．位图文件

24．同时选择某一位置下全部文件或文件夹的快捷键是________。

A．Ctrl+C　B．Ctrl+V　C．Ctrl+A　D．Ctrl+S

25．Windows 中的“回收站”________。

A．是硬盘中的一块区域，其大小可由用户设定

B．是内存中的一块区域，其大小可由用户设定

C．是硬盘中的一块区域，其大小只能由系统设定

D．是内存中的一块区域，其大小只能由系统设定

26．在 Windows 资源管理器右窗格中，同一文件夹下，单击第一个文件，按住 Ctrl 键再单击第五个文件，则共选中了________。个文件。

A．0　B．5　C．1　D．2

27．Windows 7 中能够提供即时信息并且可轻松访问常用工具的桌面元素是________。

A．桌面图标　B．桌面小工具　C．任务栏　D．桌面背景

28．在 Windows 中右击，屏幕将显示________。

A．用户操作提示信息　B．快捷菜单

C．当前对象的相关操作菜单　D．计算机的系统信息

29．在 Windows 系统中，关于剪贴板的叙述不正确的是________。

A．一段连续的内存区域　B．RAM 的部分空间

C．一个图形处理应用程序　D．应用程序之间进行数据交换的工具

30．在 Windows 系统的资源管理器中不可以完成________。

A．文字处理　B．文件夹操作

C．格式化磁盘　D．设置文件和文件夹的属性

31．Windows 7 操作系统采用________。目录结构来管理文件。

A．树型　B．星型　C．网状型　D．由用户自行定义

32．关于计算机操作系统功能的描述错误的是________。

A．把源程序代码转换成目标代码　B．实现用户和计算机之间的接口

C．完成硬件与软件之间的转换　D．控制、管理计算机资源和程序

33．人们平时所说的“数据备份”中的数据包括________。

A．内存中的各种数据　B．各种程序文件和数据文件

C．存放在 CD-ROM 上的数据　D．内存中的各种数据、程序文件和数据文件

34．在 Windows 7 中，使用删除命令删除硬盘中的文件后________。

A．文件确实被删除，无法恢复

B．在没有存盘操作的情况下，还可以恢复，否则不可以恢复

C．文件被放入回收站，但无法恢复

D．文件被放入回收站，可以通过回收站操作恢复

35．Windows 操作具有如下特点________。

A．先选择操作对象，再选择操作项　B．先选择操作项，再选择操作对象

C．同时选择操作项和操作对象　D．需将操作项拖到操作对象上

36．关闭窗口的快捷键是________。

A．Alt+F2　　B．Ctrl+F2　　C．Alt+F4　　D．Ctrl+F4

37．要从当前正在运行的一个应用程序窗口转到另一个应用程序窗口，只需单击该窗口或按快捷键________。

A．Ctrl+Esc　　B．Ctrl+Spacebar　　C．Alt+Esc　　D．Alt+Spacebar

38．Windows 应用程序的某一菜单中某条命令被选后，该菜单右边又出现了一个附加菜单或子菜单，该命令________。

A．后跟“…”　　B．前有“·”　　C．呈灰色　　D．后跟三角形符号

39．在 Windows 中桌面是指________。

A．显示器　　B．活动窗口

C．资源管理器窗口　　D．窗口、图标、对话框所在的屏幕背景

40．在 Windows 中，复制整个桌面的内容可以通过按________键来实现。

A．Alt+Print Screen　　B．Print Screen

C．Alt+F4　　D．Ctrl+Print Screen

41．在 Windows 中，复制当前窗口可以通过按________键来实现

A．Alt+Print Screen　　B．Print Screen

C．Alt+F4　　D．Ctrl+Print Screen

42．在某个文档窗口中，已经进行了多次剪贴操作，当关闭该文档窗口后，剪贴板中的内容为________。

A．第一次剪贴的内容　　B．最后一次剪贴的内容

C．所有剪贴的内容　　D．空白

43．一个应用程序窗口被最小化后，该应用程序将________。

A．被终止执行　　B．暂停执行　　C．在前台执行　　D．被转入后台执行

44．当选好文件后，下列操作，________。不能删除文件。

A．在键盘上按 Delete 键

B．右击该文件夹，打开快捷菜单，然后从中执行“删除”命令

C．在“文件”菜单中执行“删除”命令

D．右键双击该文件

45．下列操作中，能在各种中文输入法间切换的是________。

A．用 Ctrl+Shift 组合键　　B．用右击输入方式切换按钮

C．用 Shift+空格组合键　　D．用 Alt+Shift 组合键

46．根据文件的命名规则，下列字符串中是合法文件名的是________。

A．*ASDF.FNT　　B．AB:F@!.C2M　　C．CON.PRG　　D．CD?.TXT

47．Windows 7 的“开始”菜单包括 Windows 系统的________。

A．主要功能　　B．全部功能　　C．部分功能　　D．初始化功能

48．下列操作不属于鼠标操作方式的是________。

A．单击　　B．拖放　　C．双击　　D．按住 Alt 键拖放

49．要在 Windows 7 中卸载一个应用程序的正确方法是________。

A．在“开始”菜单中直接删除该应用程序即可

B．找到该应用程序的安装路径，直接删除与该应用程序相关的所有文件夹

C．在桌面上删除该应用程序的图标

D．在“控制面板”窗口中，通过“卸载/更改程序”功能卸载相应的应用程序

50．下列操作中，可以更改文件名或文件夹名的操作是________。

A．右击文件或文件夹名，然后选择“重命名”选项，键入文件或文件夹名按 Enter 键

B．单击文件或文件夹名，然后选择“重命名”选项，键入文件或文件夹名按 Enter 键

C．右键双击文件或文件夹图标，键入新文件或文件夹名按 Enter 键

D．左键双击文件或文件夹图标，键入文件或文件夹名按 Enter 键

51．要使文件不被修改和删除，可以把文件设置成________。

A．存档文件　B．隐藏文件　C．只读文件　D．系统文件

52．用户与裸机间的接口是________。

A．应用软件　B．操作系统　C．支撑软件　D．都不是

53．操作系统的功能不包括________。

A．CPU 管理　B．日常管理　C．作业管理　D．文件管理

54．在 Windows 的“回收站”中，存放的________。

A．只能是硬盘上被删除的文件或文件夹

B．只能是 U 盘上被删除的文件或文件夹

C．可以是硬盘或 U 盘上被删除的文件或文件夹

D．可以是所有外存储器中被删除的文件或文件夹

55．在 Windows 中，“任务栏”________。

A．只能改变位置不能改变大小　B．只能改变大小不能改变位置

C．既不能改变位置也不能改变大小　D．既能改变位置也能改变大小

56．在中文输入法状态下，按下列________键可以输入中文标点符号顿号（、）。

A．~　B．&　C．\　D．@

57．使用下列哪组快捷键可以实现复制文件和粘贴文件________。

A．Shift+C，Shift+V　B．Shift+V，Shift+C

C．Ctrl+V，Ctrl+X　D．Ctrl+C，Ctrl+V

58．下列关于硬件驱动程序的说法正确的是________。

A．Windows 7 可以识别所有的硬件设备，因此不需要安装驱动程序

B．硬件设备只有正确安装驱动程序后，才能正常使用

C．硬件设备不需要驱动程序也可正常使用

D．Windows 7 中所有硬件设备都必须由用户安装驱动程序

59．在 Windows 7 中，要在不同驱动器之间移动文件，应使用的操作是________。

A．鼠标直接拖拽

B．按 Ctrl 键的同时鼠标拖动

C．按 Shift 键的同时鼠标拖动

D．选定文件后按 Ctrl+C 组合键，然后打开目标文件夹按 Ctrl+V 组合键

60．在 Windows 7“个性化”窗口中，为了调整显示器分辨率应从________。进入。

A．窗口颜色　B．更改桌面图标　C．桌面背景　D．显示

二、多项选择题

1．在下列各类操作系统中，________是基本的操作系统。

A．批处理操作系统　　B．分时操作系统
C．网络操作系统　　D．实时操作系统

2．下列属于操作系统的是________。
A．Windows 7　　B．Linux　　C．Word 2010　　D．UNIX

3．在 Windows 7 的“日期和时间”对话框中能进行的操作有________。
A．选择不同的时区　　B．设置日期
C．设置时间　　D．直接调整时钟的指针

4．在 Windows 中，当一个窗口已经最大化后，下列叙述中正确的是________。
A．该窗口可以被关闭　　B．该窗口可以移动
C．该窗口可以最小化　　D．该窗口可以还原

5．下列关于 Windows“回收站”的叙述中，正确的是________。
A．“回收站”中的信息可以清除，也可以还原
B．每个逻辑硬盘上“回收站”的大小可以分别设置
C．当硬盘空间不够用时，系统自动使用“回收站”所占据的空间
D．“回收站”中存放的是所有逻辑硬盘上删除的信息

6．下列哪些方法可以获得 Windows 7 系统的帮助信息________。
A．执行“开始”菜单的“帮助和支持”命令
B．按 F1 键
C．在窗口中执行“帮助”菜单命令
D．按 F2 键

7．关于文件名，下列表述正确的是________。
A．文件名不能含有以下字符：\ / : * ? “ <> |
B．同一个文件夹中不能有名字相同的文件
C．修改文件名的快捷键是 F2
D．文件的名字不可以是汉字

8．在 Windows 7 中，几个任务间切换可用键盘命令________。
A．Alt+Tab　　B．Shift+Tab　　C．Ctrl+Tab　　D．Alt+Esc

9．在 Windows 系统中，可以直接运行的文件有________。
A．.exe 文件　　B．.sys 文件　　C．.bat 文件　　D．.dll 文件

10．Windows 7 资源管理器中右窗格一般是用来显示________的窗格。
A．驱动器　　B．文件　　C．文件夹　　D．文件内容

11．下列操作中，________。能查找文件或文件夹。
A．在“资源管理器”窗口中选择“查看”菜单
B．用“库”窗口中的搜索框
C．用“计算机”窗口中的搜索框
D．用“开始”菜单中的搜索框

12．在 Windows 7 中，下列能进行文件重命名操作的是________。
A．选定文件后再按 F4 键
B．右击文件，在弹出的快捷菜单中执行“重命名”命令
C．选定文件后再单击文件名

D．用“资源管理器”中“文件”菜单下的“重命名”命令

13．在 Windows 7 中，下列说法正确的是________。

A．一个应用程序窗口可含多个文档窗口

B．一个应用程序窗口与多个应用程序相对应

C．应用程序窗口最小化后，其对应的程序仍占用系统资源

D．应用程序窗口关闭后，其对应的程序结束运行

14．以下窗口中，________。能移动。

A．文档窗口　B．已最大化的窗口　C．应用程序窗口　D．某文件夹窗口

15．Windows 任务管理器可用于________。

A．启动应用程序　B．修改文件属性

C．切换当前应用程序窗口　D．结束应用程序运行

三、判断题

1．在 Windows 7 中，剪贴板是指硬盘上的一块区域。（　）

2．在 Windows 7 中，可以通过按 F10 键激活程序中的菜单栏。（　）

3．Windows“任务栏”上存放的是当前窗口的图标。（　）

4．将鼠标定在窗口的任意位置，按住鼠标左键不放，任意拖动，可以移动窗口。（　）

5．Windows 7 中用来和用户进行信息交换的是对话框。（　）

6．按住 Ctrl 键，单击一个选中的项目即可取消选定。（　）

7．单击第一项，按住 Ctrl 键，然后再单击最后一个要选定的项，即可以选中多个连续的文件。（　）

8．操作系统的目的不是提高处理速度，而是管理计算机系统的资源。（　）

9．Windows 7 桌面上的系统图标不能被删除。（　）

10．在对文件进行命名时，Windows 7 中的文件名最多可达 255 个字符，且区分大小写。（　）

11．若要将 D 盘中的文件移动到桌面上，只需将该文件拖放到桌面后释放鼠标即可。（　）

12．在 Windows 中，为了保护文件不被修改，可将它的属性设置为只读。（　）

13．在使用 Windows 的过程中，若出现鼠标故障，在不能使用鼠标的情况下，可以按 Ctrl+Esc 组合键打开“开始”菜单。（　）

14．Windows 7 中删除某个文件的快捷方式对原文件没有任何影响。（　）

15．用户可以在“桌面”上任意添加新的图标，也可以删除“桌面”上的任何图标。（　）

16．文件是操作系统中用于组织和存储各种文字材料的形式。（　）

17．在搜索文件时通配符“？”代表文件名中该位置上的所有可能的多个字符。（　）

18．在“计算机”的某驱动器或文件夹窗口中，执行“文件”菜单下的“新建/文件夹”命令可以新建一个文件夹。（　）

19．在应用程序中通过菜单操作，将 t1.txt 另存为 t2.Txt，则 t1.txt 改名为 t2.txt。（　）

20．在计算机的日常维护中，对磁盘应定期进行碎片整理，其目的是提高计算机的读/写速度。（　）

21．在 Windows 7 中，“回收站”中的文件或文件夹被还原后，将从回收站移除到一个专门存放还原文件的文件夹中。（　）

22．在资源管理器中，可以查看磁盘的剩余空间。（　）

23．Windows 7 是可以在各种类型的计算机上运行的操作系统。（　）

24．Linux 是一种多用户、多任务的操作系统。（　）

四、填空题

1．操作系统具有________、存储管理、设备管理、作业管理等功能。

2．对信号的输入、计算和输出都能在一定的时间范围内完成的操作系统称为________。

3．在计算机中，信息以________的形式保存在存储盘上。文件名通常由________和________。两部分构成，其中________。能反映文件的类型。

4．当用户按下________键时，Windows 7 系统弹出“Windows 任务管理器”对话框。

5．要查找所有第一个字母为 A 且扩展名为 wav 的文件，应输入________。

6．Windows 7 中，有四个默认库，包括________、________、________、________。

7．选定多个连续的文件或文件夹，操作步骤为：单击所要选定的第一个文件或文件夹，然后按住________键，单击最后一个文件或文件夹。

8．Windows 允许用户同时打开多个窗口，但任一时刻只有________个是活动的。

9．操作系统中对文件和文件夹进行管理时，将路径分为绝对路径和________两种。

10．在 Windows 系统中，进行中英文输入法直接切换的方法是按________。组合键来实现。

11．借助剪贴板在两个 Windows 应用程序之间传递信息时，在资源文件中选定要移动的信息后，在“编辑”菜单中执行________。命令，再将插入点置于目标文件的希望位置，然后从“编辑”菜单中执行________。命令即可。

12．在 Windows 中，右击通常会出现________。

13．在打开的 Windows 窗口中，全部选定文件或文件夹的快捷键是________。

14．在 Windows 7 中，当用鼠标左键在不同驱动器之间拖动对象时，系统默认的操作是________。

15．用 Windows 7 的“记事本”所创建文件的默认扩展名是________。

16．Windows 7 的“附件”中，两个用于一般文字处理的工具是________。和________。

17．在 Windows 7 中，打开“开始”菜单的组合键是________。

18．在 Windows 7 中，连续进行了多次剪切操作后“剪贴板”中存放的是________。

19．Windows 7 对文件和文件夹的管理是通过________。来实现的。Windows 7 的文件夹结构是一种________。

20．在 Windows 7 中，没有鼠标的情况下，需要关闭当前应用软件，可以使用组合键________。

21．________。程序是打开计算机后，在较长一段时间内用户没有操作键盘或鼠标，此时系统将自动执行的程序。

22．在 Windows 7 中，当下拉菜单展开后，按键盘上________键可以折叠菜单。

23．左下角带一个小箭头的图标是指向实际对象的________。

24．操作系统一般可分为 3 种基本类型：________、________、________。

五、简答题

1．简述操作系统的基本功能。

2．Windows 7 的窗口主要由哪几部分组成？

3．在 Windows 7 中如何添加或删除中文输入法？

4．简述资源管理器的作用。启动资源管理器有哪些方法？在资源管理器中可以实现哪些操作？

5．在 Windows 7 中，对文件或文件夹执行“剪切”命令和“删除”命令有什么区别？

6．Windows 7 对磁盘可以进行哪些管理操作？这些管理工具各有什么作用？

7．什么是文件？如何定义文件名和文件扩展名？

项目二十　文字处理 Word 2010

一、单项选择题

1．Word 2010 默认的文件扩展名是________。

A．doc　　B．docx　　C．xls　　D．ppt

2．Word 2010 中插入总页码的域公式是________。

A．=NumPages　　B．=Page　　C．=TC　　D．=Next

3．在 word 2010 中，对于用户的错误操作是________。

A．只能撤销最后一次对文档的操作　　B．可以撤销用户的多次操作

C．不能撤销　　D．可以撤销所有的错误操作

4．在 Word 2010 中，若要将一些文本内容设置为黑体字，则首先应该________。

A．单击 B 按钮　　B．单击带下划线的 U 按钮

C．选定文本内容　　D．单击 A 按钮

5．在 Word 2010 中，如果已存在一个名为 nol.docx 的文件，要想将它换名为 NEW.docx，可以执行________命令。

A．另存为　　B．保存　　C．全部保存　　D．新建

6．在 Word 2010 中，要使文档的标题位于页面居中位置，应使标题________。

A．两端对齐　　B．居中对齐　　C．分散对齐　　D．右对齐

7．下列关于 Word 2010 文档窗口的说法中，正确的是________。

A．只能打开一个文档窗口

B．可以同时打开多个文档窗口，被打开的窗口都是活动窗口

C．可以同时打开多个文档窗口，但其中只有一个活动窗口

D．可以撤销所有的错误操作

8．在退出 Word 2010 时，如果有工作文档尚未存盘，系统的处理方法是________。

A．不予理会，照样退出

B．自动保存文档

C．会弹出一个要求保存文档的对话框供用户决定保存与否

D．有时会有对话框，有时不会

9．Word 2010 可以同时打开多个文档窗口，但是文档窗口打开得越多，占用内存会________。

A．越少，因而速度会更慢　　B．越少

C．越多，因而速度会更快　　D．越多，因而速度会更慢

10．Word 2010 是________公司开发的文字处理软件

A．微软（Microsoft）　　B．联想（Legend）

C．方正（Founder）　　D．莲花（Lotus）

11．在 Word 2010 文档操作中，按 Enter 键其结果是________。

A．产生一个段落结束符　　B．产生一个行结束符
C．产生一个分页符　　D．产生一个分行

12．在 Word 2010 中要建立一个表格，方法是________。
A．用光标键画表格　　B．用 Atl 键、Ctrl 键和光标键画表格
C．用 Shift 键和光标键画表格　　D．执行“插入”选项卡中的“表格”命令

13．下列操作中，不能实现对文档的保存的操作是________。
A．Office 按钮保存　　B．Office 按钮另存为
C．Office 按钮新建　　D．单击组合键

14．如果要使 Word 2010 编辑的文档可以用 Word 2003 打开，下列说法正确的是________。
A．Office 按钮，另存为“Word 97-2003 文档”
B．Office 按钮，另存为“Word 文档”
C．将文档直接保存即可
D．Word 2010 编辑保存的文件不可以用 Word 2003 打开

15．启动 Word 后，系统为新文档的命名应该是________。
A．系统自动以用户输入的前 8 个字符命名
B．自动命名为“.doc”
C．自动命名为“文档 1”或“文档 2”或“文档 3”
D．没有文件名

16．在 Word 编辑状态下，若要调整光标所在段落的行距，首先进行的操作是________。
A．打开“开始”选项卡　　B．打开“插入”选项卡
C．打开“页面布局”选项卡　　D．打开“视图”选项卡

17．在 Word 主窗口的右上角，可以同时显示的按钮是________。
A．最小化、还原和最大化　　B．还原、最大化和关闭
C．最小化、还原和关闭　　D．还原和最大化

18．在 Word 文档编辑中，可以删除插入点前字符的按键是________。
A．Delete　　B．Ctrl+Delete　　C．Backspace　　D．Ctrl+Backspace

19．在 Word 编辑状态下，要统计文档的字数，需要使用的选项卡是________。
A．开始　　B．插入　　C．页面布局　　D．审阅

20．在 Word 文档编辑中，使用哪个选项卡中的“分隔符”命令，可以在指定文档中指定位置强行分页________。
A．开始　　B．插入　　C．页面布局　　D．审阅

21．在 Word 中，插入的“艺术字”“文本框”“图片”等对象，可以设置环绕方式，“四周型环绕”指的是________。
A．插入的对象自己绕成一个圈　　B．正文自己绕成一个圈
C．正文绕在插入的对象四周　　D．插入的对象绕在正文外面

22．设 Windows 处于系统默认状态，在 Word 编辑状态下，移动鼠标至文档行首空白处（文本选定区）连击左键三下，结果会选择文档的________。
A．一句话　　B．一行　　C．一段　　D．全文

23．在 Word 文档编辑中，如果想在某一个页面没有写满的情况下强行分页，可以插入________。

A．边框　　B．项目符号　　C．分页符　　D．换行符

24．在 Word 中，在“页面设置”选项中，系统默认的纸张大小是________。

A．A4　　B．B5　　C．A3　　D．16 开

25．在 Word 的表格操作中，改变表格的行高与列宽可用鼠标操作，方法是________。

A．当鼠标指针在表格线上变为双箭头形状时拖动鼠标

B．双击表格线

C．单击表格线

D．单击“拆分单元格”按钮

26．在 Word 的编辑状态下，选择了整个表格，执行了“表格”菜单中的“删除行”命令，则________。

A．整个表格被删除　　B．表格中一行被删除

C．表格中一列被删除　　D．表格中没有被删除的内容

27．在 Word 编辑状态下，连续进行了两次“插入”操作，当单击一次“取消”按钮后________。

A．将两次插入的内容全部取消　　B．将第一次插入的内容取消

C．将第二次插入的内容取消　　D．两次插入的内容都不被取消

28．Word 文档中选中一句，则应按住________键单击句中任意位置。

A．左 Shift　　B．右 Shift　　C．Ctrl　　D．Alt

29．在 Word 的编辑状态，执行“编辑”菜单中的“粘贴”命令后________。

A．被选择的内容移到插入点　　B．被选择的内容移到剪贴板

C．剪贴板中的内容移到插入点　　D．剪贴板中的内容复制到插入点

30．在 Word 的编辑状态，进行字体设置操作后，按新设置的字体显示的文字是________。

A．插入点所在段落中的文字　　B．文档中被选择的文字

C．插入点所在行中的文字　　D．文档的全部文字

31．在 Word 中，当前已打开一个文件，若想打开另一个文件________。

A．首先关闭原来的文件，才能打开新文件

B．打开新文件时，系统会自动关闭原文件

C．两个文件同时打开

D．新文件的内容会加入原来打开的文件

32．关闭 Word 2010 窗口，下列________操作是错误的。

A．双击窗口左上角的 Office 按钮　　B．执行 Office 按钮中的“退出”命令

C．按 Ctrl+F4 组合键　　D．按 Alt+F4 组合键

33．在段落格式中，可以更改段落的对齐方式，其中效果上差别不大的是________。

A．左对齐和右对齐　　B．左对齐和分散对齐

C．左对齐和两端对齐　　D．两端对齐和分散对齐

34．在 Word 2010 中，每个文档都是在________的基础上建立的。

A．样式表　　B．模板　　C．其他文档　　D．空白文档

35．在 Word 2010 中若要选中一个段落，最快的方法是________。

A．将光标停在段落的范围之内　　B．将光标移至某一行的左边双击

C．拖黑　　D．借助 Shift 键分别单击段落的开头和结尾

36．在 Word 2010 中要矩形区域选择文本，应该________。

A．先按下 Alt 键，再用鼠标拖选　B．用鼠标拖选后按下 Alt 键

C．先按下 Ctrl 键，再用鼠标拖选　D．用鼠标拖选后按下 Ctrl 键

37．在 Word 2010 的“替换”命令中，如果要将带《》的所有字符串一起改变颜色，应在对话框中选中________复选框。

A．特殊字符　B．使用通配符　C．不限定格式　D．区分大小写

38．在 Word 2010 编辑中，查找和替换中能使用的通配符有________。

A．+和–　B．*和，　C．*和?　D．/和*

39．在“插入”→“符号”命令中，如要按键盘上的一个非常用键，文中出现多个固定字符，应该在自动更正中________。

A．选中“纯文本”选项　B．选中“带格式文本”选项

C．按下“快捷键”按钮　D．选中“普通文本”字体选项

40．要设置行距小于标准的单倍行距，需要选择________再输入磅值。

A．两倍　B．单倍　C．固定值　D．最小值

41．在 Word 2010 中，________可以将一行字变成两行，不过最多只能选择六个字符。

A．拼音指南　B．双行合一　C．纵横混排　D．合并字符

42．设置完字体后，单击________按钮可将此处设置转变为新建空文档的默认字体设置。

A．网格　B．字符间距　C．行号　D．默认

43．要在 Word 2010 的同一个多页文档中设置三个以上不同的页眉页脚，必须________。

A．分栏　B．分节

C．分页　D．采用不同的显示方式

44．要设置各节不同的页眉页脚，必须在第二节开始的每一节处点________按钮后编辑内容。

A．上一项　B．链接到前一个　C．下一项　D．页面设置

45．在已选定页面尺寸的情况下，在“页面设置”对话框中，能用于调整每页行数和每行字数的选项卡是________。

A．页边距　B．版式　C．文档网格　D．纸张

46．下列关于页眉页脚，说法正确的是________。

A．页眉线就是下划线　B．页码可以插在页面的任何地方

C．页码可以直接输入　D．插入的对象在每页中都可见

47．要复制字符格式而不复制字符内容，需用________按钮。

A．格式选定　B．格式刷　C．格式工具框　D．复制

48．关于样式和格式的说法正确的是________。

A．样式是格式的集合

B．格式是样式的集合

C．格式和样式没有关系

D．格式中有几个样式，样式中也有几个格式

49．在 Word 2010 中自定义的样式，在________的状况下能在其后新建的文档中应用。

A．选中“自动更正”　B．选中“纯文本”

C．选中“添加到模板”　D．设置快捷键

50．要将使用自定义样式的正文段落提取为目录文本，应在“引用”→“插入目录”中单击________按钮。

A．显示级别　　B．修改　　C．选项　　D．前导符

51．一张完整的图片，只有部分区域能够排开文本，其余部分被文字遮住，这是因为________。

A．图片是嵌入型　　B．图片是紧密型

C．图片是四周型　　D．图片进行了环绕顶点的编辑

52．如果要用矩形工具画出正方形，应同时按下________键。

A．Ctrl　　B．Shift　　C．Alt　　D．Ctrl+Alt

53．在 Word 2010 中插入的艺术字在文档中可作为________来处理。

A．图形对象　　B．文本　　C．文字　　D．图形和文字

54．在 Word 2010 的表格中，下面的________不能从一个单元格移动到另一个单元格。

A．方向键　　B．Tab 键　　C．Enter 键　　D. 单击下一个单元格

55．在 Word 2010 表格的编辑中，快速地拆分表格应按________快捷键。

A．Ctrl+Enter　　B．Shift+Enter

C．Ctrl+Shift+Enter 键　　D．Alt+Enter 键

56．打印文档时，以下页码范围________有 4 页。

A．2-6　　B．1，3-5，7　　C．1-2，4-5　　D．1，4

57．将 Word 2010 表格中两个单元格合并成一个单元格后，单元格中的内容________。

A．只保留第 1 个单元格内容　　B．两个单元格内容均保留

C．只保留第 2 个单元格内容　　D．两个单元格内容全部丢失

58．删除一个段落标记后，前后两段文字将合并成一个段落，原段落内容的字体格式________。

A．变成前一段的格式　　B．变成后一段的格式

C．没有变化　　D．两段的格式变成一样

59．在 Word 的编辑状态，当前文档中有一个表格，选定表格中的一行后，执行“表格”菜单中“拆分表格”命令后，表格被拆分为上下两个表格，已选定的行________。

A．在上边的表格中　　B．在下边的表格中

C．不在这两个表格中　　D．被删除

60．在 Word 的编辑状态，字号被选择为四号后，按新设置的字号显示的文字是________。

A．插入点所在的段落中的文字　　B．文档中被选择的文字

C．插入点所在行中的文字　　D．文档的全部文字

61．可以显示水平标尺和垂直标尺的视图方式是________。

A．普通视图　　B．页面视图　　C．大纲视图　　D．全屏显示方式

62．可以使插入点快速移到文档首部的组合键是________。

A．Ctrl+Home　　B．Alt+Home　　C．Home　　D．Alt+Ctrl

63．在 Word 的编辑状态，设置了一个 4 行 5 列的空表格，将插入点定在第 3 行和第 4 列相交处的单元格内，当鼠标是“I”形状时，连续单击 3 次，则表格中被选择的部分是________。

A．第 3 行　　B．第 4 列

C．第 3 行和第 4 列相交处的一个单元格　　D．两个表格

64．在 Word 2010 中要同时保存多个文档，应________。

A．执行“文件”菜单中的“保存”命令

B．执行“文件”菜单中的“另存为”命令

C．按住 Shift 键，执行“文件”菜单的“全部保存”命令

D．按住 Shift 键，执行“文件”菜单中的“另存为”命令

65．在 Word 2010 中第一次存盘会弹出________对话框。

A．保存　　B．打开　　C．退出　　D．另存为

66．Word 中，按住________键，可以选择矩形文本。

A．Ctrl　　B．Alt　　C．Shift　　D．Delete

67．Word 绘制椭圆时，按________键可以绘制成圆形。

A．Ctrl　　B．Alt　　C．Shift　　D．Delete

68．在 Word 中，对文档修改了很多次后，最后发现都不应该改动，如何处理才最恰当________。

A．单击“撤销”按钮　　B．保存文件后退出 Word

C．把改动的再改回来　　D．退出 Word，并不保存文件

69．在 Word 2010 的编辑状态，打开了“文档 1.doc”文档，若要将经过编辑后的文档以“文档 2.doc”为名存盘，应当执行“文件”菜单中的命令是________。

A．保存　　B．另存为 HTML　　C．另存为　　D．版本

70．Word 中，打开一个名为 WZ.doc 的文档，修改后用“另存为”命令保存为 LP.doc 的文档，则 WZ.doc 与 LP.doc 的内容________。

A．都是原来的内容

B．W.doc 是原来的内容，LP.doc 是改后的内容

C．都是改后的内容

D．文件已变为 LP.doc，WZ.doc 不存在了

71．在 Word 中，单击一次“撤销”按钮，得到的是________。

A．重复刚才的操作　　B．所有的操作重复一次

C．撤销了上一步操作　　D．撤销了前面所有的操作

72．在 Word 2010 中，将光标移到图片处，单击选定图片。被选中的图片会________，表明图片已经被选中。

A．反像显示　　B．加亮显示　　C．在四周出现八个控制点　　D．出现虚框

73．在 Word 2010 编辑状态下，对于选定的文字不能进行的设置是________。

A．加下划线　　B．加着重号　　C．动态效果　　D．自动版式

74．在 Word 2010 编辑状态下，进行改变段落的缩进方式、调整左右边界等操作，最直观、快速的方法是利用________。

A．菜单栏　　B．工具栏　　C．格式栏　　D．标尺

75．Word 2010 字形和字体、字号的默认设置值是________。

A．常规型、宋体、4 号　　B．常规型、宋体、5 号

C．常规型、宋体、6 号　　D．常规型、仿宋体、5 号

76．以下哪项设置可以为负值________。

A．段落缩进　　B．行间距　　C．段落间距　　D．字体大小

二、填空题

1. 要选中不连续的多处文本，应按下________键控制选取。

2. 省略号应在中文标点状态下，用________组合键输入。

3. 下标的快捷键是________。

4. F4 功能键的作用是________。

5. 脚注位于页面的________，尾注位于页面的________。

6. 在文档中建立________，就是将需要标示的字词列出来，并注明它们的页码。

7. Word 在编辑一个文档完毕后，要想知道它打印后的效果，可使用________功能。

8. 将文档分左右两个版面的功能称为________，将段落的第一字放大突出显示的是功能。

9. Word 表格由若干行、若干列组成，行和列交叉的地方称为________。

10. ________是将文档中的文字或图形与其他位置的相关信息链接起来。

三、判断题

1. 在字符格式中，衡量字符大小的单位是号和磅。（　　）

2. 关于字符边框，其边框线不能单独定义。（　　）

3. 在 Word 中，剪贴板上的内容可粘贴多次，但最多不超过 12 次。（　　）

4. 在 Word 中，剪切操作就是删除操作。（　　）

5. Word 中段落对齐的方式有三种。（　　）

6. Word 中不插入剪贴画。（　　）

7. 插入艺术字既能设置字体，又能设置字号。（　　）

8. Word 中被剪掉的图片可以恢复。（　　）

9. 页边距可以通过标尺设置。（　　）

10. 如果需要对文本格式化，则必须先选择被格式化的文本，然后再对其进行操作。（　　）

11. 页眉与页脚一经插入，就不能修改了。（　　）

12. 对当前文档的分栏最多可分为三栏。（　　）

13. 使用 Delete 命令删除的图片，可以粘贴回来。（　　）

14. 在 Word 中可以使用在最后一行的行末按下 Tab 键的方式在表格末添加一行。（　　）

15. 在文档插入艺术字后，用户不可以对艺术字进一步格式化。（　　）

四、简答题

1. Word 2010 文档有哪几种视图方式？如何切换？

2. 在 Word 2010 文档中设置文字格式有哪些操作？设置段落格式有哪些操作？设置页面格式有哪些操作？

3. 在 Word 2010 文档中编辑表格有哪些操作？设置表格有哪些操作？

4. 在文档中编辑文本框有哪些操作？设置文本框格式有哪些操作？

5. 在 Word 2010 文档中编辑图形有哪些操作？设置图形有哪些操作？

项目二十一　数据统计分析 Excel 2010

一、单项选择题

1．Excel 2010 中，下列________是正确的区域表示法。

A．a1#d4　　B．a1..d4　　C．a1:d4　　D．a1-d4

2．在 Excel 2010 中，可以通过________向单元格输入数据。

A．工具栏　　B．状态栏　　C．菜单栏　　D．编辑栏

3．在 Excel 工作表中，每个单元格都有唯一的编号叫地址，地址的使用方法是________。

A．字母+数字　　B．列标+行号　　C．数字+字母　　D．行号+列标

4．在 Excel 操作中，假设 A1、B1、C1、D1 单元分别为 2、3、7、3，则 SUM(A1:C1)/Dl 的值为________。

A．15　　B．18　　C．3　　D．4

5．Excel 中有多个常用的简单函数，其中函数 AVERAGE（区域）的功能是________。

A．求区域内数据的个数　　B．求区域内所有数字的平均值

C．求区域内数字的和　　D．返回函数的最大值

6．下列 Excel 的表示中，属于绝对地址的表达式是________。

A．E8　　B．$A2　　C．$G$5　　D．C$

7．在 Excel 中，默认工作表的名称为________。

A．Work1、Work2、Work3　　B．Document1、Document2、Document3

C．Book1、Book2、Book3　　D．Sheet l、Sheet2、Sheet3

8．在 Excel 中，若单元格引用随公式所在单元格位置的变化而改变，则称为________。

A．3-D 引用　　B．混合引用　　C．绝对地址引用　　D．相对引用

9．系统默认每个工作簿有几张工作表________。

A．10　　B．5　　C．7　　D．3

10．现在有 5 个数据需要求和，用鼠标仅选中这 5 个数据而没有空白格，那么单击求和按钮后会出现什么情况________。

A．和保存在第 5 个数据的单元格中　　B. 和保存在数据格后面的第 1 个空白格中

C．和保存在第 1 个数据的单元格中　　D．没有什么变化

11．在 Excel 的编辑栏中，显示的公式或内容是________。

A．上一单元格的　　B．当前行的

C．当前列的　　D．当前单元格的

12．在 Excel 的公式运算中，如果要引用第 6 行的绝对地址，第 D 列的相对地址，则地址表示为________。

A．D$6　　B．D6　　C．$D$6　　D．$D6

13．工作表的行号为________。

A．0～65536　　B．1～16384　　C．0～16384　　D．1～65536

14．在 Excel 中，可使用________中的命令，给选定的单元格加边框。

A．视图菜单　　B．格式菜单　　C．工具菜单　　D．窗口菜单

15．在 Excel 中，如果只需要数据列表中记录的一部分，可以使用 Excel 提供的________功能。

A．排序　　B．自动筛选　　C．分类汇总　　D．以上全部

16．在 Excel 中，公式输入完后应按________。

A．Enter　　B．Ctrl+Enter　　C．Shift+Enter　　D．Ctrl+Shift+Enter

17．Excel 一个工作簿中工作表的张数，默认值是________。

A．32　　B．16　　C．255　　D．3

18．在 Excel 中，如果 A1：A5 单元格的值依次为 100、200、300、400、500，则 MAX（A1：A5）=________。

A．300　　B．500　　C．1200　　D．1500

19．在 Excel 中，公式 SUM（C2：C6）的作用是________。

A．求 C2 到 C6 这五个单元格数据之和　　B．求 C2 和 C6 这两个单元格数据之和

C．求 C2 和 C6 两个单元格的比值　　D．以上说法都不对

20．在 Excel 2010 中，工作簿存盘时默认的文件扩展名是________。

A．.slx　　B．.xlsx　　C．.doc　　D．.gzb

21．在 Excel 中，下列说法不正确的是________。

A．每个工作簿可以由多张工作表组成

B．输入的字符不能超过单元格的宽度

C．每张工作表由 256 列、65536 行组成

D．单元格中输入的内容可以是文字、数字、公式

22．Excel 的主要功能有________。

A．电子表格、文字处理、数据库　　B．电子表格、图表、数据库

C．工作表、工作簿、图表　　D．电子表格、工作簿、数据库

23．在 Excel 工作表中，当插入行或列时，后面的行或列将向________方向自动移动。

A．向下或向右　　B．向下或向左　　C．向上或向右　　D．向上或向左

24．在 Excel 中，创建公式的操作步骤有：①在编辑栏键入“=”；②键入公式；③按 Enter 键；④选择需要建立公式的单元格；其正确的顺序是________。

A．①②③④　　B．④①③②　　C．④①②③　　D．④③①②

25．在 Excel 中，当数据超过单元格的列宽时，在单元格中显示的一组符号是________。

A．?　　B．#　　C．%　　D．*

26．Excel 中的数据类型有________。

A．数值型　　B．字符型　　C．逻辑型　　D．以上全部

27．在 Excel 中，选定一个单元格后按 Delete 键，将被删除的是________。

A．单元格　　B．单元格中的内容

C．单元格中的内容和格式等　　D．单元格所在的行

28．在 Excel 2010 的数据清单中，当以“姓名”字段作为关键字进行排序时，系统可以按“姓名”的________为顺序重排数据。

A．拼音字母　　B．偏旁部首　　C．区位码　　D．笔画

29. 在 Excel 中，已知 B2、B3 单元格中的数据分别为 1 和 3，可以使用自动填充的方法使 B4：B6 单元格中的数据分别为 5、7、9，下列操作中，可行的是________。

A. 选定 B3 单元格，拖动填充柄到 B6 单元格

B. 选定 B2：B3 单元格，拖动填充柄到 B6 单元格

C. 以上两种方法都可以

D. 以上两种方法都不可以

30. 在 Excel 工作簿中，通常一次排序可使用的关键字________。

A. 只能有一个关键字

B. 只能有主关键字和次关键字

C. 可以有主关键字、次关键字和第三关键字

D. 根据用户需要决定

31. 在保存 Excel 2010 工作簿的过程中，默认的第一个工作簿文件名是________。

A. Excel1　　B. Book1　　C. XL1　　D. 文档 1

32. 在 Excel 2010 工作表中，文字型数据在单元格中默认为________。

A. 左对齐　　B. 右对齐　　C. 中间对齐　　D. 双端对齐

33. 引用运算符 A1，B3 占用单元格的个数为________。

A. 2　　B. 6　　C. 3　　D. 9

34. Excel 工作表的第 3 行第 4 列的单元格地址是________。

A. D3　　B. D4　　C. 3D　　D. 4D

35. Excel 的每一张工作表最多可包含________列。

A. 255　　B. 254　　C. 256　　D. 没有限定

36. Excel 的每一张工作表最多可包含________行。

A. 65535　　B. 65536　　C. 60000　　D. 65555

37. 单元格中________。

A. 只能包含数字　　B. 只能包含文字

C. 可以是数字、字符、公式等　　D. 以上都不是

38. 如果要将一个单元格中的公式计算结果数值复制到另一个单元格中，应选择菜单________。

A. 文件　　B. 编辑　　C. 格式　　D. 工具

39. 如果用预置小数的方法输入数据，当设定小数位数是 2 时，输入 12345 表示________。

A. 1234500　　B. 123．45　　C. 12345　　D. 以上都不是

40. Excel 2010 工作簿文件的扩展名是________。

A. docx　　B. txt　　C. pot　　D. 都不对

41. Excel 工作表的单元格区域 A1：C3 已输入数值 10，若在 D1 单元格内输入公式“=SUM（A1，C3）”，则 D1 的显示结果为________。

A. 20　　B. 60　　C. 30　　D. 90

42. 下列操作中不能完成对数据表排序的是________。

A. 单击数据区中任一单元格，然后单击工具栏上的“升序”或“降序”按钮

B. 选择待排序的数据区域，然后单击工具栏上的“升序”或“降序”按钮

C. 选择待排序的数据区域，然后执行“编辑”菜单中的“排序”命令

D．选择待排序的数据区域，然后执行“数据”菜单中的“排序”命令

43．在单元格中输入字符串 3300929 时，应输入________。

A．3300929　　B．“3300929”　　C．’3300929　　D．3300929’

44．在 Excel 单元格引用中，B5:E7 包含________。

A．两个单元格　　B．3 个单元格　　C．4 个单元格　　D．12 个单元格

45．Excel 图表是________。

A．工作表数据的图表表示　　B．根据工作表数据用画图工具绘制的

C．可以用画图工具进行编辑　　D．图片

46．以下单元格地址中，________是相对地址。

A．$A$1　　B．$A1　　C．A$1　　D．A1

47．在 Excel 工作表中，格式化单元格不能改变单元格________。

A．数值大小　　B．边框　　C．列宽行高　　D．底纹和颜色

48．单元格中输入 1+2 后，单元格数据的类型是________。

A．数字　　B．文本　　C．日期　　D．时间

49．在 Excel 工作表中，已创建好的图表中的图例可以执行________。

A．按 Delete 键可将其删除　　B．不可改变其位置

C．只能在图表向导中修改　　D．不能修改

50．________函数是文本函数。

A．VALUE　　B．LOOK UP　　C．AVERAGE　　D．SUM

51．Microsoft Excel 是处理________的软件。

A．数据制作报表　　B．图形设计方案

C．图像效果　　D．文字编辑排版

52．在 Excel 表格图表中，不存在的图形类型是________。

A．条形图　　B．圆锥形图　　C．柱形图　　D．扇形图

53．Excel 电子表格 A1 到 C5 为对角构成的区域，其表示方法是________。

A．A1：C5　　B．C5：A1　　C．A1，C5　　D．A1+C5

54．退出 Excel 2010 可使用组合键________。

A．Alt+F4　　B．Ctrl+F4　　C．Alt+F5　　D．Ctrl+F5

55．Excel 2010 工作簿的工作表数量为________。

A．1 个　　B．128 个　　C．3 个　　D．1～255 个

56．在 Excel 2010 中，用键盘选择一个单元格区域的操作步骤是首先选择单元格区域左上角的单元格，然后再进行的操作是________。

A．按住 Ctrl 键并按向下和向右光标键，直到单元格区域右下角的单元格

B．按住 Ctrl 键并按向下和向左光标键，直到单元格区域左下角的单元格

C．按住 Ctrl 键并按向左和向右光标键，直到单元格区域右下角的单元格

D．以上都不是

57．Excel 2010 每个单元格中最多可输入的字符数为________。

A．8 个　　B．256 个　　C．32 000 个　　D．640K

58．Excel 2010 的文本数据包括________。

A．汉字、短语和空格　　B．数字

C．其他可输入字符　　D．以上全部

59．在 Excel 2010 中，输入当天的日期可按组合键________。

A．Shift+　　B．Ctrl+　　C．Shift+　　D．Ctrl+Shift

60．在 Excel 2010 中，输入当前时间可按组合键________。

A．Ctrl+;　　B．Shift+;　　C．Ctrl+Shift+;　　D．Ctrl+Shift+:

二、多项选择题

1．下列关于 Excel 的叙述中，正确的是________。

A．Excel 工作表的名称和文件名一致

B．Excel 允许一个工作簿中包含多张工作表

C．Excel 的图表可以与生成该图表的有关数据处于同一张工作表上

D．Excel 将工作簿的每一张工作表分别作为一个文件保存

2．选中某一行（列）中的若干连续单元格有哪两种方法________。

A．按住并拖动鼠标可以一次框选多个单元格

B．单击选中该行的开头单元格，按住 Shift 键后，单击此行结尾的单元格

C．可以单击选中其中的一个单元格，按住 Ctrl 键不放，依次单击其他要选择的单元格，释放 Ctrl 键

D．将鼠标移动到表格行前面的序号按钮上，鼠标指针变化时，单击鼠标即可

3．下列说法正确的有________。

A．排序对话框可以选择的排序方式只有递增和递减两种

B．执行"格式"菜单中的"排序"命令，可以实现对工作表数据的排序功能

C．对工作表数据进行排序，如果在数据清单中的第一行包含列标记，在"当前数据清单"框中单击"有标题行"按钮，以使该行排除在排序之外

D．排序对话框中的"当前数据清单"中只有有标题行和无标题行两种选择

4．在 Excel 单元格中输入的日期或时间，格式正确的是________。

A．12：00A　　B．98-9-8　　C．6-JUN　　D．23：59

5．下列属于设置 Excel 单元格格式的是________。

A．设置数字格式　B．字体和对齐方式　C．调整行高和列宽　D．设置边框与底纹

6．在 Excel 中，下列说法正确的有________。

A．每个工作簿可以由多张工作表组成

B．输入的字符不能超过单元格的宽度

C．每个工作表由 256 列、65536 行组成

D．单元格中输入的内容可以是文字、数字、公式

7．以下对单元格的引用中，是绝对引用的是________。

A．$A$1　　B．$B3　　C．D$6

D．$E$12　　E．F$9

8．在 Excel 中，要统计一行数值的总和，不可以用下面的________函数。

A．COUNT　　B．AVERAGE　　C．MAX　　D．SUM

9．下面说法正确的是________。

A．Excel 的行高是固定的

B．Excel 单元格的宽度是固定的，为 8 个字符宽

C．Excel 单元格的宽度是可变的，默认宽度为 8 个字符宽

D．Excel 的行高和列宽是可变的

10．Excel 工作表中，欲右移一个单元格作为当前单元格，则________。

A．按方向右键　B．按 Tab 键　C．按 Enter 键　D. 单击右边的单元格

11．求 A1 至 A7 单元格的平均值，应用公式________。

A．AVERAGE(A1:A7,7)　B．AVERAGE(A1:A7)

C．SUM(A1:A7)/7　D．SUM(A1:A7)/COUNT(A1:A7)

12．以下属于 Excel 标准类型图表的有________。

A．柱形图　B．饼图　C．雷达图　D．气泡图

13．Excel 具有________功能。

A．编辑表格　B．数据管理　C．设置表格格式　D．打印表格

14．当用户的数据太长，单元格放不下时，则________。

A．用科学计数法表示

B．当右边的单元格为空时，则跨列显示

C．当右边的单元格不空时，则只显示数据的前半部分

D．当右边的单元格不空时，则只显示数据的后半部分

15．在工作表中建立函数的方法有以下几种________。

A．直接在单元格中输入函数　B．直接在编辑栏中输入函数

C．利用工具栏上的函数工具按钮　D．利用工具栏上的指南工具按钮

三、判断题

1．Excel 中数据筛选可分为自动筛选和高级筛选。（　）

2．单元格的清除与删除是相同的。（　）

3．选定数据列表中的某个单元格，执行“数据”菜单中的“筛选”命令，选择“自动筛选”选项，此时系统会在数据列表的每一行标题的旁边插入下拉菜单。（　）

4．执行“格式”菜单中的“排序”命令，可以实现对工作表数据的排序功能。（　）

5．Excel 只能对同一列的数据进行求和。（　）

6．在 Excel 所选单元格中创建公式，应先键入“；”。（　）

7．在 Excel 中，图表可以分为嵌入式图表和独立式图表两种。（　）

8．Excel 中，使用“插入”菜单下的“行”命令，插入的行在活动单元格的下一行。（　）

9．在 Excel 中，工作簿名可以改变，工作表名不能改变。（　）

10．Excel 的工作簿是以文件形式存在的，而工作表存在于工作簿中。（　）

11．Excel 工作簿由一张工作表组成。（　）

12．Excel 2010 工作簿文件的扩展名是．Xls。（　）

13．Excel 单元格中的公式，都是以“=”开头的。（　）

14．筛选是只显示某些条件的记录，并不改变记录。（　）

15．一个 Excel 工作表的可用行数和列数是不受限制的。（　）

16．在 Excel 工作表中，可以插入并编辑 Word 文档。（　）

17．如果单元格内显示“####”，表示单元格中的数据是错误的。（　）
18．在 Excel 工作表的单元格中，可以输入文字，也可以插入图片。（　）
19．合并单元格只能合并横向的单元格。（　）
20．Excel 2010 中的绝对地址与相对地址是一样的，只是写法不同而已。（　）
21．退出 Excel 2010 可使用 Alt+F4 组合键。（　）
22．Excel 2010 中每个工作簿包含 1～255 张工作表。（　）
23．启动 Excel 2010，若不进行任何设置，则默认工作表数为 16 张。（　）
24．Excel 2010 每个单元格中最多可输入 256 个字符。（　）
25．数字不能作为 Excel 2010 的文本数据。（　）
26．在 Excel 2010 中可用组合键“Ctrl+；”输入当前的时间。（　）
27．在 Excel 2010 中可用组合键“Shift+；”输入当前的时间。（　）
28．在 Excel 2010 中，工作表可以按名存取。（　）
29．在 Excel 2010 所选单元格中创建公式，首先应键入“：”。（　）
30．在 Excel 2010 中，函数包括“=”、函数名和变量。（　）
31．在 Excel 2010 中编辑表格时，使用保存命令会覆盖原先的文件。（　）
32．在 Excel 2010 中"删除"和"删除工作表"是等价的。（　）
33．单元格的清除与删除是相同的。（　）
34．在 Excel 2010 中单元格是最小的单位，所以不可以在多个单元格中输入数据。（　）
35．在 Excel 2010 中使用键盘输入数据所输入的文本将显示在单元格和数据编辑栏。（　）

四、简答题

1．如何在 Excel 单元格 A1 至 A10 中，快速输入等差数列 3、7、11、15、…，试写出操作步骤。

2．什么是 Excel 的相对引用、绝对引用和混合引用？

3．在 Excel 2010 中，将 A2：E5 单元格区域中的数值保留两位小数，试写出操作步骤。

4．如何将 Book1 中 Sheet3 复制到 Book3 中 Sheet5 之前？

5．在 Excel 2010 中，列举两种删除工作表的方法。

6．在 Excel 2010 中，选中单元格后，按 Delete 键与执行“编辑”菜单中的“清除”命令有何区别？

项目二十二　演示文稿制作 PowerPoint 2010

一、单项选择题

1．PowerPoint 演示文稿文件的扩展名是________。

A．doc　　B．ppt　　C．bmp　　D．xls

2．下列关于 PowerPoint 窗口中布局情况，符合一般情况的是________。

A．菜单栏在工具栏的下方　　B．状态栏在最上方

C．幻灯片区在大纲区的左边　　D．标题栏在窗口的最上方

3．利用 PowerPoint 制作幻灯片时，幻灯片在哪个区域制作________。

A．状态栏　　B．幻灯片区　　C．大纲区　　D．备注区

4．PowerPoint 窗口区一般分为________大部分。

A．5　　B．6　　C．7　　D．8

5．在 PowerPoint 窗口中，如果同时打开两个 PowerPoint 演示文稿，会出现下列哪种情况________。

A．同时打开两个重叠的窗口　　B．打开第一个时，第二个被关闭

C．当打开第一个时，第二个无法打开　　D．执行非法操作，PowerPoint 将被关闭

6．将幻灯片文档中一部分文本内容复制到别处，先要进行的操作是________。

A．粘贴　　B．复制　　C．选择　　D．剪切

7．PowerPoint 窗口中，下列图标中，一般不属于工具栏的是________。

A．打开　　B．粘贴　　C．复制　　D．插入

8．PowerPoint 窗口中，在下拉菜单中，一般不属于菜单栏的是________。

A．编辑　　B．视图　　C．程序　　D．格式

9．关于 PowerPoint 的叙述，下列说法中，正确的是________。

A．PowerPoint 是 IBM 公司的产品

B．PowerPoint 只能双击演示文稿文件打开

C．打开 PowerPoint 有多种方法

D．关闭 PowerPoint 时一定要保存对它的修改

10．关闭 PowerPoint 时会提示是否要保存对 PowerPoint 的修改，如果需要保存该修改，应选择________。

A．是　　B．否　　C．取消　　D．不予理睬

11．PowerPoint 是下列哪个公司的产品________。

A．IBM　　B．Microsoft　　C．金山　　D．联想

12．运行 PowerPoint 时，在开始菜单中选择________。

A．搜索项　　B．文档项　　C．设置项　　D．程序项

13．关闭 PowerPoint 时，如果不保存修改过的文档，会有什么后果________。

A．系统会发生崩溃　B．刚刚修改过的内容将会丢失

C．下次 PowerPoint 无法正常启动　　D．硬盘产生错误

14．运行 PowerPoint 时，在“程序”菜单中选择________。

A．Microsoft Outlook　　B．Microsoft PowerPoint

C．Microsoft Word　　D．Microsoft Office 工具

15．关闭 PowerPoint 的正确操作应该是________。

A．关闭显示器

B．拔掉主机电源

C．Ctrl+Alt+Delete 组合键重启计算机

D．单击 PowerPoint 标题栏右上角的关闭按钮

16．PowerPoint 中，哪种视图模式可以实现在其他视图中可实现的一切编辑功能________。

A．普通视图　　B．大纲视图　　C．幻灯片视图　　D．幻灯片浏览视图

17．PowerPoint 中各种视图模式的切换快捷键按钮在 PowerPoint 窗口的哪一部分________。

A．左上角　　B．右上角　　C．左下角　　D．右下角

18．PowerPoint 中哪种视图模式用于查看幻灯片的播放效果________。

A．大纲模式　　B．幻灯片模式　　C．幻灯片浏览模式　D．幻灯片放映模式

19．PowerPoint 总共提供多少种视图模式，请选出________。

A．4　　B．5　　C．6　　D．7

20．以下________菜单项是 PowerPoint 特有的。

A．视图　　B．工具　　C．幻灯片放映　　D．窗口

21．演示文稿中的每一个演示的单页称为________，它是演示文稿的核心。

A．母版　　B．模板　　C．版式　　D．幻灯片

22．________视图方式下，显示的是幻灯片的缩图，适用于对幻灯片进行组织和排序、添加切换功能和设置放映时间。

A．幻灯片　　B．大纲　　C．幻灯片浏览　　D．备注页

23．演示文稿中的每一张幻灯片都是基于某种________创建的，它预定义了新建幻灯片的各种占位符布局情况。

A．幻灯片　　B．模板　　C．母版　　D．版式

24．PowerPoint 是以________为基础的编辑工具。

A．幻灯片　　B．图标　　C．书页　　D．时间轴

25．有关创建新的 PowerPoint 幻灯片的说法，错误的是________。

A．可以利用空白演示文稿来创建　　B．在演示文稿类型中，只能选择成功指南

C．演示文稿的输出类型应根据需要选定　D．可以利用内容提示向导来创建

26．创建新的 PowerPoint 一般使用下列哪一项________。

A．内容提示向导　　B．设计模板

C．空演示文稿　　D．打开已有的演示文稿

27．PowerPoint 中，如果想要把文本插入某个占位符，正确的操作是________。

A．单击标题占位符，将插入点置于占位符内

B．单击菜单栏中插入按钮

C．单击菜单栏中粘贴按钮

D．单击菜单栏中新建按钮

28．PowerPoint 中，在幻灯片的占位符中添加标题文本的操作在 PowerPoint 窗口的哪个区域________。

A．幻灯片区　B．状态栏　C．大纲区　D．备注区

29．PowerPoint 中，下列关于幻灯片的占位符中插入文本的叙述正确的是________。

A．插入的文本一般不加限制　B．插入的文本文件有很多条件

C．标题文本插入在状态栏进行　D．标题文本插入在备注视图进行

30．PowerPoint 中，有关在幻灯片的占位符中添加文本的方法错误的是________。

A．单击标题占位符，将插入点置于该占位符内

B．在占位符内，可以直接输入标题文本

C．文本输入完毕，单击幻灯片旁边的空白处就行了

D．文本输入中不能出现标点符号

31．PowerPoint 中，在占位符添加完文本后，怎样使操作生效________。

A．按 Enter 键　B．单击幻灯片的空白区域

C．单击“保存”按钮　D．单击“撤销”按钮

32．PowerPoint 中，用“文本框”工具在幻灯片中添加文本时，如果想要使插入的文本框竖排，应该________。

A．默认的格式就是竖排　B．不可能竖排

C．选样文本框下拉菜单中的水平文本框　D．选择文本框下拉菜单中的垂直文本框

33．PowerPoint 中，欲在幻灯片中添加文本，在选项卡中要选择哪个选项卡________。

A．视图　B．插入　C．格式　D．工具

34．PowerPoint 中，用文本框在幻灯片中添加文本时，在插入选项卡中应选择哪一项________。

A．图片　B．文本框　C．影片和声音　D．表格

35．PowerPoint 中，用文本框工具在幻灯片中添加图片操作，何时表示可添加文本________。

A．状态栏出现可输入字样　B．主程序发出音乐提示

C．在文本框中出现一个闪烁的插入点　D．文本框变成高亮度

36．PowerPoint 中，用文本框工具在幻灯片中添加图片操作时，怎样表示文本框已经插入成功________。

A．在幻灯片上出现一个具有虚线的边框　B．幻灯片上出现成功标志

C．主程序发出音乐声　D．在幻灯片上出现一个具有实线的边框

37．PowerPoint 中，怎样在自选的图形上添加文本________。

A．右击插入的图形，再选择“添加文本”选项即可

B．直接在图形上编辑

C．另存到图像编辑器编辑

D．用粘贴的方式在图形在上加文本

38．PowerPoint 中，在幻灯片的占位符中添加的文本有什么要求________。

A．只要是文本形式就行　B．文本中不能含有数字

C．文本中不能含有中文　　D．文本必须简短

39．PowerPoint 中，用自选图形在幻灯片中添加文本时，选哪个选项卡开始________。

A．视图　　B．插入　　C．格式　　D．工具

40．PowerPoint 中，用自选图形在幻灯片中添加文本时，在图片的级联菜单中应选择哪一项________。

A．剪贴画　　B．来自文件　　C．自选图形　　D．艺术字

41．PowerPoint 中，用自选图形在幻灯片中添加文本时，当选定一个自选图形时，怎样表示可以在图片上编辑文本________。

A．文本框中出现一个闪烁的插入点　　B．PowerPoint 程序给出语音提示

C．文本框变成虚线　　D．文本框在闪烁

42．PowerPoint 中，用自选图形在幻灯片中添加文本时，当选定一个自选图形时，怎样使它粘贴到幻灯片中________。

A．右键双击选中的图形

B．选择所需的自选图形，在幻灯片上拖拉一个方框就行了

C．右击图形，选择复制，再在幻灯片中右击选择粘贴

D．选择图片旁下拉菜单中的剪贴画

43．PowerPoint 中，选择幻灯片中的文本时，单击文本区，会出现下列哪种结果________。

A．文本框会闪烁　　B．文本框变成黑色

C．会显示出文本区控制点　　D．Windows 发出响声

44．PowerPoint 中，选择幻灯片中的文本时，文本区控制点是指________。

A．文本框的控制点　　B．文本的起始位置

C．文本的结束位置　　D．文本的起始位置和结束位置

45．PowerPoint 中，选择幻灯片中的文本时，应该用鼠标怎样操作________。

A．用鼠标选中文本框，再单击“复制”按钮

B．在“编辑”菜单栏中选择“全选”选项

C．将鼠标点在所要选择的文本的前方，按住鼠标右键不放并拖动至所要位置

D．将鼠标点在所要选择的文本的前方，按住鼠标左键不放并拖动至所要位置

46．PowerPoint 中，有关选择幻灯片的文本叙述，错误的是________。

A．单击文本区，会显示文本控制点

B．选择文本时，按住鼠标不放并拖动鼠标

C．文本选择成功后，所选幻灯片中的文本变成反白

D．文本不能重复选定

47．PowerPoint 中，选择幻灯片中的文本时，怎样表示文本选择已经成功________。

A．所选的文本闪烁显示　　B．所选幻灯片中的文本变成反白

C．文本字体发生明显改变　　D．状态栏中出现成功字样

48．PowerPoint 中，移动文本时，如果在两个幻灯片上移动会有什么后果________。

A．操作系统进入死锁状态　　B．文本无法复制

C．文本复制　　D．文本会丢失

49．PowerPoint 中，要将剪贴板上的文本插入指定文本段落，下列操作中可以实现的是________。

A．将光标置于想要插入的文本位置，单击工具栏中的“粘贴”按钮
B．将光标置于想要插入的文本位置，单击菜单中“插入”按钮
C．将光标置于想要插入的文本位置，使用快捷键 Ctrl+C
D．将光标置于想要插入的文本位置，使用快捷键 Ctrl+T

50. 在 PowerPoint 中，要将所选的文本存入剪贴板上，下列操作中无法实现的是________。
A．单击“编辑”菜单中的“复制”按钮　　B．单击工具栏中的“复制”按钮
C．使用快捷键 Ctrl+C　　D．使用快捷键 Ctrl+T

51．PowerPoint 中，下列有关移动和复制文本的叙述中，不正确的是________。
A．文本在复制前，必须先选定　　B．文本复制的快捷键是 Ctrl+C
C．文本的剪切和复制没有区别　　D．文本能在多张幻灯片间移动

52．PowerPoint 中，移动文本时，剪切和复制的区别在于________。
A．复制时将文本从一个位置搬到另一个位置，而剪切时原文本还存在
B．剪切时将文本从一个位置搬到另一个位置，而复制时原文本还存在
C．剪切的速度比复制快
D．复制的速度比剪切快

53．PowerPoint 中，粘贴的快捷键是下列选项中的哪一个________。
A．Ctrl+C　　B．Ctrl+P　　C．Ctrl+X　　D．Ctrl+V

54．PowerPoint 中，设置文本的字体时，下列关于字号的叙述正确的是________。
A．字号的数值越小，字体就越大　　B．字号是连续变化的
C．66 号字比 72 号字大　　D．字号决定每种字体的尺寸

55．PowerPoint 中，有关设置文本字体的叙述，正确的是________。
A．设定文本字体之前不必先选定文本或段落
B．文字字号中 66 号字比 72 号字大
C．设置文本的字体时，从菜单栏的“插入”菜单开始
D．选择设置效果选项可以加强文字的显示效果

56．PowerPoint 中，设置文本字体时，选定文本后，在选项卡中选择哪个选项卡开始设置________。
A．视图　　B．插入　　C．开始　　D．格式

57．PowerPoint 中，设置文本的字体时，在“开始”选项卡中，选择________。
A．字体　　B．项目符号和编号　　C．字体对齐方式　　D．分行

58．PowerPoint 中，下列设置文本的字体的操作中，有误的是________。
A．选定要格式化的文本或段落
B．从选项卡中选“开始”选项卡开始
C．在字体选项组中选择所需的中文字体、字形、字号等项
D．在“格式”选项卡中设置字体字号

59．PowerPoint 中，设置文本的字体时，要想使所选择的文本字体加粗，在工具栏中的快捷按钮是下列选项中的哪一个________。
A．B　　B．U　　C．I　　D．S

60．PowerPoint 中，设置文本的字体时，下列选项中不属于效果选项的是________。
A．下划线　　B．闪烁　　C．浮凸　　D．阴影

61．PowerPoint 中，设置文本的字体时，下列选项中，哪个中文字体不常在列表中________。

A．宋体　　B．黑体　　C．隶书　　D．草书

62．PowerPoint 中，下列关于设置文本的段落格式的叙述，正确的是________。

A．图形不能作为项目符号

B．设置文本的段落格式时，要从“插入”选项卡菜单中进入

C．行距可以是任意值

D．以上说法全都不对

63．PowerPoint 中，设置文本的段落格式的行距时，下列选项中不属于行距内容的是________。

A．行距　　B．段前　　C．段中　　D．段后

64．PowerPoint 中，设置文本的段落格式项目符号和编号时，要使图片作为项目符号，则选择“项目符号和编号”对话框中________。

A．编号选项卡　　B．图形　　C．字符　　D．颜色

65．PowerPoint 中，设置文本段落格式的项目编号时，在________选项卡中选择。

A．插入　　B．开始　　C．设计　　D．格式

66．PowerPoint 中，设置文本的段落格式时，要从选项卡中的哪个选项卡开始设置________。

A．视图　　B．插入　　C．开始　　D．工具

67．PowerPoint 中，设置文本的段落格式的行距时，在格式下拉列表中选择________。

A．字体　　B．字体对齐方式　　C．行距　　D．分行

68．PowerPoint 中，设置文本的段落格式的行距时，设置的行距值是指________。

A．文本中行与行之间的距离用相对的数值表示其大小

B．行与行之间的实际距离，单位是毫米

C．行间距在显示时的像素数

D．以上答案都不对

69．PowerPoint 中，创建表格时，从“插入”选项卡中选择________。

A．影片和声音　　B．图表　　C．表格　　D．对象

70．PowerPoint 中，创建表格时，假设创建的表格为 6 行 4 列，则在表格对话框中的列数和行数分别应填写________。

A．6 和 4　　B．都为 6　　C．4 和 6　　D．都为 4

71．PowerPoint 中，有关创建表格的说法中，错误的是________。

A．表格创建是在幻灯片中进行的

B．创建表格是从菜单栏的“插入”菜单开始的

C．插入表格时要指明插入的行数和列数

D．以上说法都不对

72．PowerPoint 中，创建表格时，要从选项卡中的哪一个选项进入________。

A．视图　　B．插入　　C．格式　　D．工具

73．PowerPoint 中，创建表格之前首先要进行下述哪项操作________。

A．重新启动计算机

B．关闭其他应用程序

C．打开一个演示文稿，并切换到要插入表格的幻灯片中

D．以上操作都不正确

74．PowerPoint 中，插入图片操作应在插入选项卡中选择________选项组。

A．剪贴画　　B．图表　　C．表格　　D．图像

75．选出关于 PowerPoint 中，插入图片操作叙述中有错的一项________。

A．在幻灯片浏览视图中，显示要插入图片的幻灯片

B．PowerPoint 中，插入图片操作也可以从选项卡中的“插入”选项卡开始

C．插入图片的路径可以是本地也可以是网络驱动器

D．以上说法全不正确

76．PowerPoint 插入图片操作中，插入的图片必须满足一定的格式，下列选项中，不属于图片格式的后缀是________。

A．bmp　　B．gif　　C．jpg　　D．mps

77．PowerPoint 中，如果不涉及文件的操作，插入图片操作中，当要插入的图片选定以后，在插入方式选择________。

A．插入　　B．输入　　C．链接到文件　　D．插入和链接

78．PowerPoint 中，插入图片操作过程中如果想预先查看要插入的图片，则在“插入图片”对话框中，文件的浏览方式选择________。

A．详细信息　　B．小图标　　C．列表　　D．大图标

79．PowerPoint 中，有关插入图片的叙述，正确的是________。

A．插入的图片格式必须是 PowerPoint 所支持的图片格式

B．插入的图片来源不能是网络映射驱动器

C．图片插入完毕将无法修改

D．以上说法都不正确

80．PowerPoint 中，插入图片操作，在选项卡中选择________。

A．视图　　B．插入　　C．格式　　D．工具

81．PowerPoint 中，插入图片操作在插入选项卡中选择________。

A．图片　　B．文本框　　C．艺术字　　D．表格

82．PowerPoint 中，插入图片操作过程中，如果指定的插入图片的路径不对，会出现什么后果________。

A．PowerPoint 程序将被关闭　　B．Windows 出现蓝屏现象并死机

C．无法插入指定文件　　D．以上说法都不正确

83．在插入声音操作中，选择插入选项卡中的________选择组进行。

A．媒体　　B．符号　　C．链接　　D．插图

84．插入声音的操作应该使用哪一个选项卡________。

A．编辑　　B．视图　　C．插入　　D．工具

85．如何才能弹出“插入声音”对话框________。

A．在幻灯片阅读视图中，显示要插入声音的幻灯片，选择“插入”选项卡中的“媒体”选项组，选择“音频”选项

B. 在普通视图中，显示要插入声音的幻灯片，选择“插入”选项卡中的“媒体”选项组，选择“音频”下拉菜单中的“文件中的音频”选项

C. 执行“插入”菜单中的“影片和声音”命令，选择“剪辑库中的声音”选项

D. 以上答案都不对

86. 插入声音操作应该用“插入”选项卡中的哪个选项________。

A. 音频　　B. 特殊符号　　C. 图片　　D. 新幻灯片

87. 插入影片操作应该用“插入”选项卡中的哪个命令________。

A. 新幻灯片　　B. 图片　　C. 视频　　D. 特殊符号

88. “插入视频文件”对话框中的“视频文件”的后缀名不包括________。

A. avi　　B. doc　　C. mpeg　　D. mp4

89. 如何才能弹出“插入视频文件”对话框________。

A. 在普通视图中，显示要插入影片的幻灯片，选择“插入”选项卡中的“媒体”选项组，选择“视频”下拉菜单中的“文件中的视频”选项

B. 执行“插入”菜单中的“影片和声音”命令，选择“剪辑库中的声音”选项

C. 在普通视图或幻灯片视图中，显示要插入影片的幻灯片，执行“插入”菜单中的“影片和声音”命令，选择“文件中的影片”选项

D. 以上答案都不对

90. 如何把网站的视频插入幻灯片中________。

A. 在“插入”选项卡中选择对象

B. 在“插入”选项卡中选择视频下拉菜单中的“来自网上的视频”选项，在弹出的“从网站插入视频”对话框中，粘贴该网站复制的嵌入代码

C. 在“插入”选项卡中选择视频下拉菜单中的“文件中的视频”选项，然后选择相应的视频文件

D. 以上均不对

91. 怎样弹出“动画窗格”对话框。

A. 选择“动画”选项卡中的“动画”选项组中的“浮入”选项

B. 选择“动画”选项卡中的“预览”选项组中的“预览”选项

C. 选择“动画”选项卡中的“高级动画”选择组中的“动画窗格”选项

D. 在“视图”选项卡中选择“切换窗口”选项

92. 以下哪些是不属于“动画效果”选项组中的动画效果________。

A. 驶入效果　　B. 飞入效果　　C. 打字机效果　　D. 擦除效果

93. 下面关于在指定的幻灯片上自定义动画的操作正确的是________。

A. 打开该幻灯片，在“动画”选项卡中单击“动画”选项组中的相应动画

B. 在“幻灯片放映”选项组中单击“自定义动画”，并在随即出现的对话框中设定参数，最后单击“确定”按钮

C. 打开该幻灯片，在“幻灯片放映”菜单中单击“自定义动画”，然后单击“确定”按钮

D. 以上说法均不对

94. 在动画的效果设置中，“动画文本”有几种发送方式________。

A. 整批发送、按字/词、按字母　　B. 整批发送、按字、按大小

C．按字、按字母　　D．整批发送、按字

95．对同一对象设置多重动画的操作应该在“动画”选项卡中的哪一个选项组中进行________。

A．动画　　B．预览　　C．高级动画　　D．计时

96．如果要更改幻灯片上对象出现的顺序，应用“动画”选项卡中哪一个选项组中的“对动画重新排序”的选项________。

A．计时　　B．高级动画　　C．动画　　D．预览

97．如果要给一张幻灯片加上某种动画效果，则应该在哪里操作________。

A．“切换”选项卡中的“切换到此幻灯片”选项组中的切换效果选项

B．“切换”选项卡中的“预览”选项

C．“动画”选项卡中的“预览”选项

D．“幻灯片放映”选项卡中的“设置幻灯片放映”选项

98．对幻灯片进行幻灯片切换效果的操作应该在________选项卡中进行。

A．动画　　B．切换　　C．幻灯片放映　　D．设计

99．如果要更改幻灯片切换效果，则应该在哪一栏中进行选择________。

A．单击“切换”选项卡，在“切换到此幻灯片”选项组中选择“效果”选项

B．单击“动画”选项卡，在“动画”选项组中，单击“效果”选项

C．单击“动画”选项卡，在“高级动画”选项组中，单击“添加动画”选项

D．单击“动画”选项卡，在“动画”选项组中，单击合适的动画

100．如果要将同一种切换效果应用于全部幻灯片，则可执行切换选项卡中________选项组中的“全部应用”按钮。

A．预览　　B．切换到此幻灯片　　C．计时　　D．动画

101．设置幻灯片放映时的播放按钮，应该在________选项卡中选择相应选项。

A．插入　　B．切换　　C．动画　　D．幻灯片放映

102．“动作设置”对话框中的“鼠标移过”表示________。

A．所设置的按钮采用单击鼠标执行动作的方式

B．所设置的按钮采用双击鼠标执行动作的方式

C．所设置的按钮采用自动执行动作的方式

D．所设置的按钮采用鼠标移过动作的方式

103．以下关于设置一个链接到另一张幻灯片的按钮的操作正确的是________。

A．在“动作按钮”中选择一个按钮，并在“动作设置”对话框中的“超级链接”中选择“幻灯片”，并在随即出现的对话框中选择需要的幻灯片，单击“确定”按钮

B．在“动作按钮”中选择一个按钮，并在“动作设置”对话框中设置“超级链接”

C．在“动作按钮”中选择一个按钮，并在“动作设置”对话框中的“超级链接到”中直接键入要链接的幻灯片名称，单击“确定”按钮

D．在“动作按钮”中选择一个按钮，并在“动作设置”对话框中的“运行程序”中直接键入要链接的幻灯片的名称，单击“确定”按钮

104．如果要对一个动作按钮调整大小，该如何操作________。

A．在“幻灯片放映”中选择“动作按钮”，出现设置大小的对话框

B. 在“幻灯片放映”中选择“动作按钮”，单击一种动作按钮，在幻灯片中按住鼠标左键不放，拖出想要按钮的大小

C. 通过“插入”选项卡中的“插图”选项组，单击形状下拉菜单，选择“动作按钮”选项，选择合适按钮，通过鼠标左键拖出大小合适的按钮

D. 以上操作都不正确

105. 如果要建立一个指向某一个程序的动作按钮，应该使用“动作设置”对话框中的哪一个命令________。

A. 无动作　　B. 运行对象　　C. 运行程序　　D. 超级链接到

106. 在设置 PowerPoint 放映方式时，如果幻灯片由演讲者在屏幕演示，应该选择何种放映类型________。

A. 演讲者放映　　B. 观众自行浏览　　C. 在展台浏览　　D. 彩色投影机

107. 在 Power Point 2010 中，以下哪种不是可以新建演示文稿的方法________。

A. 空白演示文稿　　B. 内容提示向导　　C. 模板　　D. 主题

108. 要为幻灯片设置页眉页脚，需在________选项卡中进行设置。

A. 开始　　B. 设计　　C. 插入　　D. 视图

109. 为幻灯片设置固定页眉内容为“重庆商务”，应在“页眉和页脚”对话框中，把________选项选定并输入相应内容，然后移动到页眉位置。

A. 日期和时间　　B. 幻灯片编号　　C. 标题幻灯片中不显示　　D. 页脚

110. 进入母版幻灯片，应在________选项卡中操作。

A. 开始　　B. 插入　　C. 视图　　D. 幻灯片放映

111. 以下隐藏不需要的幻灯片的方法不正确的是________。

A. 在幻灯片浏览视图中进行操作

B. 右击需隐藏的幻灯片，在快捷菜单中执行“隐藏幻灯片”命令

C. 右击需隐藏的幻灯片，在快捷菜单中执行“删除幻灯片”命令

D. 如果要取消隐藏幻灯片，右击该幻灯片，在快捷菜单中执行“隐藏幻灯片”命令

112. PowerPoint 中，应用设计模板时，模板的后缀名为

A. ppt　　B. pptx　　C. pot　　D. potx

113. PowerPoint 中，应用模板时，在新建 PPT 文档时，单击“文件”选项卡下的“新建”选项，然后单击________按钮显示已安装的模板。

A. 空白演示文稿　　B. 最近打开的模板

C. 主题　　D. 样本模板

114. PowerPoint 中，应用设计模板时，如果安装的模板不能达到制作要求，可以在“新建”窗口的中间窗格单击________区域中的模板进行下载使用。

A. 主页　　B. Office．com　　C. 样本模板　　D. 我的模板

115. PowerPoint 中，将与演示文稿有关的各种文件都整合到同一个文件夹中，只要将这个文件夹复制到其他计算机中，然后启动其中的播放程序，就可以正常播放演示文稿称为________。

A. 推广　　B. 复制　　C. 打包　　D. 发布

116. ________是一种特殊的幻灯片，在其中可以定义整个演示文稿幻灯片的格式，统一演示文稿的整体外观。

A．大纲　　B．母版　　C．视图　　D．标尺

117．PowerPoint 中，要编辑修改幻灯片母版，首先________。

A．要切换到幻灯片浏览视图中　　B．要切换到幻灯片大纲视图中

C．要切换到幻灯片母版视图中　　D．以上都不对

118．PowerPoint 的编辑“母版”命令是在________菜单下。

A．编辑　　B．视图　　C．工具　　D．格式

119．在 PowerPoint“母版”命令中不包括下面哪个子命令________。

A．系统母版　　B．幻灯片母版　　C．讲义母版　　D．备注母版

120．在 PowerPoint 系统默认下幻灯片母版中有________个个位符。

A．4　　B．5　　C．6　　D．7

121．在幻灯片母版中添加的对象，如文本、图形图像、表格等，________。

A．只能在第一张幻灯片中应用

B．只能在最后一张幻灯片中应用

C．可应用于当前演示文稿的所有幻灯片中

D．以上都不对

122．________就是用于表现组织结构的图表，它是由一系列图框和连线组成的，用于显示一个组织机构的等级、层次。

A．组织结构图　　B．饼图　　C．柱状图　　D．面积图

123．PowerPoint 电子文稿最常见的放映类型是________。

A．观众自行浏览　　B．演讲者播放　　C．在站台浏览　　D．以上都不对

124．按________键可以启动幻灯片从头开始放映。

A．Enter　　B．Ctrl+F5　　C．F5　　D．Shift+F5

125．要使幻灯片在放映时能够自动播放，需要为其设置________。

A．动作按钮　　B．超级链接　　C．排练计时　　D．录制旁白

126．“幻灯片放映”效果应使用________选项卡中的命令。

A．幻灯片放映　　B．设计　　C．切换　　D．动画

二、判断题

1．在 PowerPoint 的窗口中，无法改变各个区域的大小。（　　）

2．PowerPoint 文档在保存时也可设置密码对它加以保护。（　　）

3．要想启动 PowerPoint 只能从“开始”菜单选择“程序”选项，然后执行 Microsoft PowerPoint 命令。（　　）

4．PowerPoint 文件保存类型可以是 PPTX、PPTM 等。（　　）

5．PowerPoint 幻灯片文档中，既可以包含常用的文字和图表，也可以包含一些声音和视频图像。（　　）

6．在 PowerPoint 中，只能插入 GIF 文件的图片动画，不能插入 Flash 动画。（　　）

7．PowerPoint 中，在大纲视图模式下可以实现在其他视图中可实现的一切编辑功能。（　　）

8．PowerPoint 中，插入占位符内的文本就无法修改了。（　　）

9. PowerPoint 中用文本框工具在幻灯片中添加图片，文本插入完成后将会自动保存。（ ）

10. PowerPoint 中，添加文本框可以从选项卡中的“插入”选项卡开始。（ ）

11. 在 PowerPoint 中，文本框的大小不可改变。（ ）

12. 在幻灯片中添加图片操作，文本框的大小可以改变。（ ）

13. PowerPoint 中用文本框工具在幻灯片中添加图片操作，文本插入完毕后在文本上留有边框。（ ）

14. PowerPoint 中，用文本框工具在幻灯片中添加图片操作时，文本框的大小和位置是确定的。（ ）

15. PowerPoint 中，用自选图形在幻灯片中添加文本时，插入的图形是无法改变其大小的。（ ）

16. PowerPoint 中，选择 PowerPoint 中的文本时，如果文本选择成功，下次就无法再选择该段文本。（ ）

17. PowerPoint 中，文本选择完毕，所选文本会变成反白。（ ）

18. PowerPoint 中，文本选择完毕，所选文本会变成闪烁。（ ）

19. PowerPoint 编辑时，单击文本区，会显示文本控制点。（ ）

20. PowerPoint 中，当本次复制文本的操作成功之后，上一次复制的内容自动丢失。（ ）

21. PowerPoint 中，文本剪切的快捷键是 Ctrl+C，贴贴的快捷键是 Ctrl+V。（ ）

22. PowerPoint 中，设置文本的字体时，文字的效果选项可以选也可以直接跳过。（ ）

23. PowerPoint 设置文本的段落格式时，图形也能作为项目符号，字体不能作为项目符号。（ ）

24. PowerPoint 中设置行距时，行距值有一定的范围。（ ）

25. 在 PowerPoint 中设置文本的段落格式时，可以根据需要，把选定的图形也作为项目符号。（ ）

26. PowerPoint 中，创建表格的过程中如果插入操作错误，不可以单击工具栏上的撤销按钮来撤销。（ ）

27. PowerPoint 创建表格的步骤为打开一个演示文稿，并切换到相应的幻灯片，执行“插入”菜单栏中的“表格”命令，会弹出“表格”对话框，在表格对话框中要输入插入的行数和列数。（ ）

28. PowerPoint 中，如果插入图片时误将不需要的图片插入进去，可以单击撤销按钮补救。（ ）

29. 在 PowerPoint 文档中，插入声音的操作要用到“影片和声音”中的“剪辑库中的声音”命令。（ ）

30. 在幻灯片中插入声音时，会出现一个对话框，让你选择幻灯片放映时是不是自动播放插入的声音。（ ）

31. 在 PowerPoint 中插入声音的操作应该使用“工具”菜单的“插入图片”命令。（ ）

32.“插入声音”对话框中，要选择插入声音的类别时，只需双击要插入的声音即可。（ ）

33. 在普通视图和幻灯片视图中都可以显示要插入声音的幻灯片。（ ）

34．在普通视图或幻灯片视图中，显示要插入声音的幻灯片，执行“插入”菜单中的“影片和声音”命令，选择“文件中的声音”选项，选择所需声音的类别，从弹出的菜单中单击“插入剪辑”按钮。（　　）

35．“插入声音”对话框中的“联机剪辑”的作用是连接到 Web，可以得到更加丰富的音乐资源。（　　）

36．将两个幻灯片演示文稿合并成为一个幻灯片可以采用复制粘贴的方法。（　　）

37．演示文稿在放映中可以使用绘图笔进行实时修改。（　　）

38．选择需要动态显示的对象必须在幻灯片视图中进行，不能在普通视图中进行。（　　）

39．动画预设需要用到横条上的“工具”菜单，而不是“视图”中的“工具栏”。（　　）

40．动画效果工具栏中不能进行自定义动画操作，只能选择已经提供的几种动画效果。（　　）

41．选择需要动态显示的对象必须在幻灯片视图中进行，不能在普通视图中进行。（　　）

42．在“自定义动画”对话框中，不能对当前的设置进行预览。（　　）

43．自定义动画要用到“幻灯片放映”栏中的“自定义动画”。（　　）

44．选择“视图”中的“幻灯片预览”选项，在“幻灯片切换效果”列表中选择合适的效果，这样就完成了对指定的幻灯片切换效果的设置。（　　）

45．PowerPoint 规定，对于任何一张幻灯片，都要在“动画效果列表”中选择一种动画方式，否则系统提示错误信息。（　　）

46．如果要在界面中跳出“动作设置”对话框，只有一种方法，那就是单击“幻灯片放映”中的“动作设置”按钮。（　　）

47．PowerPoint 中除了用内容提示向导来创建新的幻灯片，就没有其他的方法了。（　　）

48．PowerPoint 新幻灯片的创建可以用多种方式，包括用内容提示向导来创建新的幻灯片、利用设计模板、空演示文稿等。（　　）

49．新幻灯片的输出类型可根据需要来设定。（　　）

50．在幻灯片放映时，使用 ctrl+S 可以调出绘图笔。（　　）

51．新幻灯片的输出类型是固定不变的。（　　）

52．PowerPoint 中，应用设计模板设计的演示文稿无法进行修改。（　　）

53．PowerPoint 应用设计模板设计的演示文稿，可以节省大量的时间，提高工作效率。（　　）

54．PowerPoint 不应用设计模板，将无法设计幻灯片。（　　）

55．PowerPoint 可供应用的模板是很多的，但不同应用的模板其配色方案是不同的。（　　）

三、操作题

1．使用“内容提示向导”创建一个演示文稿，如“自我介绍”。

2．自己设置一个空白的演示文稿，在其中添加文本框、图片、背景、表格、图表，设置自定义动画。

3．应用设计模板来美化创建的幻灯片演示文稿。

4．自定义模板，并应用到自己创建的演示文稿中。

5．使用动作按钮在幻灯片之间设置超级链接。

6．使用排练计时功能，放映幻灯片，添加切换效果。

7．将已经制作完成的演示文稿打包，并在另一台计算机上播放。

四、简答题

1．列举出 PowerPoint 2010 的视图方式，并说明每种视图方式的特点。

2．列出播放幻灯片的几种方式和快捷键，并说明不同方式之间的区别。

3．列举出幻灯片的放映类型，并说明每种类型之间的区别。

项目二十三　计算机网络与安全

一、单项选择题

1．计算机网络是________相结合的产物。

A．计算机技术与通信技术　　B．计算机技术与信息技术

C．计算机技术与电子技术　　D．信息技术与通信技术

2．下列有关计算机网络叙述错误的是________。

A．利用 Internet 可以使用远程的超级计算中心的计算机资源

B．计算机网络是在通信协议控制下实现的计算机互联

C．建立计算机网络的最主要目的是实现资源共享

D．以接入的计算机多少可以将网络划分为广域网、城域网和局域网

3．最早的（第一阶段）计算机网络系统，有________个主机。

A．1　　B．2　　C．10　　D．几十

4．________被认为是 Internet 的前身。

A．万维网　　B．ARPANET　　C．HTTP　　D．APPLE

5．当前普遍使用的 Internet IP 版本是________。

A．IPv6　　B．IPv3　　C．IPv4　　D．IPv5

6．LAN 通常是指________。

A．广域网　　B．局域网　　C．资源子网　　D．城域网

7．一个学校内部网络一般属于________。

A．城域网　　B．局域网　　C．广域网　　D．互联网

8．将计算机网络划分为局域网、城域网、广域网是按________划分的。

A．用途　　B．连接方式　　C．覆盖范围　　D．以上都不是

9．将计算机网络划分为公用网和专用网是按________划分的。

A．使用范围　　B．连接方式　　C．覆盖范围　　D．以上都不是

10．计算机网络的基本分类方法主要有两种：一种是根据网络所使用的传输技术；另一种是根据________。

A．网络协议　　B．网络操作系统类型

C．覆盖范围与规模　　D．网络服务器类型与规模

11．属于不同城市的用户的计算机互相通信，它们组成的网络属于________。

A．局域网　　B．城域网　　C．广域网　　D．互联网

12．Internet 主要由四部分组成，其中包括路由器、主机、信息资源与________。

A．数据库　　B．管理员　　C．销售商　　D．通信线路

13．一个校园网与城域网（或广域网）互联，它应该选用的互联设备为________。

A．交换机　　B．网桥　　C．路由器　　D．网关

14．Internet 属于一种________。

A．校园网　　B．局域网　　C．广域网　　D．Windows NT 网

15．计算机网络的目标是实现________。

A．文献检索　　B．运行速度快　　C．资源共享　　D．数据处理

16．关于计算机网络资源共享的描述，准确的是________。

A．共享线路　　B．共享硬件

C．共享数据和软件　　D．共享硬件、数据、软件

17．在局域网中，用户共享文件夹时，以下说法不正确的是________。

A．能读取和复制文件夹中的文件　　B．可以复制文件夹中的文件

C．可以更改文件夹中的文件　　D．不能读取文件夹中的文件

18．局域网为了相互通信，一般安装________。

A．调制解调器　　B．网卡　　C．声卡　　D．电视

19．局域网常用设备不包括________。

A．网卡（NIC）　B．集线器（hub）　C．交换机（switch）　D．显示卡（VGA）

20．网络可以通过无线的方式进行联网，以下不属于无线传输介质的是________。

A．微波　　B．无线电波　　C．光缆　　D．红外线

21．计算机网络系统中的硬件包括________。

A．网络连接设备和传输介质　　B．服务器、工作站、连接设备和传输介质

C．服务器、工作站、连接设备　　D．服务器、工作站和传输介质

22．一个办公室中有多台计算机，每个计算机都配置有网卡，并已经购买了一台网络集线器和一台打印机，一般组成局域网通过的传输介质是________。

A．光纤　　B．双绞线　　C．电话线　　D．无线

23．局域网中，主要由________提供硬盘、文件数据和打印共享等服务功能。

A．用户工作站　　B．传输介质　　C．网络设备　　D．服务器

24．________将工作站或服务器连到网络上，实现资源共享和相互通信、数据转换和电信号的匹配。

A．网关　　B．网卡　　C．转接设备　　D．以上都不是

25．下面不属于网络通信设备的是________。

A．路由器　　B．扫描仪　　C．交换机　　D．中继器

26．一般来说，计算机网络可以提供的功能有________。

A．资源共享、综合信息服务　　B．信息传输与集中处理

C．均衡负荷与分布处理　　D．以上都是

27．典型的局域网硬件部分可以看成由以下五部分组成：网络服务器、工作站、传输介质、网络交换机与________。

A．IP 地址　　B．路由器　　C．TCP/IP　　D．网卡

28．网络的有线传输媒体有双绞线、同轴电缆和________。

A．铜电线　　B．信号线　　C．光缆　　D．微波

29．通过局域网连接到 Internet，需要硬件________。

A．调制解调器　　B．网络适配器　　C．电话　　D．驱动程序

30．决定局域网特性的主要技术要素是网络拓扑、传输介质与________。

A．数据库软件　　B．服务器软件　　C．体系结构　　D. 介质访问控制方法

31．在局域网中不能共享________。

A．硬盘　B．文件夹　C．显示器　D．打印机

32．局域网的主要特点不包括________。

A．地理范围有限　B．远程访问　C．通信速率高　D．灵活，组网方便

33．局域网的主要功能和作用是________。

A．实施网络通信和共享网络资源　B．提供远距离通信

C．提供高速通信服务　D．以上都不是

34．在广域网中，通信子网主要包括________。

A．传输信道和终端设备　B．转接设备和传输信道

C．转接设备和终端设备　D．以上都不是

35．广域网数据交换一般采用的方式是________。

A．直接传送　B．存储转发　C．路由转发　D．以上都不是

36．广域网可以提供的服务模式有________。

A．只提供面向连接的服务模式　B．只提供面向无连接的服务模式

C．提供面向连接和无连接两种服务模式　D．以上都不正确

37．广域网的数据传输速率一般比局域网的数据传输速率________。

A．高　B．低　C．相等　D．不确定

38．对于广域网来说，下列说法不正确的是________。

A．作用范围必须在几千公里以上

B．广域网有时可称为“远程网”

C．广域网一般采用存储转发的方式进行数据转化

D．广域网是基于报文交换或分组交换技术的（除了传统的公用电话交换网）

39．Internet 主要由四部分组成，其中包括路由器、主机、信息资源与________。

A．数据库　B．管理员　C．销售商　D．通信线路

40．Internet 主要的互联设备是________。

A．集线器　B．路由器　C．调制解调器　D．网交换机

41．计算机之间的相互通信需要遵守共同的规则（或约定），这些规则称为________。

A．准则　B．协议　C．规范　D．以上都不是

42．网络通信是通过________实现的，它们是通信双方必须遵守的约定。

A．网卡　B．双绞线　C．通信协议　D．调制解调器

43．属于 Internet 的核心协议是________。

A．IEEE 802 协议　B．TCP/IP　C．ISO/OSI 7 层协议　D．以上都不是

44．TCP/IP 是 Internet 中计算机之间通信所必须共同遵循的一种________。

A．信息资源　B．通信规定　C．软件　D．硬件

45．Internet 上的网络协议统称为 Internet 协议簇，其中传输控制协议是________。

A．IP　B．TCP　C．ICMP　D．UDP

46．网络协议是计算机网络中传递、管理信息的一些规范。下列哪种网络协议是 Internet 所必须使用的________。

A．IPX/SPX　B．NetBIOS　C．TCP/IP　D．HTTP

47．提供不可靠的数据传输协议是________。

A. TCP　B. UDP　C. IP　D. HTTP

48. Internet 上，传输层的两种协议是 TCP 和 UDP。在 Internet 的通信协议中，可靠的数据传输是由________来保证的。

A. NetBEUI 协议　B. TCP　C. IPX 协议　D. IP

49. 调制解调器（modem）的功能是实现________。

A. 数字信号的编码

B. 数字信号的整形

C. 模拟信号的放大

D. 模拟信号与数字信号的转换（而且是互相转换）

50. 拨号入网使用的调制解调器一端连在计算机上，另一端应连在________。

A. 打印机上　B. 电话线上　C. 数码相机上　D. 扫描仪上

51. 为了以拨号的方式接入 Internet，必须使用的设备是________。

A. 调制解调器　B. 网卡　C. 电话机　D. 声卡

52. 接入 Internet 不会影响用户正常拨打和接听电话的途径主要是________。

A. ADSL　B. 局域网　C. 拨号　D. ADSL 和局域网

53. ADSL 技术主要解决的问题是________。

A. 宽带传输　B. 宽带接入　C. 宽带交换　D. 多媒体综合网络

54. 和普通调制解调器不同，安装 ADSL 调制解调器时必须安装________协议。

A. TCP/IP　B. PPPoE　C. NetBEUI　D. RJ45

55. ISP 的中文名称为________。

A. Internet 软件提供者　B. Internet 应用提供者

C. Internet 服务提供者　D. Internet 访问提供者

56. 在拨号上网过程（或 ADSL 宽带上网）中，连接到通话框出现时，填入的用户名和密码应该是________。

A. 进入 Windows 时的用户名和密码　B. 管理员的账号和密码

C. ISP 提供的账号和密码　D. 邮箱的用户名和密码

57. 数据通信中的信道传输速率单位用 bps 表示，bps 的含义是________。

A. bytes per second　B. baud per second

C. bits per second　D. billon per second

58. 下列 IP 地址中，非法的 IP 地址组是________。

A. 255.255.255.0 与 10.10.3.1　B. 127.0.0.1 与 192.168.0.21

C. 202.196.64.1 与 202.197.176.16　D. 259.197.184.2 与 202.197.184.144

59. IP 地址能唯一地确定 Internet 上每台计算机与每个用户的________。

A. 距离　B. 费用　C. 位置　D. 时间

60. 下列关于 IP 地址的说法中错误的是________。

A. 一个 IP 地址只能标识网络中的唯一的一台计算机

B. IP 地址一般用点分十进制表示

C. 地址 205.106.256.36 是一个合法的 IP 地址

D. 同一个网络中不能有两台计算机的 IP 地址相同

61. IPv4 地址由________位二进制数组成。

A. 16　　B. 32　　C. 64　　D. 128

62. IPv6 地址由________位二进制数组成。

A. 16　　B. 32　　C. 64　　D. 128

63. 能唯一标识 Internet 中每一台主机的是________。

A. 用户名　　B. IP 地址　　C. 用户密码　　D. 使用权限

64. 一个 IP 地址包含网络地址与________。

A. 广播地址　　B. 多址地址　　C. 主机地址　　D. 子网掩码

65. 配置 TCP/IP 参数的操作主要包括三方面：________、指定网关和域名服务器地址。

A. 指定本地主机的 IP 地址和子网掩码　　B. 指定本地主机的主机名

C. 指定代理服务器　　D. 指定服务器的 IP 地址

66. 对于连接 Internet 的每一台计算机，都需要有确定的网络参数，这些参数不包括________。

A. IP 地址　　B. 子网掩码

C. MAC 地址　　D. 网关地址和 DNS 服务器地址

67. 在 Internet 中，主机的 IP 地址与域名的关系是________。

A. IP 地址是域名中部分信息的表示　　B. 域名是 IP 地址中部分信息的表示

C. IP 地址和域名是等价的　　D. IP 地址和域名分别表达不同含义

68. www.zju.edu.cn 是 Internet 中主机的________。

A. 硬件编码　　B. 密码　　C. 软件编码　　D. 域名

69. 用于解析域名的协议是________。

A. HTTP　　B. DNS　　C. FTP　　D. SMTP

70. 下面关于卫星通信的说法，错误的是。

A. 卫星通信的通信距离大，覆盖的范围广

B. 使用卫星通信易于实现广播通信和多址通信

C. 卫星通信的好处在于不受气候的影响，误码率很低

D. 通信费用高、延时较大是卫星通信的不足之处

71. 电缆屏蔽的好处是________。

A. 减少信号衰减　　B. 减少电磁干扰辐射

C. 减少物理损坏　　D. 减少电缆的阻抗

72. 在同一时刻，通信双方可以同时发送数据的信道通信方式为________。

A. 半双工通信　　B. 单工通信　　C. 数据报　　D. 全双工通信

73. 国际标准化组织（ISO）提出的不基于特定机型、操作系统或公司的网络体系结构 OSI 模型中，第一层和第三层分别为________。

A. 物理层和网络层　　B. 数据链路层和传输层

C. 网络层和表示层　　D. 会话层和应用层

74. 在下面给出的协议中，________属于 TCP/IP 的应用层协议。

A. TCP 和 FTP　　B. IP 和 UDP　　C. RARP 和 DNS　　D. FTP 和 SMTP

75. 在 OSI 参考模型中能实现路由选择、拥塞控制与互联功能的层是________。

A. 传输层　　B. 应用层　　C. 网络层　　D. 物理层

76. 下列________不是网络操作系统软件。

A．Windows NT Server　　B．NetWare

C．UNIX　　D．SQL Server

77．网络操作系统的系统容错技术中不包括________。

A．硬盘镜像　　B．事务跟踪系统　　C．电源备份　　D．用户鉴权

78．在企业内部网与外部网之间，用来检查网络请求分组是否合法、保护网络资源不被非法使用的技术是________。

A．防病毒技术　　B．防火墙技术　　C．差错控制技术　　D．流量控制技术

79．网络安全机制主要解决的是________。

A．网络文件共享　　B．因硬件损坏而造成的损失

C．保护网络资源不被复制、修改和窃取　　D．提供更多的资源共享服务

80．TCP/IP 是一种开放的协议标准，下列哪个不是它的特点________。

A．独立于特定计算机硬件和操作系统　　B．统一编址方案

C．政府标准　　D．标准化的高层协议

81．关于计算机网络的讨论中，下列哪个观点是正确的________。

A．组建计算机网络的目的是实现局域网的互联

B．联入网络的所有计算机都必须使用同样的操作系统

C．网络必须采用一个具有全局资源调度能力的分布操作系统

D．互联的计算机是分布在不同地理位置的多台独立的自治计算机系统

82．下列的 IP 地址中哪一个是 B 类地址________。

A．10.l0.10.1　　B．191.168.0.1　　C．192.168.0.1　　D．202.113.0.1

83．以下不属于无线介质的是________。

A．激光　　B．电磁波　　C．光纤　　D．微波

84．TCP/IP 层的网络接口层对应 OSI 的________。

A．物理层　　B．链路层　　C．网络层　　D．物理层和链路层

85．在 OSI/RM 参考模型中，________。处于模型的最底层。

A．物理层　　B．网络层　　C．传输层　　D．应用层

86．决定局域网特性的主要技术一般认为有三个，它们是________。

A．传输介质、差错检测方法和网络操作系统

B．通信方式、同步方式和拓扑结构

C．传输介质、拓扑结构和介质访问控制方法

D．数据编码技术、介质访问控制方法和数据交换技术

87．支持局域网与广域网互联的设备称为________。

A．转发器　　B．以太网交换机　　C．路由器　　D．网桥

88．基于文件服务的局域网操作系统软件一般分为两个部分，即工作站软件与________。

A．浏览器软件　　B．网络管理软件　　C．服务器软件　　D．客户机软件

89．传输控制协议/网际协议即________，属于工业标准协议，是 Internet 采用的主要协议。

A．Telnet　　B．TCP/IP　　C．HTTP　　D．SMTP

90．Internet 采用的主要协议是 TCP/IP，在 Internet 上百种协议中，TCP/IP 是最基本的、必不可少的，但是从应用的角度看还有很多应用层协议，HTTP 是________。

A．邮件传输协议　B．传输控制协议　　C．统一资源定位符　D．超文本传输协议

二、多项选择题

1．计算机网络由哪两部分组成________。

A．通信子网　　B．计算机　　C．资源子网　　D．数据传输介质

2．网络通信协议的层次结构有哪些特征________。

A．每一层都规定有明确的任务和接口标准

B．除最底层外，每一层都向上一层提供服务，又是下一层的用户

C．用户的应用程序作为最高层

D．物理通信线路在第二层，是提供服务的基础

3．关于计算机网络，以下说法哪个正确________。

A．网络就是计算机的集合

B．网络可提供远程用户共享网络资源，但可靠性很差

C．网络是通信技术和计算机技术相结合的产物

D．当今世界规模最大的网络是因特网

4．哪些信息可在因特网上传输________。

A．声音　　B．图像　　C．文字　　D．普通邮件

5．关于计算机网络的主要特征，以下说法哪个正确________。

A．计算机和相关外部设备通过通信媒体互连在一起，组成一个群体

B．网络中任意两台计算机都是独立的，它们之间不存在主从关系

C．不同计算机之间的通信应有双方必须遵守的协议

D．网络中的软件和数据可以共享，但计算机的外部设备不能共享

6．网络通信协议通常由哪几部分组成________。

A．语义　　B．语法　　C．标准　　D．规则

7．关于计算机网络，以下说法哪个正确

A．网络传输介质分为有线和无线，有线介质主要有同轴电缆、红外线、光缆

B．网络节点间进行通信所遵从的规则称为协议

C．局域网中只能有一个服务器，PC 在安装系统软件后也可作为服务器

D．无论是服务器还是客户机，它们组成局域网时，均需各自安装一块网卡

8．下面属于网络操作系统的有________。

A．Windows　　B．NetWare　　C．Windows 2000　　D．Linux

9．电缆可以按照其物理结构类型来分类，目前计算机网络使用较多的电缆类型有________。

A．双绞线　　B．输电线　　C．光纤　　D．同轴电缆

10．属于局域网的特点有________。

A．较小的地域范围　　B．高传输速率和低误码率

C．一般为一个单位所建　　D．一般侧重共享位置准确无误和传输的安全

11．下列陈述中正确的有________。

A．对应于系统上的每一个网络接口都有一个 IP 地址

B．IP 地址中有 16 位用于描述网络

C．IP 地址通常直接用于用户之间的通信

D．D 类地址用于多点广播

12．关于计算机病毒的传染途径，下列说法对的是________。

A．通过软盘复制　　B．通过交流软件

C．通过共同存放软盘　　D．通过借用他人软盘

13．某台计算机有病毒活动，指的是________。

A．该计算机的硬盘系统中有病毒

B．该计算机的内存中有病毒程序在运行

C．该计算机的软盘驱动器中插有被病毒感染的软盘

D．该计算机正在执行某项任务，病毒已经进入内存

14．计算机犯罪是以________为侵害客体的犯罪行为。

A．计算机操作者　B．计算机软件　C．计算机信息系统　D．计算机硬件

15．下列的说法中，属于计算机病毒的基本特点的有________。

A．计算机病毒一般是短小精悍的程序，具有较强的隐蔽性

B．病毒程序都能够自我复制，并主动把自己或变种传染给其他程序

C．病毒程序在一定的外界条件下被激发，然后开始活动，干扰系统正常运行

D．良性计算机病毒对计算机系统没有危害

16．空气湿度过高对计算机造成的危害体现在________。

A．使线路间的绝缘度降低，容易漏电

B．容易产生腐蚀，导致电路工作不可靠

C．容易产生静电积累，容易损坏半导体芯片和使存储器件中的数据丢失

D．计算机运行程序的速度明显变慢

三、填空题

1．计算机网络按网络的覆盖范围可分为________、城域网和________。

2．从计算机网络组成的角度看，计算机网络从逻辑功能上可分为________。子网和子网。

3．调制解调器的作用是实现________。信号和________信号之间的变换。

4．通信信道按传输信号的类型可划分为________信道和________信道。

5. 在计算机网络中，将网络的层次结构模型和各层协议的集合称为计算机网络的______。其中，实际应用最广泛的是________协议，由它组成了 Internet 的一整套协议。

6．网络安全遭到破坏时，所能采取的基本行动方案有________方式和________方式。

7．________是指一个由软件和硬件系统组合而成的专用“屏障”，其功能是防止非法用户入侵、非法使用系统资源和执行安全管制措施。

8．Internet 中的每台主机至少有一个 IP 地址，而且这个 IP 地址在全网中必须是________的。

9．TCP 能够提供________的、面向连接的、全双工的数据流传输服务。

10．模拟信号是一种连续变化的________，而数字信号是一种离散的________。

11．通常可将网络传输介质分为________和________两大类。

12．开放系统互连参考模型（OSI）采用了________结构的构造技术。

13．连接公用电话的调制解调器将模拟信号（音频信号）解调成________。

四、判断题

1. 防火墙是设置在内部网络与外部网络（如互联网）之间，实施访问控制策略的一个或一组系统。（　）

2. 从网址 www.tongji.edu.cn 可以看出它是中国的一个科技部门站点。（　）

3. ISO 划分网络层次的基本原则是：不同节点具有不同的层次，不同节点的相同层次有相同的功能。（　）

4. 目前使用的广域网基本都采用星型拓扑结构。（　）

5. 双绞线是目前带宽最宽、信号传输衰减最小、抗干扰能力最强的一类传输介质。（　）

6. ISO 划分网络层次的基本原则是：不同节点具有相同的层次，不同节点的相同层次有相同的功能。（　）

7. 目前使用的广域网基本都采用网状拓扑结构。（　）

8. 如果多台计算机之间存在着明确的主/从关系，其中一台中心控制计算机可以控制其他连接计算机的开启与关闭，那么这样的多台计算机系统就构成了一个计算机网络。（　）

9. 网络结构的基本概念是分层的思想，其核心是对等实体间的通信，为了使任何对等实体之间都能进行通信，必须制定并共同遵循一定的通信规则，即协议标准。（　）

10. 局域网的安全措施首选防火墙技术。（　）

11. LAN 和 WAN 的主要区别是通信距离和传输速率。（　）

12. OSI 层次的划分应当从逻辑上将功能分开，越少越好。（　）

13. TCP/IP 是一个工业标准而非国际标准。（　）

14. 半双工与全双工都有两个传输通道。（　）

15. 模拟信号不可以在无线介质上传输。（　）

16. 半双工通信只有一个传输通道。（　）

五、简答题

1. 计算机网络的发展经过哪几个阶段？每个阶段各有什么特点？

2. 什么是计算机网络？计算机网络的主要功能是什么？

3. 计算机网络分为哪些子网？各个子网都包括哪些设备，各有什么特点？

4. 什么是网络体系结构？

5. 网络协议的三要素是什么？

6. 什么是服务器？

7. 什么是资源子网？

8. OSI/RM 共分为哪几层？简要说明各层的功能。

9. 请详细说明物理层、数据链路层和网络层的功能。

10. TCP/IP 模型分为几层？各层的功能是什么？每层又包含什么协议？

11. 什么是网络操作系统？它提供的服务功能有哪些？

12. 常用的计算机网络安全工具或技术有哪些？

13. 在组建 Intranet 时，为什么要设置防火墙？它具有什么优、缺点？

14. 防火墙分为哪几种，在保护网络的安全性方面，它们各起什么作用？

15. 什么是 IP 地址？

第五部分 参 考 答 案

项目二十四 计算机基础知识答案

一、单项选择题

1～5：CACAC　6～10：DBDBD　11～15：CACAC　16～20：DBDBD
21～25：CACAC　26～30：DBDBD　31～35：CACAC　36～40：DBDBD
41～45：CADDD　46～50：CBCAB　51～55：DDACA　56～60：ADCCC
61～65：BDABB　66～70：AAAAC　71～75：DCCDB　76～80：DCCCB
81～85：ADAAA　86～90：AACCD　91～95：ADCCC　96～100：CCADA
101～105：DCDCA　106～110：DCCAB　111～115：CBCDA　116～119：CCDA

二、填空题

1．运算器　控制器　存储器　输入设备　2．算术　逻辑　3．操作系统
4．内存或 RAM　5．系统　应用　6．裸机　7．机器语言　8．分析指令
9．控制器　10．111001.001100110011　71.1463　39.333
11．1B2.94　662.45　434.58　12．输入码　机内码　字形码
13．8　14．9　15．2^{16}或 32768　16．200　72　17．4B H　18．1024
19．267．5　20．B5D H　21．感觉媒体　22．交互性　23．编码
24．运算器　25．主板　26．数据　27．外存储器　28．主频
29．驱动器　30．4　31．ROM　32．硬件　33．快　34．程序
35．源程序　36．目标程序　37．循环　38．关系模型　39．实体
40．实体集　41．元组　42．属性　43．数据库　44．系统　45．A*.wav
46．5650　47．字节　48．巨型化　微型化　网络化　智能化　49．主机
50．只读存储器（ROM）　51．汇编语言　52．位　53．字节　54．54
55．基数　56．二进制　57．位　58．输入/输出　59．外存储器
60．控制总线　61．中央处理器（CPU）　62．控制器　63．128　64．只读　外
65．点阵打印机　喷墨打印机　激光打印机　66．输入　输出
67．读出　仍然保留　68．内存　69．硬盘

三、判断题

1～5：×××√√　6～10：√√√×√　11～15：√√×××
16～20：×√√√√　21～25：×√√××　26～30：×××√×
31～35：××√√×　36～40：√××√√　41～45：√√√√√

46～50：√√√√√　　51～55：√√√√√　　56～60：√√√××
61～65：××√××　　66～70：××√√×　　71～75：×√××√
76～80：××××√　　81～85：√×√××　　86～90：√√×√√
91～95：××√×√　　96～100：××√√√　　101～105：√×√√√
106～110：√××√√　　111～115：√√×××　　116～120：××√√×

四、多项选择题

1～5：AB　BC　AC　BCD　BC　6～10：ABD　ABC　AD　AC　ABC
11～15：ABD　AB　ABCD　ABD　ABD　16～20：ACD　AD　ABCD　AB　ABD
21～25：ABC　BCD　BCD　BCD　BC　26～30：ACD　AB　ABCD　ACD　ABD
31～35：ABCD　ABC　BC　BD　AB　36～40：CD　BCD　ABCD　CD　CD

五、简答题

略

项目二十五　操作系统 Windows 7 答案

一、单项选择题

1～5：AACDB　6～10：ABCDD　11～15：BDDDC　16～20：DCDBA
21～25：BADCA　26～30：DBBCA　31～35：AABDA　36～40：CCDDB
41～45：ABDDA　46～50：CADDA　51～55：CBBAD　56～60：CDBCD

二、多项选择题

1～5：ABD　ABD　ABC　ACD　ABD　6～10：ABC　ABC　AD　AC　ABC
11～15：BCD　BCD　ACD　ACD　ACD

三、判断题

1～5：×√××√　6～10：√×√××　11～15：×√√√×
16～20：√×√××　21～24：×√×√

四、填空题

1．处理器管理
2．实时操作系统
3．文件　主文件名　扩展名　扩展名
4．Ctrl+Shift+Esc
5．A*.wav
6．文档库　图片库　音乐库　视频库
7．Shift
8．1
9．相对路径
10．Ctrl+空格
11．剪切　粘贴
12．快捷菜单
13．Ctrl+A
14．复制
15．.txt
16．记事本　写字板
17．Ctrl+Esc
18．最后一次剪切的内容
19．资源管理器/计算机　树状结构
20．Alt+F4

21. 屏幕保护

22. Esc

23. 快捷方式

24. 批处理操作系统　　分时操作系统　　实时操作系统

五、简答题

略

项目二十六　文字处理 Word 2010 答案

一、单项选择题

1～5：BABCA　6～10：BCCDA　11～15：BDCAC　16～20：CCCDC
21～25：CCCAA　26～30：ACCDA　31～35：CBCDD　36～40：ABCAD
41～45：DDBBC　46～50：DBCBB　51～55：BBACC　56～60：CBCBB
61～65：BACCD　66～70：BBDCB　71～75：CCDDB　76：A

二、填空题

1．Ctrl　2．Shift+^　3．Ctrl+=　4．最后一次的操作重复一次
5．底部　尾部　6．索引　7．打印预览　8．分栏　首字下沉
9．单元格　10．超链接

三、判断题

1～5：×√×××　6～10：×××√√　11～15：×××√×

四、简答题

1．（1）Word 2010 文档有 5 种视图方式：草稿视图、Web 版式视图、页面视图、大纲视图、阅读版式视图。

（2）单击 Word 窗口左下角相应的视图按钮，或执行“视图”选项卡中相应的视图命令，切换文档到相应的视图。

2．（1）设置文字格式的操作有设置字体、字号、字形、下划线、边框、底纹、颜色等。

（2）设置段落格式的操作有设置对齐、缩进、行间距、段间距以及边框和底纹等。

（3）设置页面格式的操作有设置纸张、页边距、页眉和页脚、页边框等。

3．（1）编辑表格的操作有选定表格/行/列/单元格，插入表格/行/列/单元格，删除表格/行/列/单元格，合并/拆分单元格，合并/拆分表格等。

（2）设置表格的操作有设置数据对齐，设置行高、列宽，设置位置、大小，设置对齐、环绕，设置边框、底纹，以及自动套用预设的格式等。

4．（1）编辑文本框的操作有选定文本框、编辑文本框文字、复制文本框、移动文本框、缩放文本框和删除文本框等。

（2）设置文本框格式的操作有设置填充色、边框颜色、文字颜色、边框线型、虚线线型、阴影、三维效果，以及文本框链接等。

5．（1）编辑图形的操作有选定图形、移动图形、复制图形、删除图形、缩放图形、改变形状和组合图形等。

（2）设置图形的操作有设置颜色、设置线条和箭头、设置文字环绕、设置叠放和旋转、设置阴影和三维效果、设置对齐和分布等。

项目二十七　数据统计分析软件 Excel 2010 答案

一、单项选择题

1～5：CDBDB　5～10：CDDDB　11～15：DADBB　16～20：ADBAB
21～25：BBACB　26～30：DBABC　31～35：BAAAC　36～40：BCBDD
41～45：DCCDA　46～50：DABAB　51～55：BBAAD　56～60：DCDBC

二、多选题

1～5：BC　AD　ACD　BCD　ABD　6～10：ACD　AD　ABC　CD　ABD
11～15：BCD　ABC　ABCD　ABC　ABC

三、判断题

1～5：√××××　6～10：×√×××　11～15：×√√√×　16～20：×××××
21～25：√√×××　26～30：××××√　31～35：√×××√

四、简答题

1．在 A1 单元格中输入 3，在 A2 单元格中输入 7，然后同时选中 A1、A2 单元格，拖动填充柄至 A10 单元格即可。

2．相对引用直接用列标和行号表示单元格。在相对引用中，如果公式所在单元格的位置改变，引用也随之改变，如果多行或多列地复制公式，引用会自动调整。

在表示单元格的列标或行号前加“$”符号的单元格引用称为绝对引用。绝对引用的最大特点是在复制或移动过程中，公式中的单元格地址始终保持不变。

混合引用具有绝对列和相对行或绝对行和相对列。如果公式所在单元格的位置改变，则相对引用改变而绝对引用不变。

3．先选中 A2：E5 单元格区域，执行“格式”菜单中的“单元格”命令，在打开的“单元格格式”对话框中，选择“数字”选项卡，在“分类”列表框中选择“数值”，在“小数位数”数值框中输入 2，最后单击“确定”按钮。

4．先打开工作簿 Book1 和 Book3，在工作簿 Book1 中右击 Sheet3 工作表标签，执行快捷菜单中的“移动或复制工作表”命令，在出现的“移动或复制工作表”对话框中，在“将选定工作表移至工作簿”下拉列表框中选择“Book3”，在“下列选定工作表之前”列表框中选择“Sheet5”，再勾选“建立副本”复选项，最后单击“确定”按钮。

5．方法一：右击要删除的工作表标签，执行快捷菜单中的“删除”命令。

方法二：单击要删除的工作表标签，执行“编辑”菜单中的“删除工作表”命令。

6．按 Delete 键只删除单元格中的内容，而不删除格式。执行“编辑”菜单中的“清除”命令，可删除单元格的格式、内容、批注或全部。

项目二十八　演示文稿制作 PowerPoint 2010 答案

一、单项选择题

1～5：BDBBA　6～10：CDCCA　11～15：BDBBD　16～20：ADDAC
21～25：DCDAB　26～30：CAAAD　31～35：BDBBC　36～40：DAABC
41～45：ABBAD　46～50：DBCAD　51～55：CBDDD　56～60：CADAB
61～65：DDCBB　66～70：CCACC　71～75：ABCDA　76～80：DADAB
81～85：ACACB　86～90：ACBAB　91～95：CCAAC　96～100：AABAC
101～105：ADACC　106～110：ABCDC　111～115：CDDBC　116～120：BCBAB
121～126：CABCCC

二、判断题

1～5：×√×√√　6～10：××××√　11～15：×√×××
16～20：√√×√×　21～25：×√√√√　26～30：×√√√√
31～35：×√√√√　36～40：√√××√　41～45：××√××
46～50：××√√×　51～55：××√×√

三、操作题

略

四、简单题

略

项目二十九　计算机网络与安全答案

一、单项选择题

1～5：AAABC　6～10：BBCAC　11～15：CDCCC　16～20：DDBDC
21～25：BBDBB　26～30：DDCAB　31～35：CBABB　36～40：CBADB
41～45：BCBBB　46～50：CBBDB　51～55：AABBC　56～60：CCDCC
61～65：BDBCA　66～70：CCDBC　71～75：BDADC　76～80：DDBCC
81～85：DCCDA　86～90：CCDBD

多项选择题

1～5：AC　ABC　CD　ABCD　BC　6～10：ABD　BD　BCD　AC　ABC
11～16：AD　ABD　BD　BCD　ABC　AB

三、填空题

1．局域网　城域网　广域网　2．通信　资源
3．模拟/数字　数字/模拟　4．模拟　数字
5．体系结构　TCP/IP　6．主动　被动
7．防火墙　8．唯一
9．可靠的　10．电信号　脉冲序列
11．有线　无线　12．层次
13．数据信号

四、判断题

1～5：√×√××　6～10：√√×√√　11～16：√×√√××

五、简答题

1．单机系统：在单处理机联机网络中，由单用户独占一个系统发展到分时多用户系统，称为第一代网络。多机系统：将多个单处理机联机终端网络互相连接起来，以多处理机为中心的网络，并利用通信线路将多台主机连接起来，为用户提供服务，形成了以通信子网为核心的第二代网络，随着分组交换技术的使用，逐渐形成了以遵守网络体系结构的第三代网络。Internet是计算机网络发展最典型的实例，该网络的发展也促使新的高速网络技术不断出现，又提高了网络的发展。

2．利用通信设备和线路，将分布在地理位置不同的、功能独立的多个计算机系统连接起来，以功能完善的网络软件（网络通信协议和网络操作系统等）实现网络中资源共享和信息传递的系统。

主要功能：①数据交换和通信，在计算机之间快速、可靠地相互传递数据、程序或文件；

②资源共享，充分利用计算机网络中提供的资源（包括硬件、软件和数据）；③提高系统的可靠性，通过计算机网络实现的备份技术可以提高计算机系统的可靠性；④分布式网络处理和负载均衡，将任务分散到网络中的多台计算机上进行，减轻任务负荷过重的单台主机。

3．从计算机网络系统组成的角度看，典型的计算机网络分为资源子网和通信子网。

资源子网由主机、终端、终端控制器、联网外设、各种软件资源与信息资源组成。

主机是资源子网的主要组成单元，为本地用户和网络中远程用户访问网络其他主机设备与资源提供服务。终端控制器负责终端和主计算机的信息通信。终端是直接面向用户的交互设备，可以是由键盘和显示器组成的简单的终端，也可以是微型计算机系统。计算机外设主要是网络中的一些共享设备，如大型的硬盘机、高速打印机、大型绘图仪等。

通信子网由通信控制处理机、通信线路与其他通信设备组成，完成网络数据传输、转发等通信处理任务。通信控制处理机也称为网络节点，实现通信子网中的分组存储转发节点，完成分组的接收、校验、存储和转发等功能。通信线路为通信控制处理机与通信控制处理机、通信控制处理机与主机之间提供通信信道。通信线路包括电话线、双绞线、同轴电缆、光纤、无线通信信道、微波与卫星通信信道等。信号变换设备的功能是对信号进行变换以适应不同传输媒体的要求。

4．完成计算机间的通信合作，把每台计算机互连的功能划分成有明确定义的层次，并规定了同层次进程通信的协议和相邻层之间的接口及服务，将这些同层进程通信的协议和相邻层的接口统称为网络体系结构。

5．网络协议三要素为语法、语义和交换规则。

语法：确定协议元素的格式，即规定数据与控制信息的结构和格式。

语义：确定协议元素的类型，即规定通信双方要发出何种控制信息、完成何种动作和作出何种应答。

交换规则：规定事件实现顺序的详细说明，即确定通信状态的变化和过程，如通信双方的应答关系。

6．服务器是网络上用于存储所有必要信息的计算机或其他网络设备，专用于提供特定的服务。例如，数据库服务器中存储了与某些数据库相关的所有数据和软件，允许其他网络设备对其进行访问，并处理对数据库的访问。文档服务器就是计算机和存储设备的组合，专用于供该网络上的任何用户将文档存储到服务器中。打印服务器就是对一台或多台打印机进行管理的设备，而网络服务器就是对网络传输进行管理的计算机。

7．资源子网主要负责全网的数据处理业务，向网络用户提供各种网络资源和网络服务。

资源子网的主体为网络资源设备，包括：①用户计算机（也称工作站）；②网络存储系统；③网络打印机；④独立运行的网络数据设备；⑤网络终端；⑥服务器；⑦网络上运行的各种软件资源；⑧数据资源等。

8．第 1 层：物理层（physical layer），在物理信道上传输原始的数据比特（bit）流，提供为建立、维护和拆除物理链路连接所需的各种传输介质、通信接口特性等。

第 2 层：数据链路层（data link layer），在物理层提供比特流服务的基础上，建立相邻节点之间的数据链路，通过差错控制提供数据帧在信道上无差错地传输，并进行数据流量控制。

第 3 层：网络层（network layer），为传输层的数据传输提供建立、维护和终止网络连接的手段，把上层来的数据组织成数据包（packet）在节点之间进行交换传送，并且负责路由控制和拥塞控制。

第 4 层：传输层（transport layer），为上层提供端到端（最终用户到最终用户）的透明的、可靠的数据传输服务。透明的传输是指在通信过程中传输层对上层屏蔽了通信传输系统的具体细节。

第 5 层：会话层（session layer），为表示层提供建立、维护和结束会话连接的功能，并提供会话管理服务。

第 6 层：表示层（presentation layer），为应用层提供信息表示方式的服务，如数据格式的变换、文本压缩和加密技术等。

第 7 层：应用层（application layer），为网络用户或应用程序提供各种服务，如文件传输、电子邮件（E-mail）、分布式数据库和网络管理等。

9．物理层直接与物理信道相连，起到数据链路层和传输媒体之间的逻辑接口作用，提供建立、维护和释放物理连接的方法，并可实现在物理信道上进行比特流传输的功能。物理层涉及的内容包括通信接口与传输媒体的物理特性、物理层的数据单位为二进制比特流、比特的同步、线路的连接、物理拓扑结构、传输方式。

数据链路层通过物理层提供的比特流服务，在相邻节点之间建立链路，传送以帧（frame）为单位的数据信息，并且对传输中可能出现的差错进行检错和纠错，向网络层提供无差错的透明传输。数据链路层涉及的内容为：组装成帧、物理地址寻址、流量控制、差错控制、接入控制。

网络层的作用是实现分别位于不同网络的源节点与目的节点之间的数据包传输，网络层要负责确定在网络中采用何种技术，从源节点出发选择一条通路通过中间的节点将数据包最终送达目的节点。网络层涉及的概念有逻辑地址寻址、路由功能、流量控制、拥塞控制。

10．TCP/IP 共有 4 个层次，分别是网络接口层、网际层、传输层和应用层。

网络接口层包括了能使用 TCP/IP 与物理网络进行通信的协议，TCP/IP 标准并没有定义具体的网络接口协议，而是旨在提供灵活性，以适应各种网络类型，如 LAN、MAN 和 WAN。

网际层的主要功能是处理来自传输层的分组，将分组形成数据包（IP 数据包），并为该数据包进行路径选择，最终将数据包从源主机发送到目的主机。网际层协议包括网际协议 IP、ICMP、IGMP、ARP、RARP。

传输层负责主机到主机之间的端对端通信，使用两种协议来支持两种数据的传送方法，分别是 TCP 和 UDP。

应用层用于提供网络服务，如文件传输、远程登录、域名服务和简单网络管理等，包括 SMTP、POP3、TELNET、DHCP、HTTP、THTP、DNS 等。

11．网络操作系统是使网络上各计算机能方便而有效地共享网络资源以及为网络用户提供所需的各种服务的软件和有关规程的集合。它提供的服务包括文件服务、打印服务、数据库服务、通信服务、信息服务、分布式服务、名字服务、网络管理服务、Internet 与 Intranet 服务。

12．防火墙：一种有效的网络安全机制，在内部网与外部网之间实施安全防范的系统，确定哪些内部资源允许外部访问以及允许哪些内部网用户访问哪些外部资源和服务等。

鉴别：为保证信息交换过程的合法性和有效性，身份认证是证实信息交换过程合法有效的一种重要手段，包括报文鉴别、身份认证和数字签名。

访问控制的基本任务是防止非法用户进入系统和合法用户对系统资源的非法使用，访问控制包括两个处理过程：识别与认证用户。

此外，还包括加/解密技术、审计和入侵检测及安全扫描等。

13．防火墙使用硬件平台和软件平台来决定什么请求可以从外部网络进入内部网络或者从内部网络进入外部网络，其中包括的信息有电子邮件消息、文件传输、登录到系统以及类似的操作等。

优点：防火墙允许网络管理员在网络中定义一个控制点，它将未经授权的用户（如黑客、攻击者、破坏者或间谍）阻挡在受保护的内部网络之外，禁止易受攻击的服务进、出受保护的网络，并防止各类路由攻击。防火墙是一个监视 Internet 安全和预警的方便端点，防火墙是审查和记录 Internet 使用情况的最佳点，防火墙还是设置网络地址翻译器（NAT）的最佳位置。

缺点：存在许多不能防范的安全威胁。例如，Internet 防火墙还不能防范不经过防火墙产生的攻击，防火墙不能防范由于内部用户不注意所造成的威胁，防火墙很难防止受到病毒感染的软件或文件在网络上传输等。

14．一个典型的防火墙由以下一个或多个组件组成：包过滤路由器、应用网关（或代理服务器）和堡垒主机。包过滤路由器也称为屏蔽路由器。一个包过滤路由器可以决定对它所收到的每个数据包的取舍。路由器逐一审查每份数据包以及它是否与某个包过滤规则相匹配。

应用网关上安装有特殊用途的特别应用程序，称为代理服务或代理服务器程序，它可以使得各种服务不再直接通过防火墙转发。对这种应用数据的转发取决于代理服务器的配置。可以将代理服务器配置为只支持一个应用程序的特定功能，同时拒绝所有其他功能，也可以配置代理程序支持所有的功能，例如，同时支持 WWW、FTP、Telnet、SMTP 和 DNS 等。堡垒主机是 Internet 上的主机能够连接到的、唯一的内部网络上的系统，它对外而言，屏蔽了内部网络的主机系统，所以任何外部的系统试图访问内部的系统或服务时，都必须连接到堡垒主机上。

15．IP 地址用于唯一地标识 Internet 上的计算机主机，也就是说，在 Internet 中，每一个计算机主机都有一个唯一的 IP 地址。

IP 地址用 32 位二进制数表示，分成 4 段，每段由 8 个二进制数组成（即一字节），各段之间，用“.”隔开。如 11001010.01100011.01100000.10001100。

为了便于书写，IP 地址也可用十进制数表示，如 202.99.96.140。

IP 地址包括网络地址和主机地址两部分。按网络地址和主机地址的标识段不同，IP 地址划分为 A、B、C、D、E 五大类。

A 类 IP 地址用前一字节表示网络地址，后三字节则表示该网络中的计算机主机地址，编址范围为 1.0.0.1～126.255.255.254，即可容纳 126 个计算机网络，每个网络能容纳 16777214 台主机，适用于大规模的计算机网络。

B 类 IP 地址用前两字节表示网络地址，后两字节则表示该网络中的计算机主机地址，编址范围为 128.0.0.1～191.255.255.254，即可容纳 16384 个计算机网络，每个网络能容纳 65534 台主机，适用于中等规模的计算机网络。

C 类 IP 地址用前三字节表示网络地址，后一字节则表示该网络中的计算机主机地址，编址范围为 192.0.0.1～223.255.255.254，即可容纳 200 万个计算机网络，每个网络能容纳 254 台主机，适用于小规模的计算机网络。

D 类地址为多址广播地址。

E 类地址为试验性诊断地址。

主机地址全为 0 的 IP 地址为子网地址，代表当前所在的子网。A 类地址的子网掩码应是 255.0.0.0，B 类地址的子网掩码应是 255.255.0.0，C 类地址的子网掩码应是 255.255.255.0。

参考文献

高海霞．2012．Office 2010 中文版实例教程．上海：上海科学普及出版社．

龚沛曾，杨志强．2011．大学计算机基础．5 版．北京：高等教育出版社．

侯冬梅．2011．计算机应用基础实训教程．北京：中国铁道出版社．

李昊．2013．计算思维与大学计算机基础实验教程．北京：人民邮电出版社．

吴华，兰星．2012．Office 2010 办公软件应用标准教程．北京：清华大学出版社．

吴元斌，熊江，钟静．2012．大学计算机基础实验教程．北京：科学出版社．

谢希仁．2013．计算机网络．6 版．北京：电子工业出版社．

朱丽珠．2013．大学计算机基础项目式教程实验指导．北京：北京邮电大学出版社．